互動設計聖經

提升互動性的 100 個 UX 設計法則

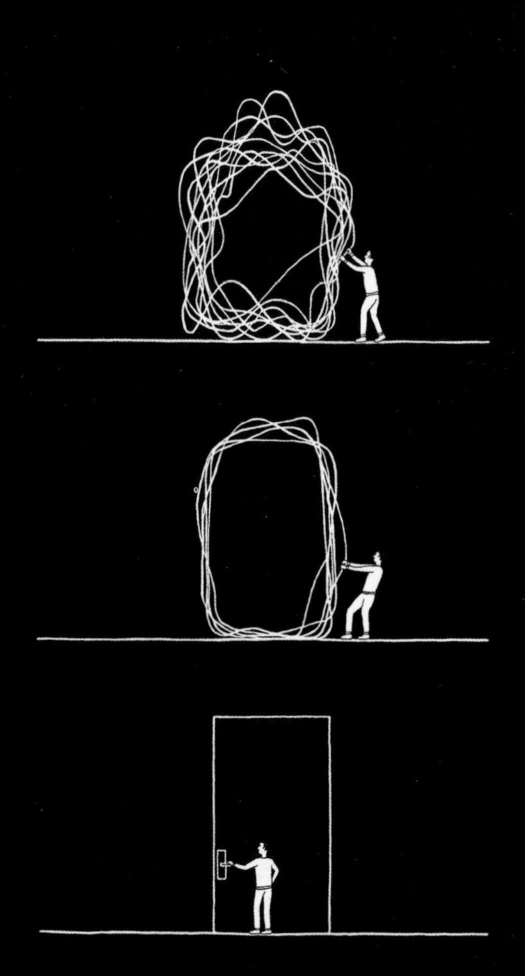

Irene Pereyra 著 / 吳郁芸 譯

思考

同理

定義

研究

設計

驗證

大多數的工作都有一個容易理解的頭銜，當事人可以一下子說清楚而且接著講下去，而不用考慮別人可能對它毫無概念；而且大多數的工作頭銜不需要冗長的解釋——只要說我是攝影師、我是老師、我是動物學家，對方就會點點頭，客氣地說一句「那一定很有趣！」之類的，喝一口飲料，之後大家繼續聊。然而，「我是 UX 設計師」，每當我說出這句，大家通常都會瞠目結舌，接著就是我滔滔不絕的獨白，一個人唱獨角戲，試著解釋 UX 這個領域的複雜性、廣泛性和不斷發展的性質。

「你知道建築師是做什麼的嗎？ UX 設計師——或稱為『使用者體驗設計師』——基本上就像是建築師，但我們設計的並不是實體結構，而是數位結構。就像建築師通常只做設計，不會實際參與建造他們設計的建築物一樣，我們也必須依靠程式設計師和開發人員來建造我們所設計的數位結構。」

我用建築師比喻可能會有點不夠全面，但是「使用者體驗設計」並不是什麼新概念。有人說這個名詞是唐納 · 諾曼（Don Norman）1993 年剛開始擔任蘋果公司的使用者體驗架構師時首創的；也有人說這個名詞是由約翰 · 懷特塞德（John Whiteside）和丹尼斯 · 威森（Dennis Wixon）在 1987 年發表的論文《可用性工程的辯證法（The Dialectic of Usability Engineering）》中第一次提到。

由於來源眾說紛紜，「使用者體驗設計」這個詞的確切起源可能還有爭議，不過實務作業可以追溯到很久以前，這點卻是不爭的事實。

舉例來說，被譽為「醫學之父」的古希臘醫師希波克拉底（Hippocrates）記錄了當時的醫學方法，說明手術中如何安排才能發揮最佳效果；被譽為「科學管理之父」的機械工程師弗雷德里克．溫斯洛．泰勒（Frederick Winslow Taylor）解析工作流程以提高生產力，並減少工作帶來的傷害；媒體大亨華特．迪士尼（Walt Disney）和他帶領的「幻想工程師（Imagineers）」團隊，設身處地為每個客人著想，而創造出讓人身歷其境的神奇遊樂園。這些故事中的他們，其實都是使用者體驗設計師。

使用者體驗設計，簡單來說就是以使用者體驗為中心的設計，最佳範例說不定在數位時代來臨之前就出現了。1995 年時，工業設計師亨利．德萊福斯（Henry Dreyfuss）講了一句名言：「當產品與人們的接觸點變成摩擦點※，這是設計師的失敗；另一方面，如果人們因為接觸到產品而能變得更安全、更舒適、更渴望購買、更有效率——就算只是更快樂，都表示設計師成功了！」

※ 編註：「接觸點（Touchpoint）」是指當顧客第一次接觸到產品 / 服務的體驗。如果接觸點變成摩擦點，意思是顧客第一次接觸產品 / 服務時的使用體驗不佳。

現在，各位可以想像一下，如果上面這句話提到的「產品」是日常生活中常見的數位服務產品，例如電子郵件，或是交友軟體、線上購買機票，還是買一雙新鞋，只要將「人們」一詞換成「使用者」，各位基本上就能對「使用者體驗設計」的架構具備初步的概念。

但是會有一個問題。如果你現在去問十個不同的人如何定義使用者體驗設計，可能會得到十個互相矛盾的答案。因為「使用者體驗」這個領域並不像建築學那些已有數千年歷史的成熟學問，它們已經發展成熟並且有明確的定義；而我們仍然處在「定義使用者體驗是什麼」的起步階段，更別提「體驗」這件事情本質上就是主觀的，更何況我們設計的通常是數位服務、產品或工具——而非體驗——我們希望我們設計的東西能帶給我們預期的體驗。

在我多年從事使用者體驗設計教學的過程中，我還發現一件更糟糕的事，就是市面上有無數談論這個主題的書籍和文章，但往往是由局外人引進觀點來編寫的。作者通常會洋洋灑灑寫出一堆描述使用過程的範例，在說明他們實際上並沒有實務經驗的歷程——這完全是紙上談兵。它們的編寫方式也會讓你以為業界有一種完美的解決方案，如果你不跟著做就會鑄成大錯。但是實際上，**完美的使用者體驗流程並不存在**，使用者體驗設計目前沒有統一的定義，同一個工作職位，如果在差異很大的公司，可能會面臨迥然不同的狀況！而且，幾乎每個問題的答案都是「視情況而定」！

這本書並不是依時間順序重述使用者體驗設計歷史的一本書，它也不是一本技術操作手冊，它並不會逐步教你如何成為完美的使用者體驗設計師，而比較像一本引導你思考的的案例集。這本《**UX 互動設計聖經：提升互動體驗的 100 個 UX 設計法則**》收錄了我在業界超過 15 年、實際參與各種客戶專案時的案例研究心得，包括情境、問題和矛盾，以及我從案例中得到的結論。本書雖然名為「法則」，但只是要教你如何思考，而不是直接告訴你該怎麼做。因此，當你在閱讀本書的時候，你可以自行決定是否要按順序瀏覽每一個法則，也可以直接跳到你認為有趣的主題。

有一件事我們應該可以先達成共識：使用者體驗是關乎使用者的。因此，讓我們先從這裡開始吧。——**使用者到底是誰？我們為什麼要關心他們？**試著去理解這些真實活著的人類——每一個可能與你的產品互動或是受到產品影響的人，這本書將幫助你找出他們的需求、目標、渴望和動機，當你進入使用者體驗設計這個領域時，這就是解決問題的第一步。

我們窩在電腦前
比作夢的時間還
上網發文或查看
遠比香菸和酒精
更令人難以抗拒

工作的時間
多，
電子郵件
！

01
使用者至上

記得當我剛開始從事 UX 設計師的工作時，對「使用者（user）」這個詞有點反感。因為對大多數人來說，「user」的負面含義可能多於正面含義，可能會聯想到「毒品使用者（drug user）」啦、「利用別人的人（people who use other people）」啦……。光從字面上來看，「使用者」的意思只表示「正在使用某物的某人」。對於聲稱要為真實人類體驗做設計的領域來說，把這些人稱為「使用者」，聽起來既含糊不清又缺乏人性。

令人遺憾的是，除了「user」似乎沒有更好的說法了。用「個人（Individual）」和「群眾（people）」來稱呼，感覺太過廣泛和籠統；用「實體（entities）」感覺像是法律用語；而「行為人（actor）」則會讓人聽不懂。在特定的領域，可以用「讀者」、「狂熱愛好者」、「投資者」或「員工」等更具體的稱呼，讓我們在設計時更容易跟對象建立關聯，但是在確定這些確切的需求和動機之前，我們仍需要一種通用的說法來稱呼所有的人，而「使用者」已經是目前最貼切的說法了。

無論你打算如何稱呼使用產品的人，都需要把實際上使用的人，也就是「使用者」放在最優先和最重要的位置，以確保不會因為業務相關人士的個人意見，或是設計師假設錯誤（這更糟糕），而導致決策錯誤。為了避免每個人都提出一堆雞毛蒜皮、無關緊要的意見和假設，並且把注意力拉回使用者身上，我們在專案開始時，都會提出以下問題：

Who——它是為誰（對象）準備的？
Why——他們為什麼要使用它（使用目的）？
How——他們會如何使用它（使用情境）？

在我職業生涯的早期，我曾經為美商藝電（Electronic Arts / EA，美國頂尖的電玩遊戲公司）開發了一款大學美式足球遊戲的網路介面。我其實對美式足球一竅不通，更不用說大學美式足球了，而且我根本沒時間去訪談大量使用者！因此我決定自己來做一些游擊式研究※，我聯繫了幾位大學時的朋友，據我所知，他們都是瘋狂的美式足球迷。經過兩週左右的訪談，讓我獲得許多珍貴的見解，也讓我們設計出來的介面體驗效果更好，遠遠好過單憑我自己的假設去設計的結果。

將使用者放在第一位，只要有這樣做的決心就夠了，我們不需要太多花俏的流程來體驗使用者的處境。我們只需要多聆聽少說話，並提出聰明的問題（請參閱**法則 57**）。請保持好奇心以及同理心，從一開始就把使用者的感受納入我們的流程，這將會在某種程度上幫助我們解決問題，並且對即將與我們的產品互動的使用者產生真正的影響。

※
編註：游擊式研究 (Guerrilla Research)，是指突襲式地訪談路人或是目標使用者。有別於正式且花費高昂的市場調查研究，游擊式研究的成本較為低廉，且能快速獲得大量的使用者回饋。

→
「NCAA Football 11」是一款由 EA（美商藝電公司）開發的大學美式足球遊戲。2010 年時在所有遊戲主機平台上發行（除了 Wii），並且是唯一在 iOS 平台上發行的版本。遊戲中的組隊模擬器（Teambuilder）是透過美商藝電運動組隊模擬器（EA Sports Teambuilder）網站進入的一項功能，可供使用者自訂標誌、隊服、場地、球場、吉祥物、計畫以及球員名單。其他使用者可下載經由該網站創造出來的球隊，並且可以在遊戲機上組球隊玩遊戲。

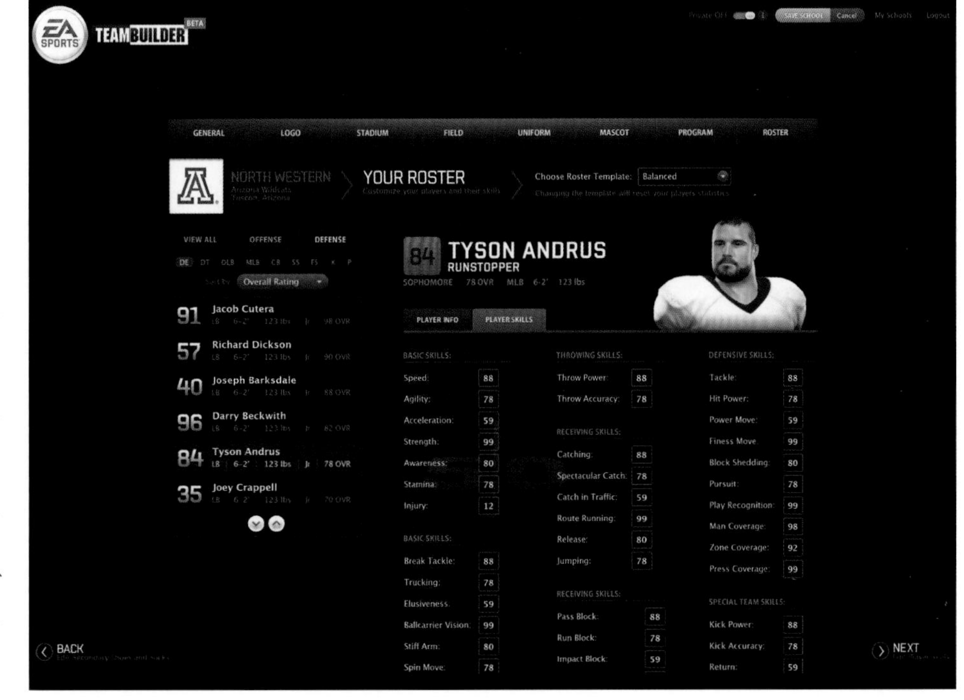

02

同時設計 UX 和 UI

我們業界最具爭議的話題，莫過於大家為了「UX」還是「UI」各持己見，這兩者有什麼區別？哪一個更重要呢？誰應該去做什麼？在 2000 年代初，在這些術語成為主流之前，事情要簡單得多，當時假如你是從事設計網頁的工作，你單純就是一位網頁設計師；但是現在，隨著產業的發展與成熟，專有名詞必須加以調整，將更廣泛的設備、手勢、情境和螢幕尺寸都涵蓋進來，並且需要進一步針對設計師的功能和角色，界定出更明確的定義。

爭辯的重點在於，一位設計師是否可以——或是應該——同時進行這兩項工作，以及在開始做視覺 UI 的設計之前，需要完成多少基礎的 UX 設計。在我們的工作室，這一點無需爭論，某位設計師把主要精力放在 UX 上，另一位設計師則專門負責 UI，而且我們會同時進行這兩項工作。為什麼？

我們來重溫一下前面講過的「建築師」這個類似的概念吧！首先我們需要確定這棟建築物是為誰而蓋的、以及這些人打算在建築物上做什麼，我們還需要透過考察基準和競爭對手來瞭解前景與展望。接下來，我們需要畫一張藍圖，確定有多少樓層、門和樓梯在哪裡、每個房間與下一個房間將如何連接、該怎麼樣讓身心障礙者進出等等。簡言之，**UX 設計是在考慮使用者的需求、希望、行為和環境的基礎或藍圖**，這項工作需要特定形式的思維和特定類型的設計師。（講一個有趣的題外話，「建築師」這個名詞在祖魯語〔Zulu〕中稱為「umqambi wesino」，這個名詞的意思是「空間魔術師」、「情境創造家」或是「感覺製造王」）。

但是，光有地基並不能讓建築物完全發揮其作用，我們還需要選擇牆壁的顏色，選用看上去美觀、有吸引力而且容易清潔的地板，挑選讓這個地方感覺獨特的家具，以視覺上令人賞心悅目的方式懸掛相框，並且清除通道上的障礙物，方便使用輪椅的人可以輕鬆進出。**透過視覺設計讓東西變得可用、易懂，這就是 UI**，而這種工作需要運用各式各樣的思維，以及動員不同性質的設計師。

如果沒有同時處理建築物設計的這兩個面向，就無法發揮每個專業領域的優勢，最後出現的建築物可能會讓人感到不舒服或是不合邏輯。UX 和 UI 需要在整個體驗過程中從頭到尾合作無間，原因是為了確保所有努力始終都朝著同一個方向前進。既然 UI 考慮的是產品的最終呈現，而最終呈現則會對整體使用者體驗（UX）產生影響，為什麼我們還要將 UI 和 UX 一分為二呢？難道我們不想要一個既能使用、又美觀有吸引力的最終設計嗎？（請參閱**法則 8**。）

→
右頁的「The Building 建築物」網頁是取自香港的 M+ 博物館，它代表的是瑞士建築事務所赫爾佐格和德梅隆（Herzog & de Meuron）設計這棟建築物的故事。線框圖（左圖）是由使用者體驗設計師完成的，而最終的 UI（右圖）則是靠 UI 設計師達成。然而，我們會在線框圖的階段就請客戶進行批准，這樣我們就不必擔心最終版本和圖像不符期待，它們需要更長的時間才能完成。

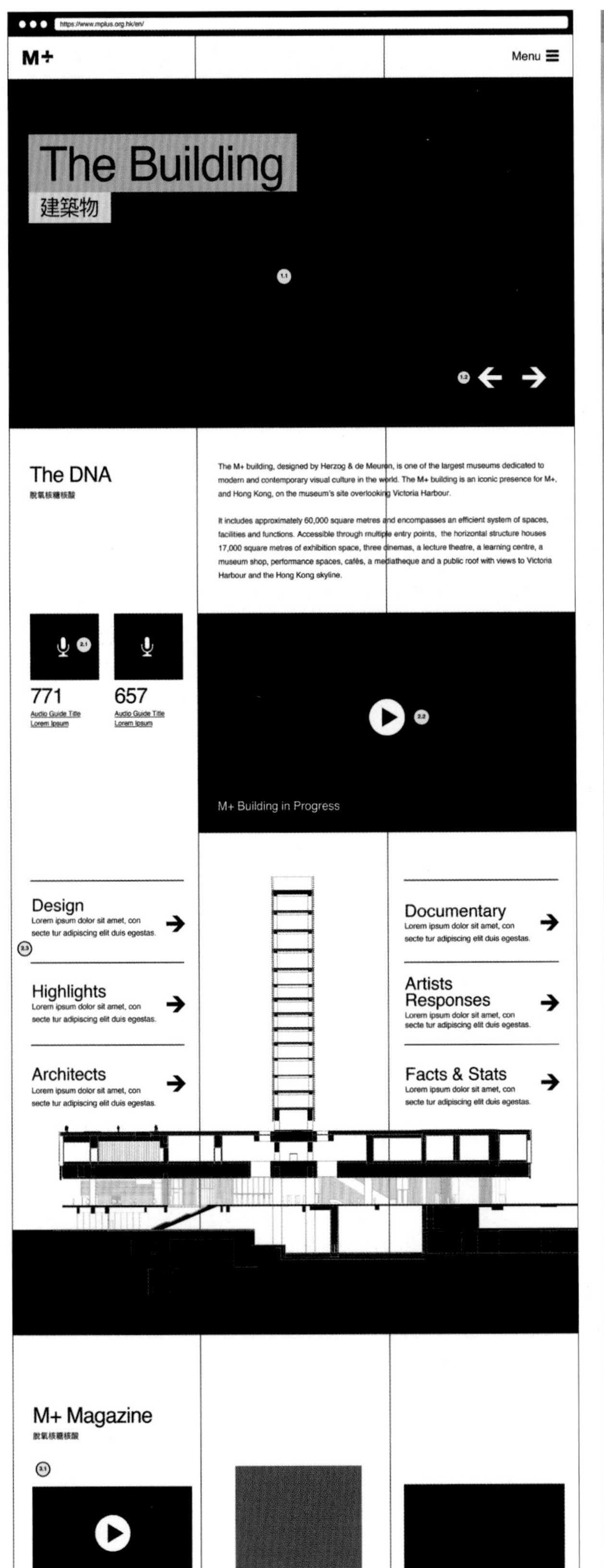
https://www.mplus.org.hk/en/
M+
Menu
The Building
建築物
The DNA
The M+ building, designed by Herzog & de Meuron, is one of the largest museums dedicated to modern and contemporary visual culture in the world. The M+ building is an iconic presence for M+, and Hong Kong, on the museum's site overlooking Victoria Harbour.
It includes approximately 60,000 square metres and encompasses an efficient system of spaces, facilities and functions. Accessible through multiple entry points, the horizontal structure houses 17,000 square metres of exhibition space, three cinemas, a lecture theatre, a learning centre, a museum shop, performance spaces, cafés, a mediatheque and a public roof with views to Victoria Harbour and the Hong Kong skyline.
771
Audio Guide Title
Lorem Ipsum
657
Audio Guide Title
Lorem Ipsum
M+ Building in Progress
Design
Lorem ipsum dolor sit amet, con secte tur adipiscing elit duis egestas.
Highlights
Lorem ipsum dolor sit amet, con secte tur adipiscing elit duis egestas.
Architects
Lorem ipsum dolor sit amet, con secte tur adipiscing elit duis egestas.
Documentary
Lorem ipsum dolor sit amet, con secte tur adipiscing elit duis egestas.
Artists Responses
Lorem ipsum dolor sit amet, con secte tur adipiscing elit duis egestas.
Facts & Stats
Lorem ipsum dolor sit amet, con secte tur adipiscing elit duis egestas.
M+ Magazine

M+
Menu
The Building
M+大樓
Overview
7002
7004
Building M+ Museum
History
People
West Kowloon
Design
Facts & Stats
Documentary
M+ Magazine
A Tour of the M+ Building Mockups
What's Going on at the M+ Construction Site? January 2019
In the Building: M+ in 2019 Video Update

03

UI 決定可用性的成敗

對於任何一位設計師所設計出來的任何產品，首先最重要的一點，就是以它的可用性（可使用的效能）來衡量它。或者，換句話說，在使用該特定設計時，使用者幫助自己達到預期目標的程度多寡。怎麼說呢？因為沒用的產品、服務和訊息，說得好聽點是惹人厭，說得不好聽那就是沒救了！

由於 UX 涉及使用者對產品或服務的全面體驗，我們往往會以為，只要把注意力集中在 UX 上，即可達到高度可用性。然而，UI 是一個截然不同的專業領域，它決定了最終使用者實際上會與什麼東西進行互動，在布局、排版設計、資訊階層、互動、暢通表達和資訊密度等方面做選擇，都是 UI 設計師的責任，而這正是決定可用性成敗的最終因素（請參閱**法則 75**）。

還記得 2000 年美國總統大選，布希（Bush）以佛羅里達州 537 票的些微優勢險勝嗎？原來，該區推出的「蝴蝶式對開選票」※ 沒有設定好對齊，導致許多人一不小心，把票投錯候選人了！這個設計在 UX 和 UI 兩個方面都踩到大地雷，也害艾爾．高爾（Al Gore）丟了總統寶座，後來成為臭名昭著的經典案例。

我們分別從這兩個專業領域來評估一下，到底是哪裡搞砸了：

- 不容易登記投票：UX 不良
- 投票站設計不良：UX 不良
- 每年的投票機制不統一：UX 不良
- 未提供聽障和視障人士用的無障礙設施：UX 和 UI 都不良
- 首投族學習成效不高：UX 不良
- 如果民眾數位素養（digital literacy）偏低，學習成效會跟著大打折扣：UX 不良
- 投票指示含混不清：UX 不良
- 候選人的順序有偏誤（民眾會優先選擇名單裡的第一項）：UI 不良
- 認知負荷（cognitive load）太高（同時出現太多選項）：UX 和 UI 不良
- 選票版面設計讓人困惑：UX 和 UI 不良
- 缺乏視覺層級（Visual hierarchy）：UX 和 UI 不良
- 排版設計令人不容易閱讀：UI 不良
- 打孔裝置發生故障，打孔屑統統掛在選票上面：UX 不良

大家常把可用性、使用者體驗、容易使用都混為一談，不過 UX 設計師和 UI 設計師在整個設計過程中，從線框圖到最終介面，都必須考慮可用性。說不定，如果當初有對投票體驗的 UX 以及選票設計的 UI 都做一些可用性測試，或許能預先避免這種亂七八糟的局面，高爾就能當上總統了！

※
編註：2000 年美國總統大選時，佛羅里達州推出的「蝴蝶式對開選票（The butterfly ballot）」設計不良，會使選民因圈選錯位而選錯候選人，有意投給候選人高爾的選民，可能會因而誤投給改革黨的保守派帕特．布坎南。這件事成為因為選票設計不良而影響投票結果的經典案例。

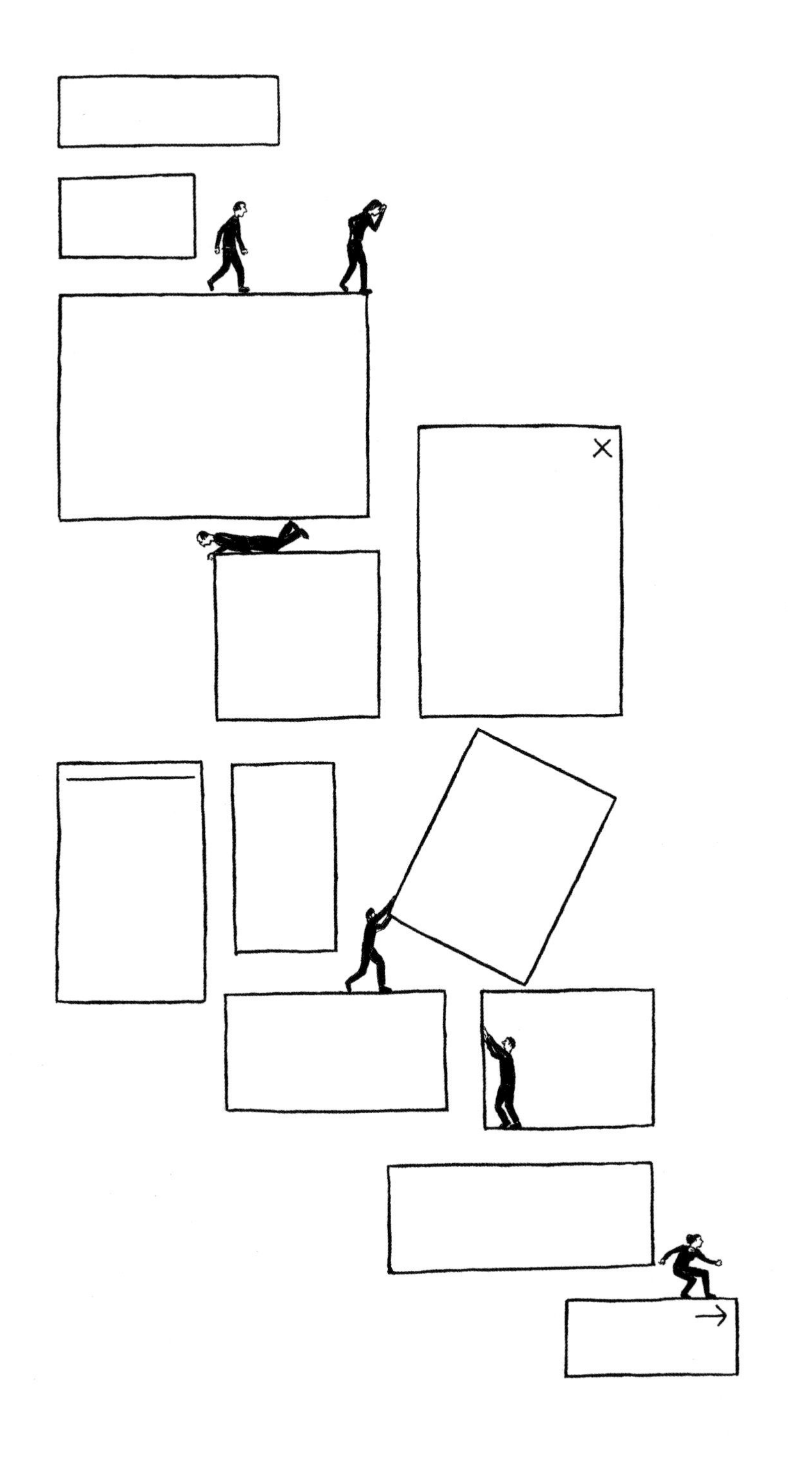

04

永遠要把任務完成得超出預期

當我第一次遊覽新加坡樟宜機場（Changi Airport）時，我心想，無論是誰設計了這座機場，都是一位了不起的使用者體驗設計師！這座機場本身就是一個旅遊聖地，它有瀑布和花園、露天平臺以及形形色色令人目不暇給的餐廳，甚至還有一座游泳池！這是我這輩子第一次在機場有意識地感受到「哇，這裡太酷了！」的感覺。登機時，我甚至有點離情依依呢！

至於我印象中最差勁的機場，則是紐約市的拉瓜地亞機場（LaGuardia Airport），那裡有著低矮的天花板、狹窄的走廊、單調又沾染污漬的地毯，以及缺乏合適的餐飲選擇，讓我的旅行體驗變成活受罪。以至於我在機場搭計程車時，就已經開始心情低落。雖然，從本質上講，拉瓜地亞機場和樟宜機場的功能完全相同——它們都只是坐飛機旅行的轉運中心，不過，其中一個的體驗比另一個好太多了。

我每年都會出任務給我的學生，因為他們正在攻讀互動設計（interaction design）的碩士學位。我會提供他們完全一模一樣的簡短說明，包括同樣的資料、相同的投入，加上完全相同的限制。每年，他們在可用性、內容和功能方面都表現得十分出色，但他們卻沒有考慮到那些可以讓互動感覺獨特或令人難忘的額外因素。因此，他們每個人第一次提出來的設計解決方案，很快就被大家遺忘了，無法留下印象。我認為，只有在他們學會從不同的角度看問題時，才能讓東西變得與眾不同（請參閱**法則 41**）。

別誤會我的意思。產品當然首先必須要能發揮作用，然後才輪到其他的，否則只是在掩飾錯誤、徒勞無功。但是，光是讓產品發揮作用，這還只是必備條件而已。在九O年代末和二十世紀初，市面上能選的產品屈指可數，或許在那時，光是好用就已經足夠了；不過到了今天，光是行動裝置 app 就有近千萬個，一個無法讓人記住的產品是不可能成功的！

那麼，什麼才是讓人覺得正向積極又難忘的體驗呢？有兩件事。首先，要想出會讓大家跌破眼鏡的功能，就像史蒂夫．賈伯斯（Steve Jobs）在 2007 年蘋果發表會期間，推出了用兩隻手指頭往內推、往外延伸的捏合縮放功能（當時所有的觀眾確實都倒吸了一口冷氣啊）。其次，我們還需要讓大家進入心流狀態（Flow）。心理學家米哈里．契克森米哈伊（Mihály Csíkszentmihályi）把它描述為一種完全沉浸的狀態，根據契克森米哈伊的說法，假如人完全投入並且專注於自己正在做的事情上，這個活動就會變得更加有吸引力，而且更令人愉悅。

換句話說，要是我們能設法以直覺和創新的功能，為使用者帶來驚喜，而且假若互動模式能消除干擾，引導使用者進入心流狀態，這樣一來，我們就能離成功更進一步，而且結果會遠超出使用者的期望。

→
右頁的網站中，我們為科技應用人才管理公司「True」設計一個令人意想不到的互動模型。「true」的每個字母都會對使用者的滑鼠游標有所反應，而且使用者向下捲動頁面時，背景會保持不變，只有白色部分會向上移動，同時還會透過圓形、三角形和正方形的切面來顯示背景圖片。

overview

team

our story

news

join

contact

placing & growing talent around the world

True Search

We place executives and other strategic talent for the world's most innovative organizations.

find talent

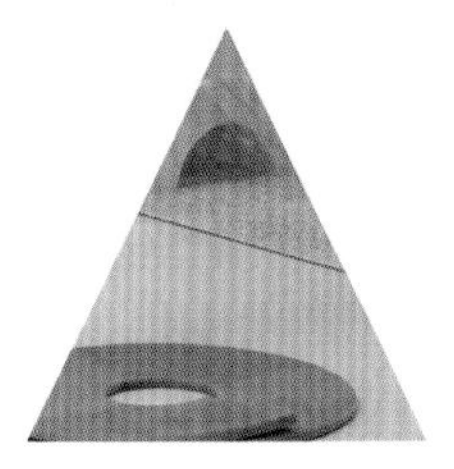

Thrive

We've built powerful talent management technology for enterprises, investment firms, and recruiters.

gain insights

Synthesis

Helping leaders and teams reach their full potential, make better talent decisions, and increase value creation.

develop leaders

05

設計
不是中立的

還記得在網路剛開始萌芽時，很多人都看過這些：奈及利亞王子發電子郵件跟你借錢；抽獎彈出式視窗保證你會中獎；要是你打開「ILOVEYOU.txt」，會邂逅一見鍾情的對象……。當時這些騙局沒有那麼難察覺，它們就像是電視上的通靈電視廣告※、號稱度假不用花半毛錢的廣播電台廣告、郵寄的匯款票或鎖定在美國的中國移民的中文機器人騷擾電話等。

到了現在，網路在詐騙方面要狡猾得多，跟以前的騙局有天壤之別，它通常不會明目張膽地直接要錢，而是合法公司耍的騙人小把戲，目的在創造更多銷售額、獲取更多訂閱者，或是收集更多個資。它由公司行號下達指令，根據對人類心理的深刻理解加以精心設計，由設計師執行，而且完全合法。

全世界幾乎每個國家都有針對心理學家、醫生、律師和媒體規範的道德準則，有些國家還為工程和房地產制定了道德規範，但是設計領域卻沒有這樣的東西。2010 年，認知科學博士同時也是 UX 設計師的哈利・布里格努爾（Harry Brignull）創造了「暗黑模式（dark patterns）」這個名詞（雖然我更喜歡「詐欺性設計模式〔deceptive patterns〕」這個說法），並列舉出 12 個故意用設計來誆人的例子，其中一些是相當無害的，比方說預設選取的「訂閱電子報」勾選框；而另外一些，例如外觀像是定期新聞文章的廣告，則可能非常危險。

※
編註：1990 年代時，美國曾經有公司推出電話通靈服務（Psychic Friends Network，PFN）。當時該公司的廣告經常在深夜電視台播出。

我們在創辦工作室之初，就有深思熟慮過，決定不為那些主動造成危害的客戶服務。例如主動危害環境（如大型石油公司）、可能危害人類（如製藥公司等）或是會危害社會（某些助長假新聞和陰謀論傳播的大型社群媒體平台）。然而有時候，倫理考量並不那麼明顯，因為不容易辨認，它更像是一個滑坡（slippery slope），而且手法是更加不知不覺的。

有一次我們跟某家在國際間備受尊敬而且超級有名的雜誌——沒錯，就是那種大家都知道他們是誰的媒體——合作時，他們要我們設計「原生廣告（native advertising）」模板。原生廣告是指設計成與真實文章一模一樣的廣告，故意讓大家難以區分新聞和廣告。我們當時感覺有點不對勁，也有提出來，但我們的擔憂卻被駁回了。說來慚愧，我們沒有堅持自己的立場，最終還是滿足了他們的要求。那是在假新聞危機發生之前許多年的事了，但我經常回想起那一刻，懷疑自己是不是造成假新聞問題的幫凶。

由於設計沒有道德準則，我們只能依靠每位設計師自行制定出正確的道德決定，要是我們的設計故意隱瞞真實成本、誘導大眾下決定或扭曲資訊，我們就跟那些問題脫不了關係。不管那是不是我們的公司，或者我們是為客戶做的，我們都必須負起責任。然而，不接我們不認同的新客戶並不難，但如果是現有的客戶要求我們設計一些我們知道本質上是錯誤的、會危害社會的東西時，要堅持自己的立場就會困難得多。

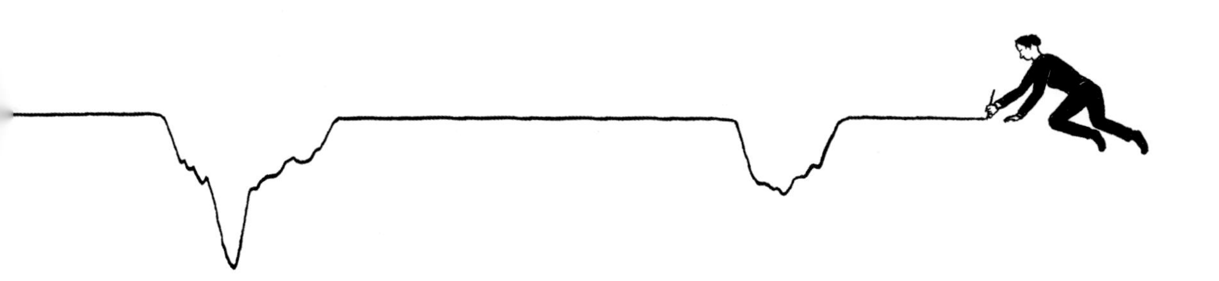

06
文字很重要

我常常叮嚀我的學生：這點很重要所以要講三次！**身為一位 UX 設計師，最應該投資的技能就是寫作！**畢竟，網路是由文字組成的，好的 UX 文案是寫給人去感覺的，跟技術專門術語恰恰相反。UX 文案的目的，是喚起情感，同時消除所有誤解、模稜兩可的說法，因此文案就是使用者體驗中極其重要的一環。少了它大家會非常有感，沒有正確的文字說明，使用者體驗就會變成泡影！

根據 eMarketer 2020 年時進行的研究指出，我們現在待在電腦螢幕前面工作的時間，比睡眠的時間還要多；我們大多數人花在與介面交流的時間，比跟真人溝通交流的時間還要久。當這種溝通交流的感覺很自然時，我們就會認為這是理所當然的；但假如感覺有點奇怪或荒謬時，我們就會立即失去興趣。

不幸的是，對我們所有人來說，慘不忍睹的 UX 文案無處不在，我們無時無刻不被各種各樣的訊息和資訊需求轟炸，這些訊息和資訊的範圍很廣，從現實的到離奇的都有——作業系統彈出式視窗詢問你身在何處、Uber 通知你「耶穌（Jesus）現在開著本田雅哥（Honda Accord）抵達了」；Facebook 向你宣布，你的朋友人數是 0 人！這些都是什麼跟什麼啊？

你可能聽過一種常見的誤解，那就是大家不會在網路上閱讀——這種說法其實大錯特錯啊！一般人會在網路上閱讀，只是閱讀的方式不一樣而已。比起閱讀印刷品，社會大眾在網路上閱讀時，會更傾向於任務導向和集中目標（請參閱**法則 75**），他們也期望能有更多的對話，因為網路與印刷品不同，他們有能力與系統來回交談。因此，他們希望快速完成任務、解決問題，並能像使用電腦時一樣進行溝通。

在為網路撰文時，最高指導原則應該是要讓文章盡可能容易消化，你可以娓娓道來、簡化語言、標注內容，使文案簡潔、大小適中，不要出現冗長段落而沒有分段，並確保讀者在瀏覽內容時可以毫不費力。要是能整理成項目清單，還可以加分喔！因為大家比較喜歡看重點清單嘛！此外，建議用「你」來稱呼使用者，「你」這個字會讓使用者聯想到他們自己和他們的目標，而不是你與你的產品或服務。

編輯句子和段落時，記得要大刀闊斧，手下不要留情，這點也非常重要。把文字刪減得恰到好處，只要說該說的，不要說別的！一旦感覺不錯，就試著大聲朗讀出來！好的網路文案應該要給人侃侃而談的感覺，假如大聲朗誦時，感覺很詭異或是好像機器人在講話，就代表它還沒有達到標準。

→
右頁是我們與 IKEA 的「SPACE10」合作的互動調查，調查目的是收集和展示人們對共同生活的偏好（調查名稱為「2030 年共享房屋計畫 / One Shared House 2030」），在調查中，我們打造了一個介面，讓使用者可以透過交談式的語言，把所有數據資料飛快地傳出來。

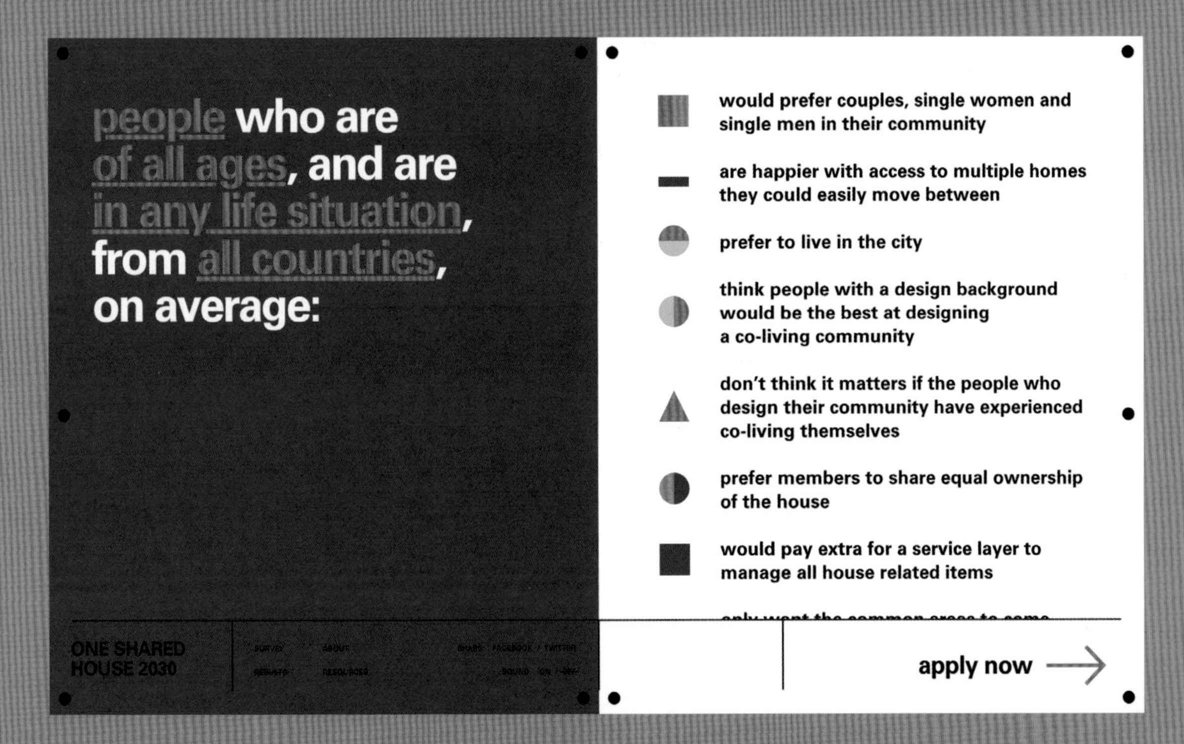
people who are of all ages, and are in any life situation, from all countries, on average:
would prefer couples, single women and single men in their community
are happier with access to multiple homes they could easily move between
prefer to live in the city
think people with a design background would be the best at designing a co-living community
don't think it matters if the people who design their community have experienced co-living themselves
prefer members to share equal ownership of the house
would pay extra for a service layer to manage all house related items
ONE SHARED HOUSE 2030
apply now

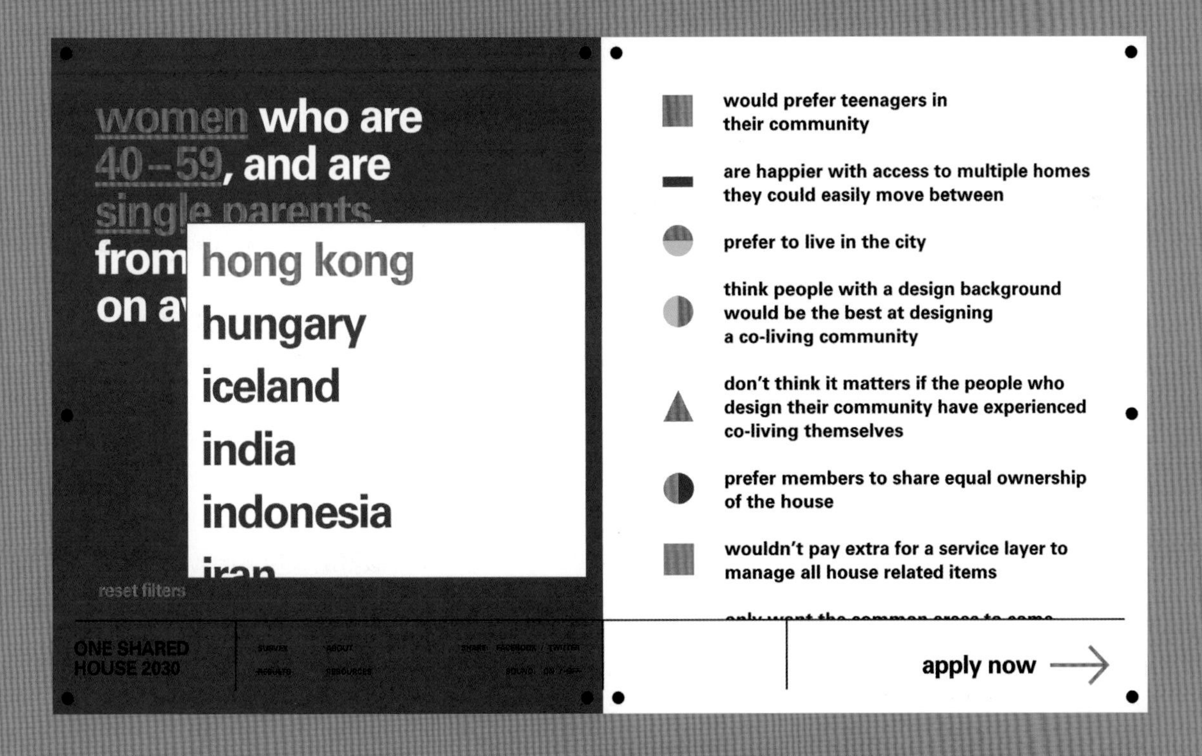
women who are 40–59, and are single parents,
from
on a
hong kong
hungary
iceland
india
indonesia
reset filters
would prefer teenagers in their community
are happier with access to multiple homes they could easily move between
prefer to live in the city
think people with a design background would be the best at designing a co-living community
don't think it matters if the people who design their community have experienced co-living themselves
prefer members to share equal ownership of the house
wouldn't pay extra for a service layer to manage all house related items
ONE SHARED HOUSE 2030
apply now

07

視覺隱喻圖像傳播速度最快

在我們的腦中，圖像的處理速度比文字快六萬倍，並且會透過我們的頭腦—心智模型（mind—mental model）傳出去。頭腦—心智模型是我們周圍世界的簡化版本（請參閱**法則 62**），好的視覺隱喻圖像能從頭腦—心智模型中創造出新的意義，並藉由挖掘和利用現有的象徵意義，來幫助觀眾建立適用的關聯或產生共鳴。

2011 年，日本發生了 9.0 級強震還引發了海嘯，當時我們協助日本 Google（Google Japan）設置了一個網站，該網站能讓全世界各地的群眾向日本人民傳遞希望的訊息，同時籌集資金來幫助救災的工作。在這個「給日本的留言板（Messages for Japan）」網站上，大家可以用自己的語言寫留言，並透過整合 Google 翻譯應用程式介面（API）來產生即時翻譯。

Google 當時也打算透過廣告來提高這項活動的知名度。考慮到廣告的高飽和度，以及 Google 翻譯本身在視覺上並不有趣的事實，我們在選擇廣告時承受了不少壓力。我們必須選擇正確的視覺隱喻圖像，這個設計才不會一下子就被過多聲浪淹沒。

因此，我們問自己：什麼能立即傳達「日本」和「希望」？

經過極短時間的研究（因為該網站必須在 48 小時內啟動），我們選定日本的櫻花樹作為視覺隱喻圖像，因為櫻花象徵春天、萬象更新以及生命稍縱即逝的本質。接著我們火速就與 Google 日本團隊針對這個視覺隱喻圖像進行了討論，確保我們不會無意中做出欠缺文化敏感度的廣告。一獲得批准後，就立即著手動工。

以它的本質來說，網站的目的非常簡單，不過，我們將這些留言設計成櫻花樹上的花朵，訪客留下的訊息愈多，櫻花樹就會綻放出更多的花朵，看起來花團錦簇。我們清楚這次活動的流量會非常短暫，而且會十分密集，所以當我們看到在地震發生後的前兩個星期，這棵象徵性的櫻花樹就滿開了，真是令人驚嘆不已。

這項活動結束時，有來自超過四十個國家的五萬多則留言訊息被翻譯完成，並且募集到超過五百萬美元的捐款。對 Google 翻譯來說，這應該是第一次不是當翻譯工具，而是被用來表達人性中美好的部分。這次活動可以圓滿成功，我想有很大的因素（或許不是全部）要歸功於我們選擇了能快速傳達正確訊息的視覺隱喻圖像。

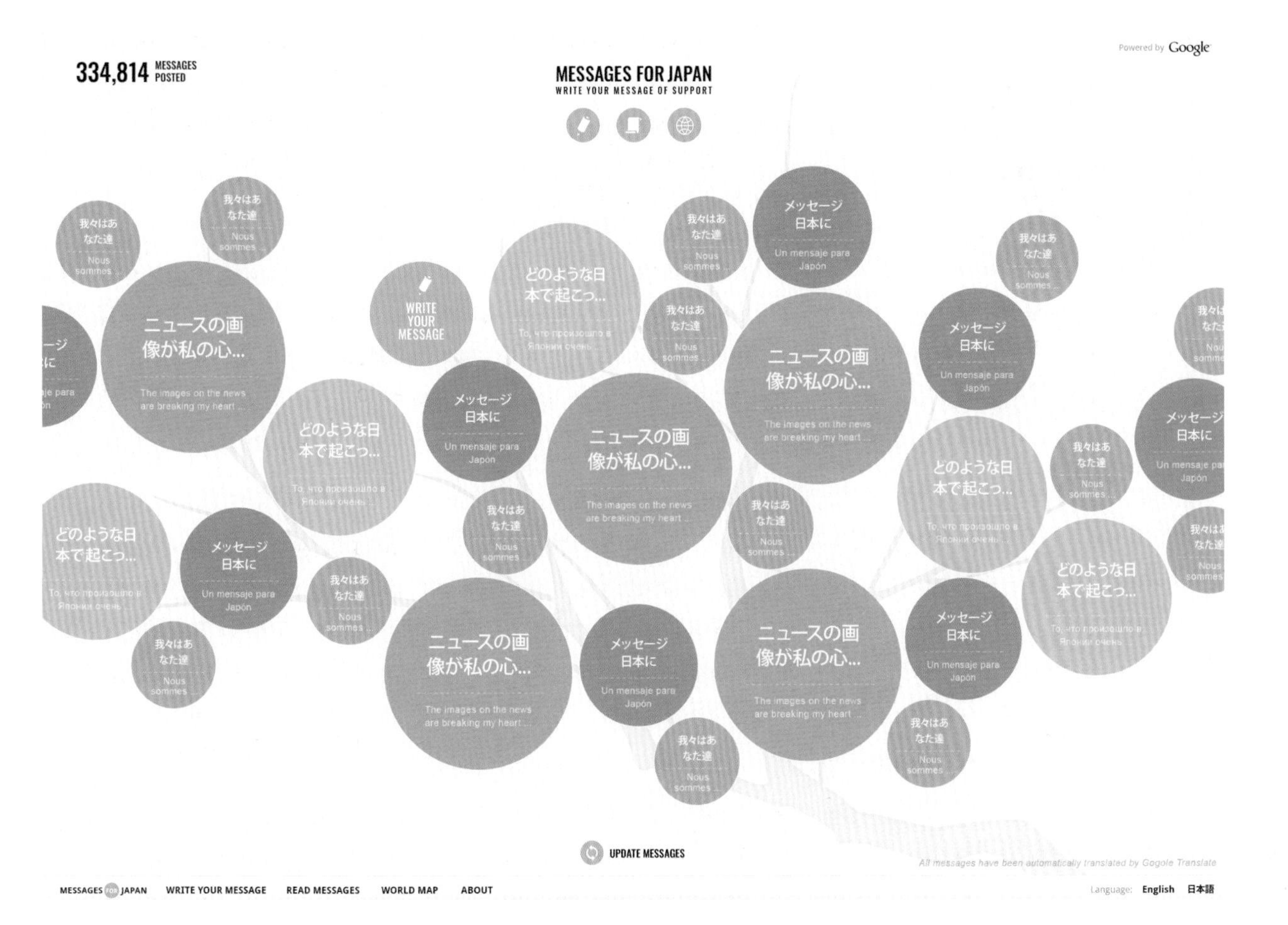

→
這是為 Google Japan 開發的互動體驗網站，訪客可以用自己的語言，留言給 2011 年東日本大地震的災民。造型別緻的櫻花樹上盛開著花朵留言，可供來自世界各地的人閱讀。

08

好看的產品感覺更好用

大多數關於人類如何與電腦互動的科學研究，都是在人機互動（human-computer interaction, HCI）的領域完成的，而不是由 UX 設計師完成的。這些研究都是在經過控制的情形下，以真實的科學為基礎，不帶特定偏見或議程的情況下進行的。

1995 年時，日本人機互動研究科學家黑須正明（Masaaki Kurosu）和樫村香織（Kaori Kashimura）試圖瞭解在跟電腦互動時，可用性與美學的相關程度。他們邀請了 252 位參與者，根據易用性以及介面看起來的美觀程度，來評判 26 部自動櫃員機（ATM）的介面。

研究結果顯示，人們並不是根據介面的實際可用性來判斷它實用，人們其實是根據美感來判定可用性的！

換句話說，人們通常會認為漂亮的產品更好用。漂亮的產品即使並不實用，當它無法發揮用處時，我們還是會覺得它們長得很好看；日後在使用產品上遇到問題時，大多數人也會覺得無所謂。後來的許多研究都觀察和證實了這種現象，稱為「**美學可用性效應 / 美即是好效應（aesthetic-usability effect）**」。

我們工作室設計過很多產品，其中有一款最不實用的產品，它同時也是最漂亮的，就是「NU:RO 手錶」。這款手錶有兩個錶盤，一個在上面顯示小時，另一個在下面顯示分鐘，每個錶盤都有自己的錶冠，可以調整小時或分鐘，但不能同時調整這兩種。由於分鐘僅以「5」為間隔顯示，因此幾乎不可能準確地報時，然而，從來沒有人因為抱怨它太難用而退貨。

NU:RO 手錶或許不太好用，不過，徠卡相機、菲利普．斯塔克（Philippe Starck）的 Juicy Salif 外星人榨汁機、或名副其實的藍寶堅尼「Diablo 惡魔超跑」也是這樣。我們並不介意為了使用它們而花費更多力氣，因為我們更在乎它們看起來好看！

上面這些例子，並不是說我們可以只把東西做得漂亮好看，然後就打完收工！不是這樣的。人們的容忍確實是有限的，假如某個東西根本無法發揮作用，或者讓使用者找不到他想要的功能，那麼它再好看也無濟於事（請參閱**法則 13**）。要是說這裡真的有什麼值得我們學習之處，那就是必須同時重視產品的可用性和美觀，而不是一心一意地做出中看不中用的東西。

→
右頁是我們工作室設計的「NU:RO」手錶特寫，它會在沙漏中間顯示時間。雖然它不是最直覺的設計，不過確實是造型令人驚豔的設計！

09

不尋常
才會令人難忘

美籍法裔工業設計師雷蒙德・洛威（Raymond Loewy）認為，人們面對新事物通常是既期待又怕受傷害，難以取捨，他將這種矛盾的心情稱為**「最先進但可接受（Most Advanced Yet Acceptable）」，簡稱為「MAYA 原則」**。他指出，要銷售新的東西，就必須讓它成為大家所熟悉的；而要銷售大家都不陌生的東西，就要讓它出人意料。

舉例來說，假若我們要推出一種全新的產品，比如用綠豆做的素食雞蛋，我們可能希望設計出盡量接近普通雞蛋的包裝；但如果我們賣的是普通雞蛋，旁邊還有一大堆其他的普通雞蛋，我們就必須讓包裝脫穎而出、與眾不同。

1933 年，德國精神科醫師海德薇・馮・雷斯托夫（Hedwig von Restorff）做了一個關於記憶的實驗。他發現，當人拿到一串要記憶的單字清單時，他可能最記得其中最突出的單字——可能是比其他單字長、採用不同的字體、改成斜體字或顏色不一樣，都沒關係，它就是必須獨具一格。事實上，愈奇怪的字就愈容易被記住。

這種傾向稱為「**雷斯托夫效應（Von Restorff effect）**」。當年我們剛創辦自己的設計工作室「安東與艾琳（Anton & Irene）」時，正是利用這種效應，把自己與競爭對手區分開來。我們心裡有數，我們不得不跟數千家規模更大、更成熟、更知名的數位設計公司搶客戶，但同時還是會提供基本上差異不大的服務。換句話說，我們就是在一堆其他雞蛋旁邊販售雞蛋，而且還沒有人聽過我們的雞蛋。

當時我們查看了競爭對手的作品集網站，發現他們都在使用類似的網站設計，不論是資料呈現、版面設計、講故事的方法，甚至頭像，全都是一大票平淡無奇、千篇一律的東西。想從這群特定的人之中凸顯出來，似乎並沒有那麼困難。

於是我們穿上色彩繽紛的緊身連身衣，並打造了一系列會根據使用者徘徊的位置而加以反應的圖像。我們沒有拍自己的大頭照，而是拍下自己在雪地裡穿著擊劍服的照片。因此我們的網站有一個獨樹一幟的主頁，而且十分奏效！每次我們問客戶為什麼選擇我們時，他們差不多都會回答：「啊你們的網站就是……很特別嘛！」

每次我們故意讓某個東西在視覺上引人注目、刻意引起大家對某件事物的注意、或突顯出某個群組裡的重要訊息時，我們都是在利用這種傾向（請參閱**法則 15**）。由於大多數的時候，我們並不是在開發全新或前所未有的產品，而是在既有領域中求變化，因此要想產生影響力的最簡單方法，就是故意做與其他人相反的事情。

→
右頁是我們工作室網站「安東與艾琳 Anton & Irene」的主頁和個人簡介圖像。左邊是我的設計夥伴安東（Anton），右邊是我。這個主頁跟其他任何公司的圖像都不一樣，這兩張圖都可以透過使用者的滑鼠游標來與使用者互動，而且都是用相機拍攝的。

ANTON & IRENE
24

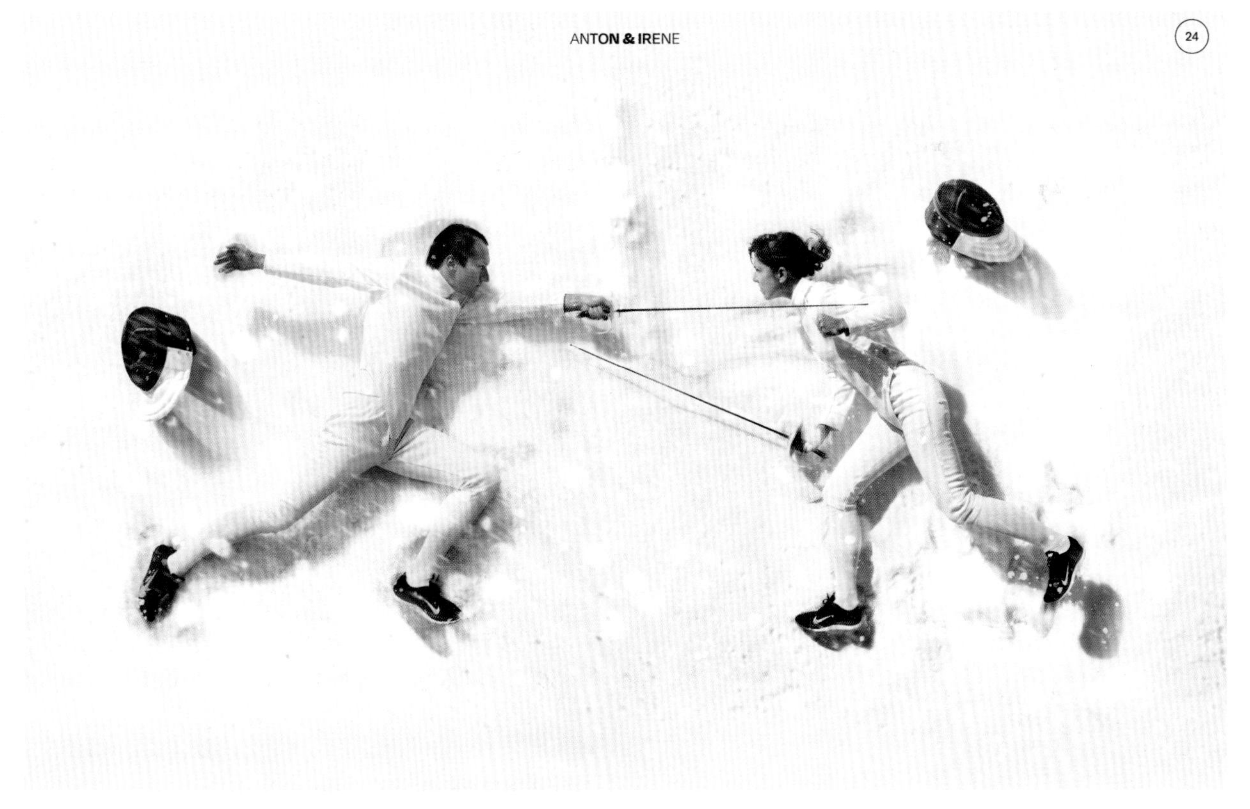
ANTON & IRENE
24

10

第一個和最後一個記憶最深刻

1885 年，德國心理學家赫爾曼．艾賓浩斯（Hermann Ebbinghaus）對自己做了記憶實驗。他去研究某個東西在清單中的位置，是否會影響到他對這個東西的記憶能力。他發現，位於序列開頭或結尾的東西更容易被記住，這是因為位於序列開頭的東西會儲存在我們的長期記憶中，而位於序列結尾的東西則會儲存在我們的短期記憶中，我們的大腦似乎不太曉得該如何處理位於序列中間的東西。

這種傾向稱為**序位效應（serial position effect）**。在設計任何類型的線上資訊時，序位都是重要條件，當我們需要讓使用者記住某些特定的東西時，或者我們需要他們去執行某個特定的操作時，那麼說不定把這些東西放在開頭或結尾是比較好的做法，而不是把它們埋沒在中間的某個地方。

在新冠肺炎 COVID-19 全球大流行期間，我們受 Adobe 邀請，擔任一位有抱負的年輕創意人的導師，協助進行一個專案。我們完成的這個專案，可以讓使用者瀏覽新聞文章和社群媒體貼文，這些文章和貼文提到了在新冠肺炎 COVID-19 大流行期間，大家對於時間的感知發生什麼樣的變化。從 2020 年 3 月開始，使用者可以瀏覽疫情剩餘的幾個月，最終以一項調查作為結尾，詢問人們是否覺得自己對時間的感知有所改變。

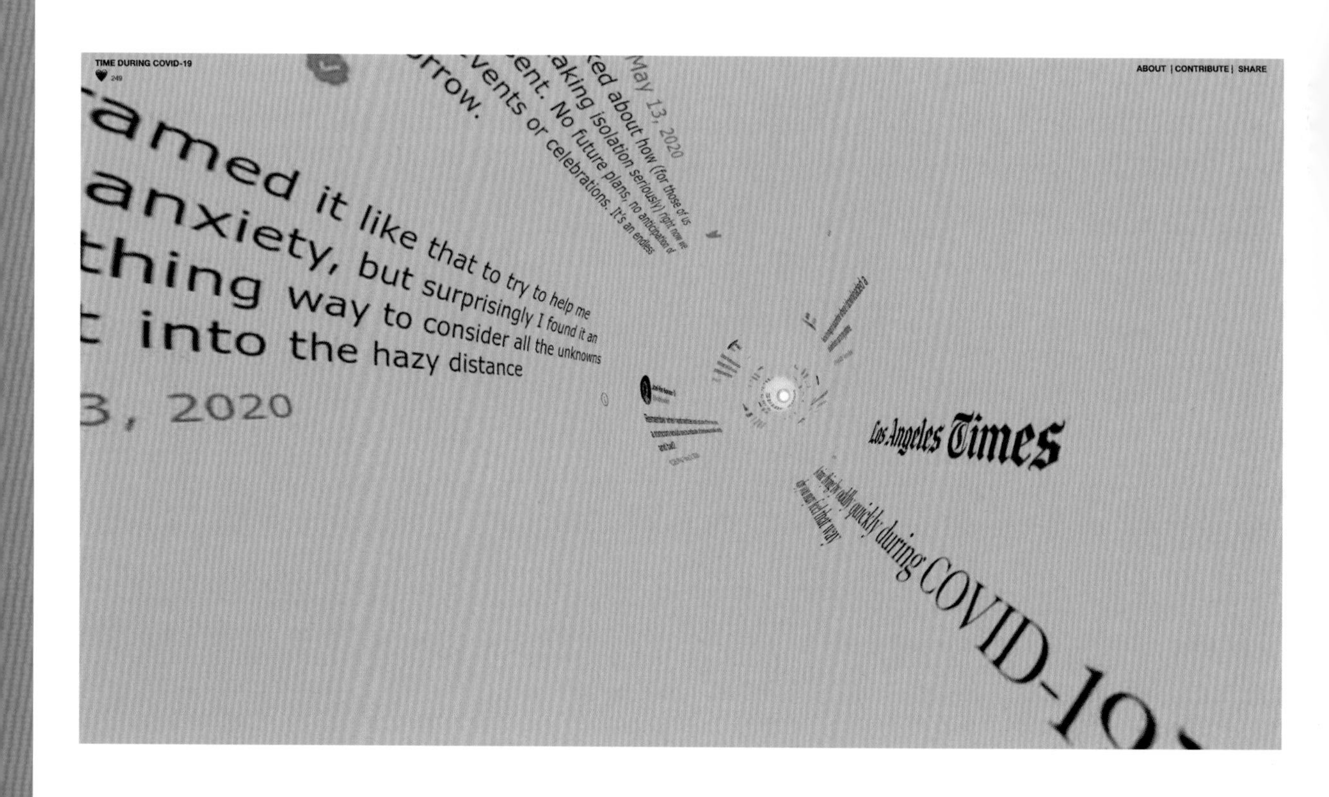

為了快速傳達專案的內容，我們把該專案的說明放在第一個位置，其他新聞文章則照著螢幕的 z 軸按時間順序排列，就像隧道一樣，以吸引使用者瀏覽並儘快到達結尾的地方。當使用者一到達隧道的盡頭時，系統就會提示他們完成這項調查。在這麼多事件中，我們最希望使用者記住的事情，是排在最前面；而我們希望他們動手做的最重要的事情，則是擺在最後面。

了解人的記憶是如何運作的，以及如何利用序位效應來發揮我們的優勢，這對 UX 體驗非常重要！呈現眾多資訊時，並不是每則資訊都同樣重要，除了確保所有資訊都是可以瀏覽的、短到容易接受和理解的（請參閱**法則 6**），我們還要確定我們希望大家記住或執行的是什麼事，並且把這些事情放在序列中的第一個或最後一個位置。我們設計的任何互動模式，都必須刻意讓使用者忘記那些不太重要的部分，才能把空間留給我們希望使用者記住的內容。

↓
「TIME DURING COVID-19（新冠肺炎中的時間）」互動網站專案。我們刻意營造一種幽閉恐懼感，讓大家想儘快抵達終點，這類似於我們大多數人在這場全球大流行病肆虐期間的感受。由於我們希望大家在到達隧道盡頭後，把他們在這場疫情期間的感受告訴我們，因此要引導使用者以最快的速度去瀏覽並通過隧道，這點非常重要。

11

少即是多

我們終於要來談二十世紀設計界爭議最多、也是最老套的一招——**少即是多 (Less is More)**。每年我都會讓學生們針對各種設計老哏脣槍舌戰一番，而「少即是多」總是會引發最多的熱議。通常在聽取正反兩方意見之前，學生會傾向於認為少即是多，但是聽完之後，幾乎所有學生都會改變主意。事實上，這沒有對錯之分。有時少就是多，有時則不然。下個單元將討論這個論點的另一面向（請參閱**法則 12**），現在先看看在 UX 領域，在什麼情況下，少其實就是多。

「少即是多」這句話源自中世紀的建築，1947 年時由德國現代主義建築師路德維希．密斯．凡德羅 (Ludwig Mies van der Rohe) 推廣，他就跟其他奉包浩斯 (Bauhaus) 為圭臬的人一樣，認為優雅並不是來自豐富、而且少裝飾比多裝飾更有影響力。他這句名言是對十九世紀那些過於華麗的建築風格直接反擊，並且成為二十世紀理性、簡約和功能主義建築運動的先河。

那麼，「少即是多」如何應用在 UX 領域呢？根據澳洲教育心理學家約翰．斯威勒 (John Sweller) 的研究指出，我們的記憶超出負荷時，常會導致錯誤百出，因此，假如介面要求我們執行複雜任務，少即是多就是不二法門！如果需要線上填寫繳稅單或是申請醫療保健，這時少即是多才是上上之策。

當我們為香港新 M+ 博物館設計購票流程時，我們仔細考慮了如何使它盡可能簡單並且防止出錯。M+ 把他們的功能需求告訴我們時，我們堅持要去掉所有不能立即幫助使用者完成任務的功能，並游說他們不要加宣傳文字。我們提出了一個非常清晰、簡約、功能強大和簡潔的介面，既不會加重使用者的認知負擔，也不留下任何模糊的解釋空間。

M+ 數位體驗的其他部分都是採用極繁主義設計風格，與我們的簡潔設計形成了鮮明對比。這是因為 M+ 數位體驗的目的在於激發靈感，讓人產生驚奇和驚喜的感覺，吸引人前來參觀博物館，它並不要求使用者執行任何複雜的任務，正適合刻意裝飾，充滿個性的風格。

因此，在 UX 領域，華麗的設計和極繁主義都是有用處的。必須注意的是，一旦涉及到複雜的任務或是流程時，就要記得「少即是多」。假如我們去掉所有不必要的東西，降低營運和認知成本，我們就能大大提高這個設計的可用性。只留下最基本的東西，即可讓複雜的互動方式變得更加便捷。

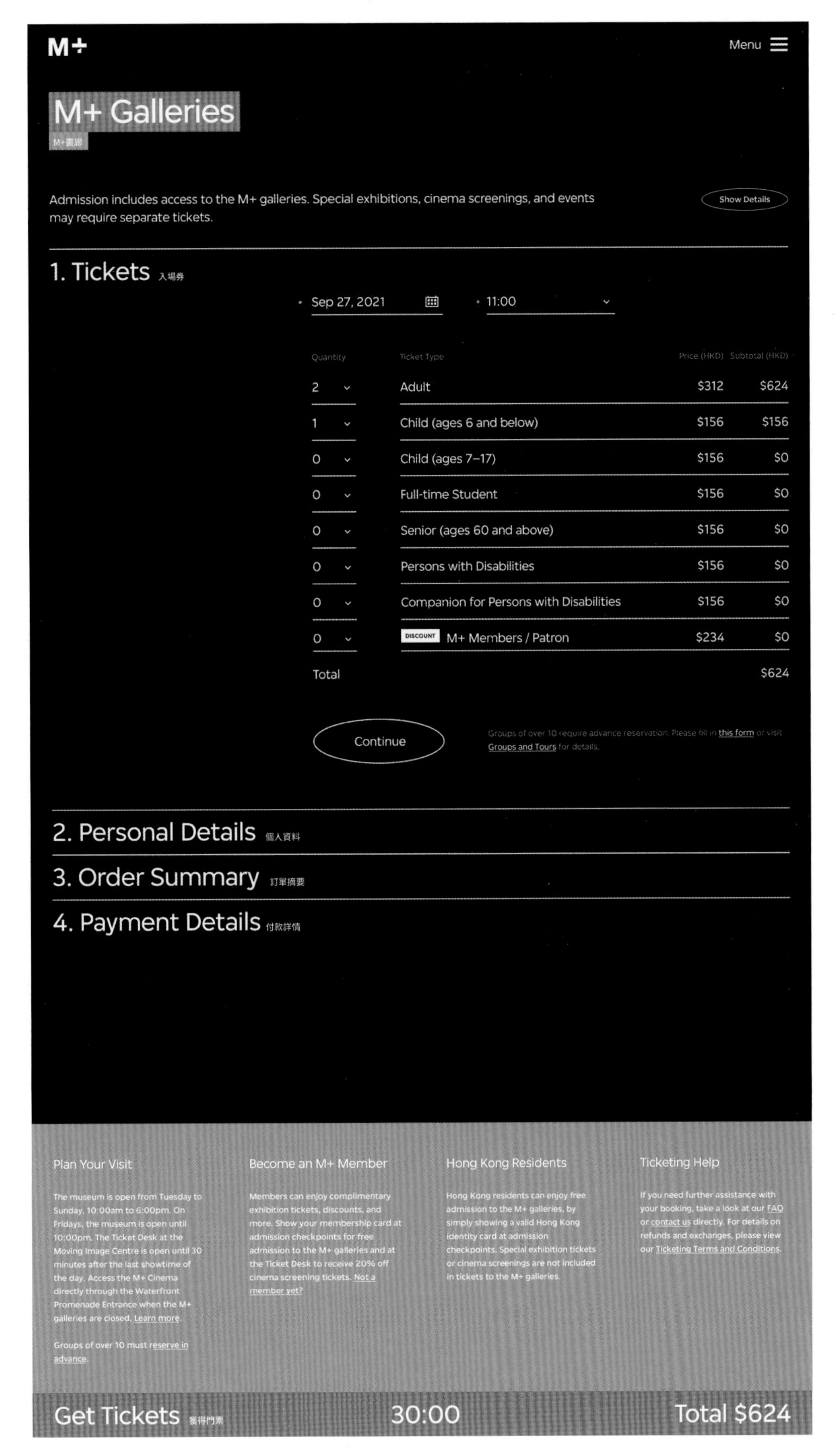

→
我們刻意讓香港新 M+ 博物館的購票流程盡可能簡單明瞭，創造一個容易理解、循序漸進的流程，以降低出錯的機率。

12

少即無趣

在密斯．凡德羅的「少即是多」（請參閱**法則 11**）獨裁統治世界二十年後，建築師羅伯特．文丘里（Robert Venturi）創造出「**少即無趣（Less is a Bore）**」這句話。這句話是在批評當時盛行的極簡主義和功能主義現代建築運動，並讚揚早期古典建築運動中高度風格化和裝飾性的設計。他認為極簡會導致無趣，提倡個性化和極繁主義。

在網頁設計剛起步時，我們經常強調個性，而且會盡情嘗試實驗。但在 2000 年代初期，我們就注意到，在完成複雜任務時，如果去掉不必要的東西，使用者表現會更好，因此網站就開始慢慢失去個性和實驗性。演變到後來，我們並不是只在需要降低認知負荷時，才使用極簡風格，而是開始讓這種風格大行其道、無所不在。

這就變成一個問題。打開過去十年裡製作的網站或 app，你會發現它們都長得很像，這種平淡無奇的包浩斯風格 UX 設計很容易複製，不需太多技巧，而且毫無個性。不信的話，可以把這些極簡風網站的商標換一下，猜猜看它是哪家公司的！好啊！大家來試試看吧！

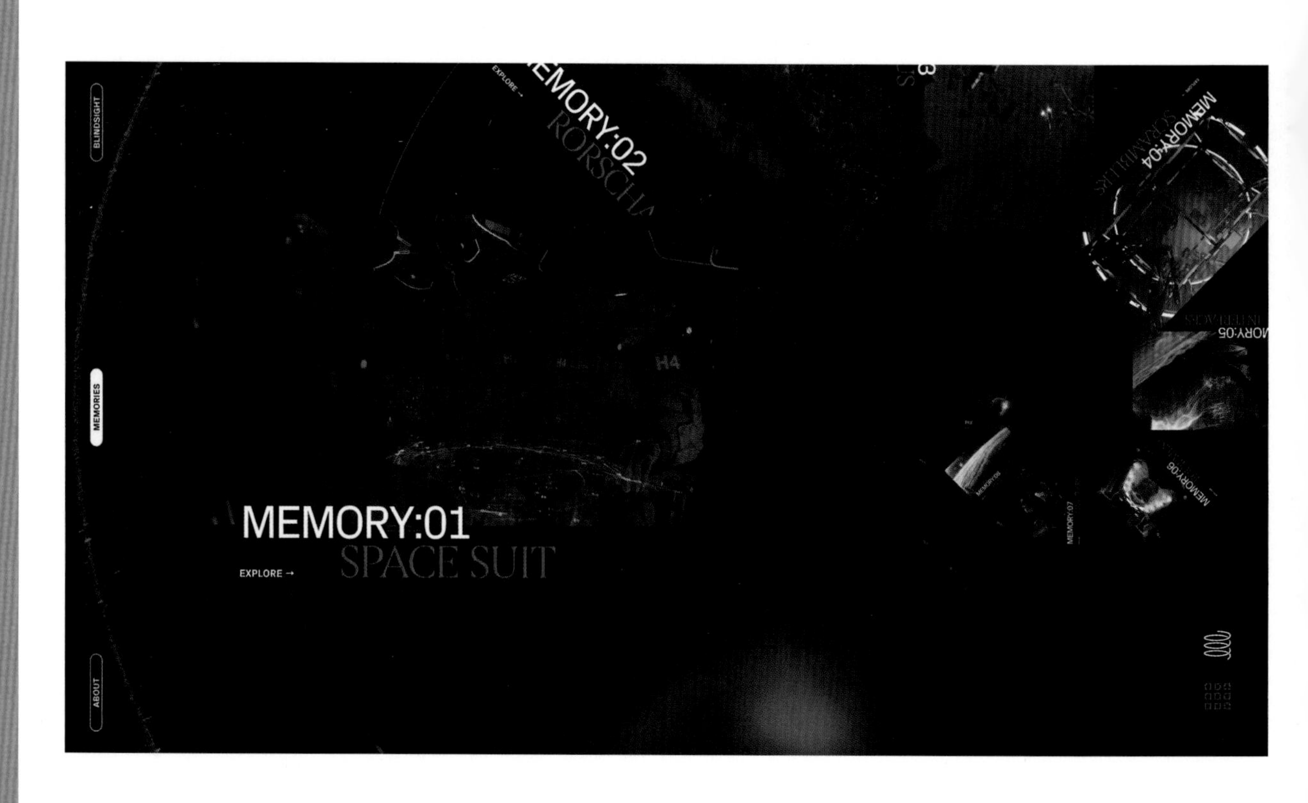

當一切看起來都大同小異時，我們就是要靠匠心獨具來吸引注意力，這是極繁主義的優勢所在。透過鮮豔奪目的色彩組合、對比鮮明的圖案、多種字體混搭，以及不尋常的互動模式，才能喚起截然不同的感覺和情感，這是極簡主義那種無聊設計的解藥。

我們工作室曾經負責設計改編自彼得．沃茨（Peter Watts）科幻小說《盲視》（Blindsight）的非商業網站，當時由我的搭檔安東（Anton）負責使用者介面設計，他將極繁主義發揮到極致。這個網站的瀏覽方式是採用螺旋式的，各章節內部的橫向捲軸很特別，他整合了 PX Grotesk 與 Begum（帶有羅馬襯線的科技風字體），造成一種令人不安的字體衝突感。這個網站能順暢運作，是因為我們非常謹慎地測試過所有的互動，確保使用者不會因為設計而防礙使用。

如果一個設計很難用，我想它既不是極繁主義、也不是極簡主義，它只是個爛設計。極繁主義的設計並不是只為了讓螢幕塞滿東西，即使它塞滿了整個螢幕，仍然必須發揮它的作用。如果說極簡主義像一棟灰色的辦公大樓，那麼極繁主義就像一座貓咪造型的幼兒園房子，它並不是只為了裝飾才蓋成這樣的。

↓
《盲視》互動網站的主畫面，改編自彼得．沃茨的同名科幻小說，我們主張未來派的藝術指導的靈感、以及螺旋式的互動模型是來自於這本書，書中的主角在他返回地球的旅途中，記錄了他的所有記憶。

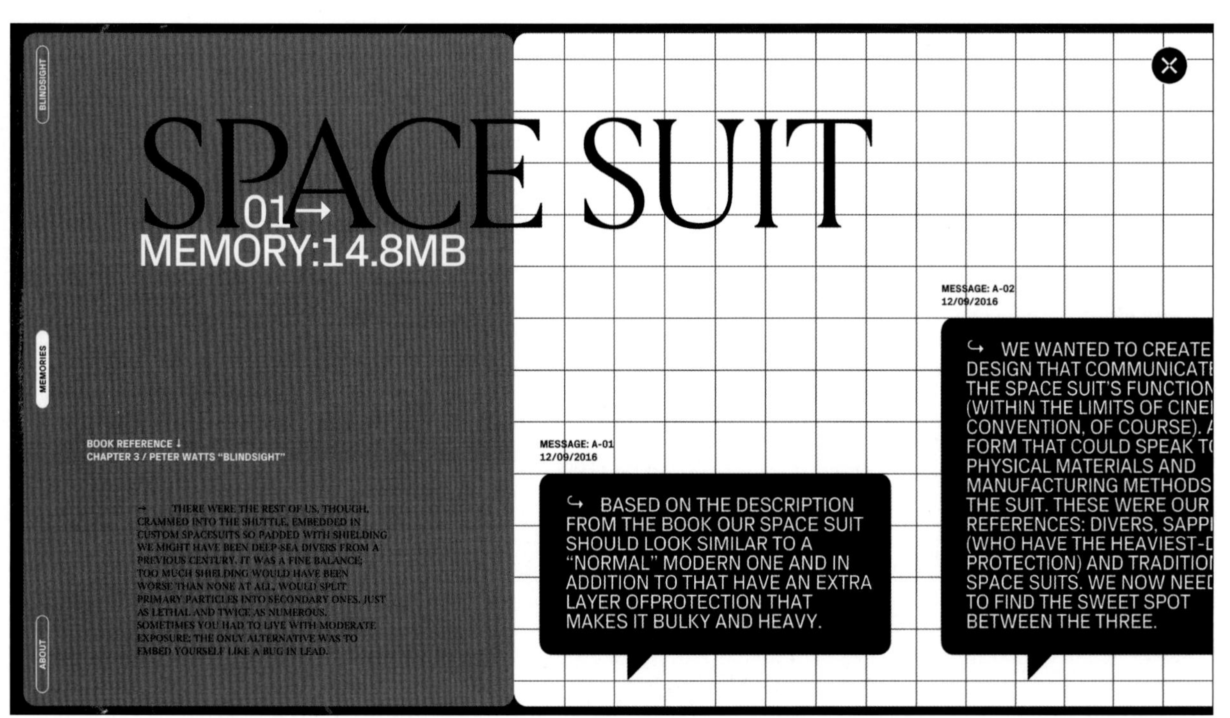

13

回應要越快越好 否則後果自負

UX 在小說中被美化的情況並不多見，但在電視影集《電腦狂人》(Halt and Catch Fire)（該劇是講述八〇年代的個人電腦革命）的某一集，卻誕生了一則都市傳說：「你叫電腦做一件事，接著按下 enter 鍵，要是它在不到四百毫秒（即不到半秒）的時間內就回覆，這樣一來你就會黏在那台電腦前面，一黏就黏好幾個小時，你可能會兩眼呆滯無神，但是工作效率會直線飆升！你會目不轉睛，如痴如醉……。然而，如果反應時間稍微差一點，即使只有半秒，也會分散你的注意力，你會站起來洗碗、拿起遙控器看比賽。所以說，四百毫秒以下的反應時間，啊，那才是最棒的狀態啊！」

這個神奇的 0 .4 秒時間，是出自 UX 研究者華特．多赫蒂 (Walter J. Doherty) 等人在 1982 年 IBM 研究論文中所提出的「**0.4 秒規則**」，只是將理論簡化了。該理論並不是為了要讓人對介面上癮，而是在研究如何提升程式設計師的生產力。研究的結論是，當程式設計師與電腦互動時，如果不必等待太久，生產力就會提高。而且電腦的回應時間越短，生產力越高，長期下來可節省時間、創造更多財富。

先別管八〇年代 IBM 程式設計師的工作效率了，我們來分析當今的網站與 app 的實際數字吧！人機互動研究員雅各布．尼爾森 (Jakob Nielsen) 的研究指出，設計時，應該牢記三個重要的回應時間閾值：

- 0.1 秒：讓使用者覺得系統反應迅速的極限。
- 1 秒：讓使用者思維流暢保持不間斷的極限，儘管使用者可能會注意到中間的延遲。
- 10 秒：讓使用者注意力集中於正在互動的事物上的極限。

研究結果顯示，如果電腦能在一秒以內就回應，使用者就會認為它是一個反應靈敏的系統；如果電腦讓我們等待超過一秒，使用者就會覺得這台電腦慢吞吞。因此，身為設計師，在反應時間大約兩秒鐘時，就要通知使用者：電腦正在「思考中」；如果等了大約五秒鐘，就必須告訴使用者，他們還需要等待多久時間。

為什麼？因為速度是可用性的終極指標，它對體驗造成的影響很大，大到可能會成為大家記憶最深刻的一件事，甚至比設計作品本身更令人難忘。換句話說，**醜而快總比美而慢更好**；不過世事無絕對，在某些狀況下，慢一點其實也不賴（關於這點請參閱**法則 14**）。

→
右頁是香港 M+ 博物館的線上收藏網站，使用者可以透過無限滾動的操作方式來查看該博物館中收藏的所有藝術品。當使用者滾動速度過快或是網路速度太慢（導致資料來不及載入時），系統就會通知使用者目前有更多內容仍在載入中。

Menu

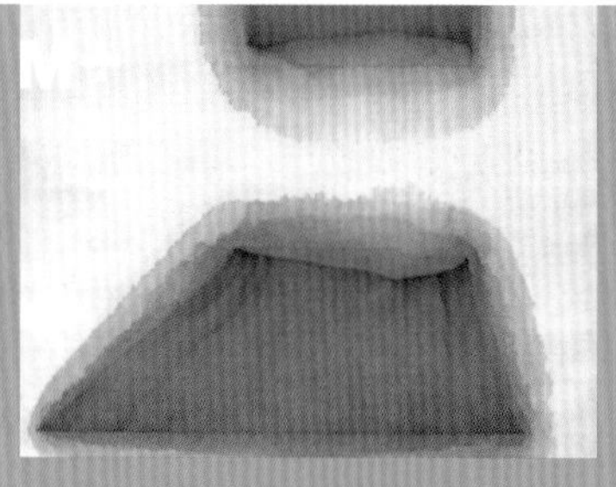

Wucius Wong
Elevation
1973

Fang Lijun
Untitled
1995

Fang Lijun
Untitled
1995

Firenze Lai
The Bone Setting Clinic
2012

Guang Tingbo
I Graze Horse for My Motherland
1973

Yokoo Tadanori
Diary of a Shinjuku Burglar
1968

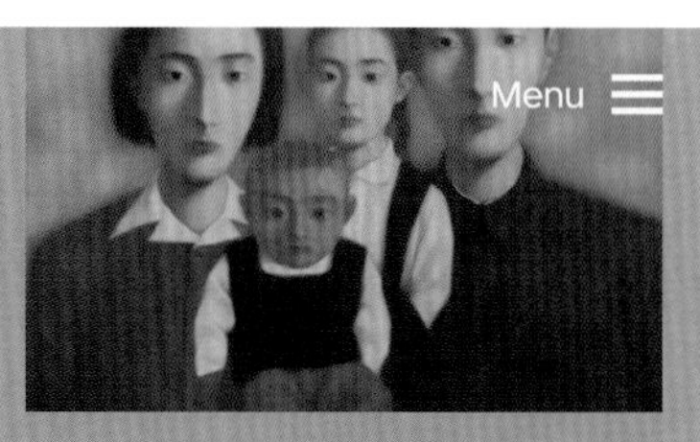

Zhang Xiaogang
Bloodline Series- Big Family No. 17-1998
1998

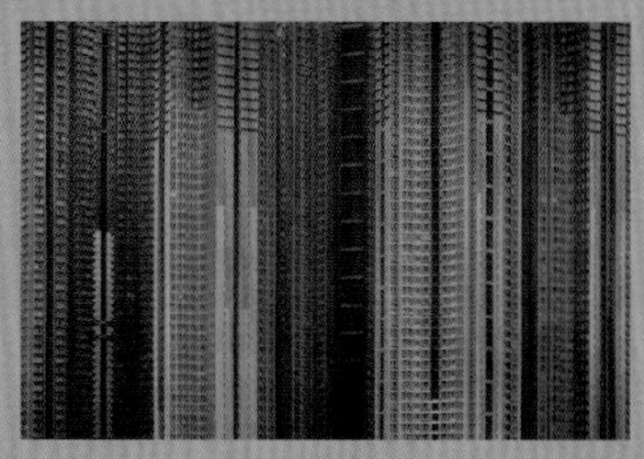

Michael Wolf
Architecture of Density, No.39
2005

Zhang Hongzan
Settle down in where the oil was found
1973

Yue Minjun
2000 A.D. (Group of sculptures. 25 figures)
2000

Loading More Items

14

摩擦不見得都是壞事

我們 UX 設計師的工作，就是讓事情盡可能更簡單，為使用者掃除一切障礙，設計出一種體驗，讓他們能夠以最快的方式，完成自己的目標！這樣總沒錯吧？嗯……那也不盡然喔！雖然我們應該一律清除不必要的摩擦，但並非所有互動都需要零摩擦的體驗速度。在某些情境下，我們更希望使用者放慢腳步，並專注在他們即將要做的事情上，尤其是當他們的行為將會帶來嚴重後果時。

每次被問到這些問題，例如「您確定要刪除它嗎？」、「您同意我們的 cookie 政策嗎？」或是「您是否正要發送無標題的電子郵件？」，其實都是在跟一個故意設計出來的摩擦情況互動。

有個問題是，我們往往會把這些彈出式視窗像趕蒼蠅一樣撵走，而不會認真地閱讀它們的內容。波姆（Böhme）和科普塞爾（Köpsell）在 2010 年進行的一項人機互動研究中指出，超過五成的使用者不會閱讀終端使用者授權合約，他們會點擊任何「確定」按鈕以便繼續做他們正在做的事情。如果只是漫不經心地接受 cookie（網路追蹤器）的彈出式視窗，對自己的隱私並不關心（我們其實應該多加關心），或許還沒什麼。不過假如你在元旦那天醒來，發現前一天晚上回家的十五分鐘車程居然被計程車收了 350 美元，那問題就嚴重了！

美國版的共乘 app 優步（Uber）的動態訂價螢幕原本提供無摩擦的順暢操作體驗，沒想到正因為沒有摩擦，大多數人都會不小心接受比原價高許多倍的價格。這使得客戶火冒三丈，也導致 Uber 被美國商業改進局（Better Business Bureau）評為 F 級（最低評級）。

為了提出對策，Uber 設定了刻意的摩擦時刻：比如說，假若目前的動態定價是正常車資的 3.25 倍，使用者就必須手動輸入「3 2 5」來確認。這種強迫使用者手動同意的專利方法，可讓大家高度意識到自己實際上同意了什麼，並且徹底迅速地提升了客戶滿意度。

我不得不說，不必要的摩擦並不是好事（請參閱**法則 13**），不過有時候，來一點摩擦也是好事。由於我們設計的一切，都會對社會和眾人的生活產生實質的影響，因此設計師也肩負著社會責任，不能利用人們的惰性，並且要奠定和維護安全標準。無論是讓大家擺脫自動駕駛模式、防止他們無意識下決定或一個不小心出紕漏、打造能增加玩遊戲的興致和吸引人的遊戲關卡，還是增强安全性，摩擦都可以幫助大家暫停一下、並且做出更深思熟慮的決定。

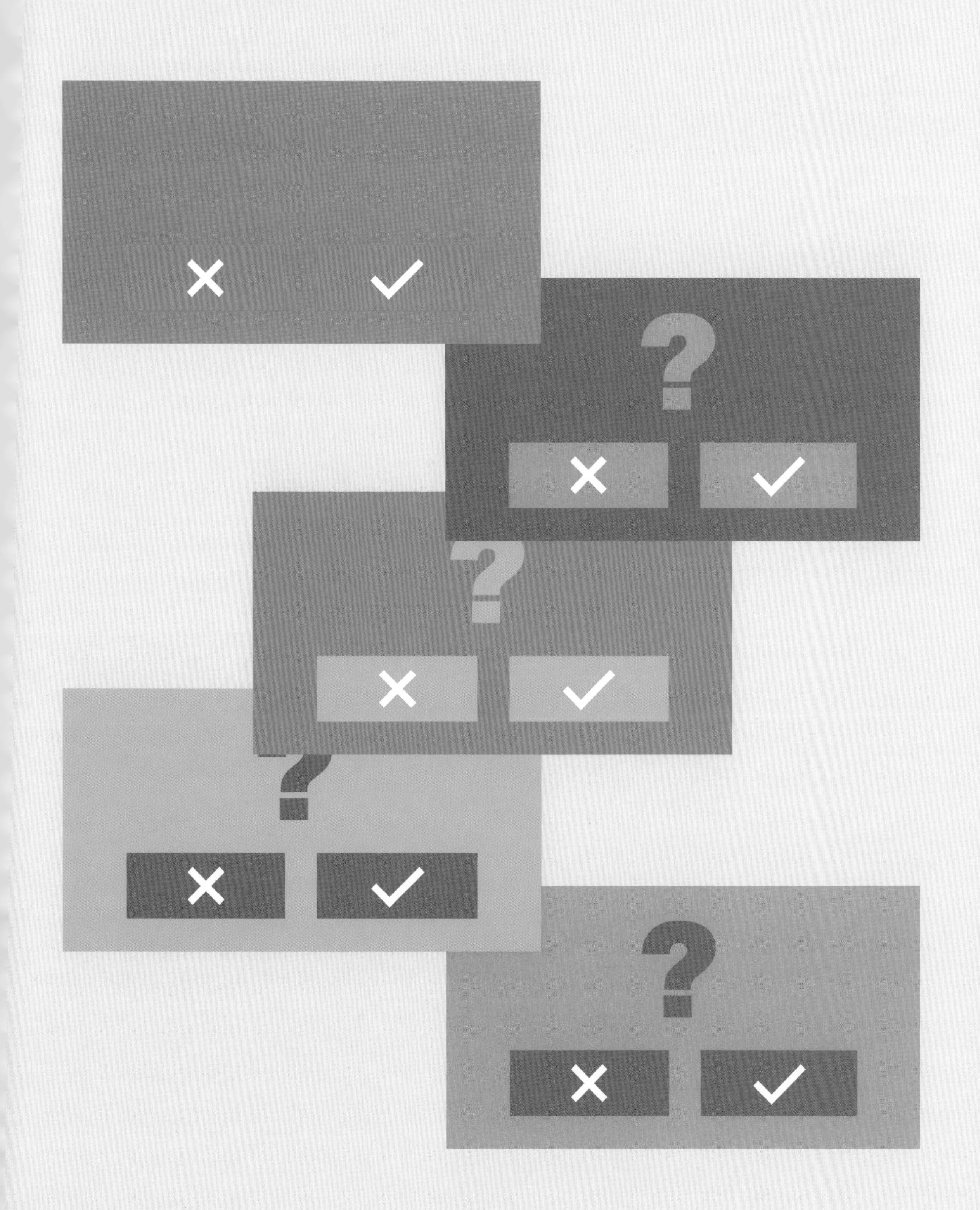

15

第一印象很重要

一眨眼——或是十秒鐘——就能讓人留下印象！根據劉超（Chao Liu）、瑞安・懷特（Ryan W. White）和蘇珊杜麥斯（Susan Dumais）在微軟（Microsoft）進行的研究顯示，假如使用者在十秒內沒有看到或理解這個網頁的價值，他們就會離開。這是因為使用者都知道，他們可以很輕鬆容易地在其他地方找到他們需要的任何東西，我們只有十秒的時間能讓使用者產生第一印象，並且說服他們留下來。

那麼，什麼才是好的第一印象呢？令人跌破眼鏡的是，答案並不是內容，而是設計！使用者往往不會信任設計不良的數位產品，如果第一眼看到的版面、排版、圖像和配色不順眼，他就不會關心內容，也幾乎絕對不想再進一步探索（請參閱**法則 8**），所以使用者的第一印象極為重要！不過，我們必須先進一步瞭解大多數訪客是從哪裡開始他們的體驗，才能知道他們的注意力會集中在哪裡。

英國藝術家香朵・馬丁（Shantell Martin）向我們求助，表示她需要一個新的品牌和網站，當時我們花了相當多時間，討論如何在網路上完美地呈現她的作品。我們查看她當時的網站分析得知，大多數訪客都是從她的主頁開始瀏覽與探索她的網站，因此我們將大部分注意力集中在這個地方。為了讓訪客停下腳步來關注，我們並不是把她的主頁構想成主頁，而是想成一張電影海報——或書籍封面，甚至包裝也行，這些都是為了吸引訪客注意力而特意設計的。

我們選用一種極粗的字體，跟她作品中那種稍縱即逝的手繪感形成鮮明對比，網頁開頭就是她本人躺在作品上的超大張圖像。由於她的藝術作品經常會邀請觀眾參與，因此我們使用了互動功能，這樣一來，訪客就可以像在現實生活中一樣，跟她的作品互動。大家對這個功能愛不釋手，而且紛紛在她的主頁上定格、停留了很久！

出色的設計不僅能讓別人信任我們，也能讓他們流連忘返。正因為我們知道，我們只有十秒的時間能讓大家留下第一印象，所以我們應該珍惜這十秒。因此，在開門迎接客人之前，我們要確保自己的房子整理得乾淨整齊，還要打扮得光鮮亮麗、牙縫裡不能塞東西，而且還要笑臉迎人！

→
這是香朵．馬丁的新品牌和網站。在摸索概念的階段，我們就提出「作品的身體（body of work）」的概念，即互動模式要用她的身體來代表。至於請她躺在自己作品上的照片靈感，來自人像攝影師安妮．萊柏維茲（Annie Leibovitz）為普普藝術家凱斯．哈林（Keith Haring）所拍攝的一幅引人注目的肖像，照片中的凱斯與他所在的房間，都包含在他的作品中。

16

UX 設計並非永恆不變

德國工業設計師迪特・拉姆斯（Dieter Rams）因為將德國百靈（Braun）公司的產品系列，提升成令人嚮往且能啟發人心的產品，進而一舉成名（甚至有人說過，蘋果公司〔Apple〕的強尼・艾夫〔Jonathan Ive〕在設計第一代 iPod 時，可能有點過度參考了拉姆斯的設計）。拉姆斯在七〇年代提出了經常被引用的「優秀設計的十項原則」，他認爲，好的設計應該要：

創新（Is innovative）
實用（Makes a product useful）
美觀（Is aesthetic）
易懂（Makes a product understandable）
低調（Is unobtrusive）
誠實（Is honest）
持久（Is long lasting）
完善（Is thorough down to the last detail）
環保（Is environmentally friendly）
簡單（Involves as little design as possible）

如果是從工業設計、建築設計甚至平面設計的角度來看，我幾乎會同意這份清單。不過，在談到 UX 設計時，其中一條或許並不適用：我認為好的 UX 設計不會持久。這個領域和實務本身是持久的，不過一碰到介面，確實不會有永恆不變的設計。

為什麼？因為我們與電腦的互動方式，大部分都取決於當時的時空背景下，可用的軟體和硬體技術。就拿滑鼠這個簡單的東西來說，儘管它在 1960 年代初就由國際斯坦福研究所（SRI International）的道格拉斯・恩格爾巴特（Douglas Engelbart）發明出來，但直到 1984 年才真正投入商用；或者再以觸控螢幕為例，觸控螢幕是由艾瑞克・強森（Eric A. Johnson）在 1965 年發明的，但是直到 2000 年代才被廣泛接受。

上面談到的還只是硬體，程式語言與瀏覽器的技術也在不斷發展。如果在二十年前，你把漢堡選單（行動裝置上開啟導覽列的三條線圖標）拿給某個人，他一定不知道要怎麼使用（請參閱**法則 82**）。

隨著科技的蓬勃發展，一般介面的最長有效期限約為二十年。而且由於科技日新月異，這個數字會變得愈來愈短，介面永遠是它誕生當下那個時代的產物。但好在我們人類也在進化，每次有新的事物出現時，我們都會學習和適應，從而為我們與電腦的互動方式帶來更大的進步空間。因此，我們並不需要讓 UX 保持永恆不變。

17

數位產品很難永不改變

在安東和我過去十五年來一起合作負責過的一百多個客戶專案中，我可以很簡單地把它們分成兩類：有一類直到現在仍然是我們當初設計時的樣子（這下子可以鬆一口氣啦！）另一類則是完全變了樣（希望它們一路好走啊）。這與設計是否永恆不變、科技的推陳出新或是作品的品質高低無關，而是要看客戶端的管理人員如何管理，以及他們的離職率有多高。

大多數的數位原生產品至今仍然是其創辦人的資產 (例如 Craigslist、Google/Alphabet、Facebook/Meta 和 Spotify 等，僅舉幾個例子說明），他們往往看重的是長久性而非流行性，他們知道，動不動就改東改西會讓使用者緊張不安，生怕自己一不小心就做錯了什麼，而且他們最不希望發生的就是失去現有使用者。儘管公司內部總有上百位設計師待命（請參閱**法則 85**），但設計變更在這類公司裡面其實很少發生，他們的介面總是年復一年地保持著大致相同的樣子。

另一方面，當我們為那些產品並非數位原生的客戶工作時，情況就恰恰相反了。變更設計的狀況屢見不鮮，而且十之八九都是由當時剛好經手的人決定的，這個人可能很熟悉數位領域，但也可能一知半解，而且很可能認為他們不斷改介面是在幫使用者的忙！又或者，他們根本沒在管使用者的感受！無論如何，每個新團隊都想在產品上蓋上自己的印章，他們把自己的員工帶進來，並重新設計一切。

這兩個極端的例子，就像王室成員可以終身統治國家，民選官員卻必須一直為了贏得下次選舉而奮鬥一樣，數位設計的壽命會由負責這項工作的人來守護，假如負責人不斷地換來換去（美國大多數人平均只在一份工作上待三年左右），那麼設計保持一貫不變的可能性就微乎其微了，哪怕只是維持五年都很難得。

我們過去所做的設計專案，有些至今還能維持當初設計好的原貌，我想唯一的原因就是當初合作的那個團隊還在守護著。但我們知道，一旦那個團隊離開，換成別的團隊，就必須做好準備，禱告一番，向作品說再見。沒關係啦，我已經習慣了！我以前常常會把我做過的專案當成我的小孩，現在我都是把它們當成我的前夫。

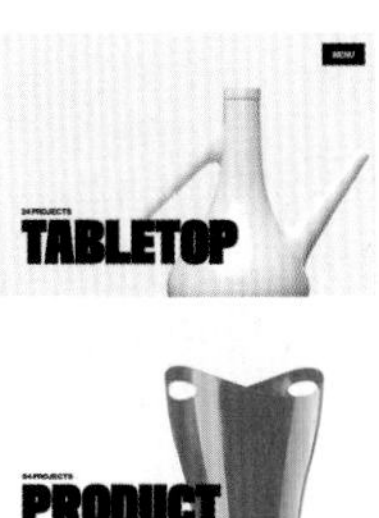

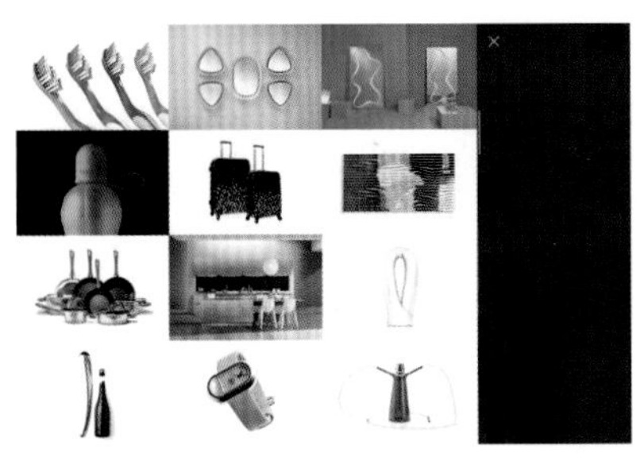

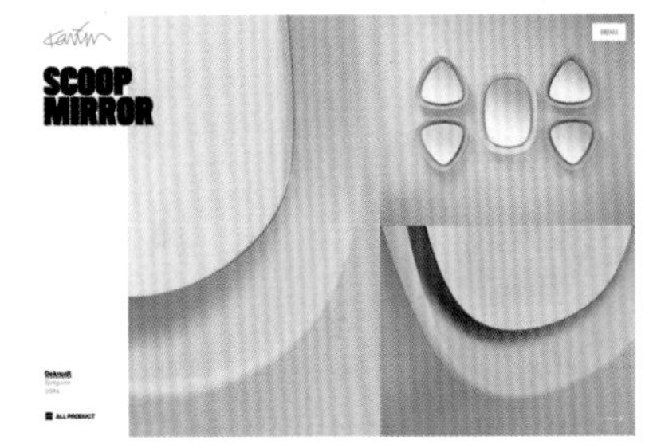

↑
設計師卡里姆．拉希德（Karim Rashid）的網站，是我們做過的專案中維持得最久的。直到本書撰寫完成之時，該網站已經上線九年多，完全都沒有變動過。這是因為卡里姆．拉希德本人就是這項工程的委託人，而他顯然仍在掌管他的同名工作室。

我們能創造有意

來造福他人，也

脅迫他人來謀取

端看設計者的選

義的體驗
能故意誤導和
私利。
擇。

18

無障礙優先

UX 領域所說的「無障礙」，是針對那些與產品有不同互動方式的人的可用性，這可能是指視障者、色盲者、行動不便者、聽力障礙者或學習困難者，但同時也包括睡眠不足、喝醉酒、抱著嬰兒同時還拿著手機的人，或是需要戴上眼鏡才能閱讀的人。

無障礙的設計不僅對某些人來說是極度重要的，它還可以幫所有人一個大忙！假如設計時事先考慮到無障礙狀況並且正確貫徹執行，其實最後對你我也是有好處的。我們來看一下這些例子：

- 影片的隱藏字幕，對聾啞人士來說是不可或缺的；而對於在公共場合看影片（不便開聲音）的人來說，有這個功能也會非常方便。
- 提高對比度，對視障人士來說是必要的；同時對於在刺眼陽光下使用手機的人來說，這個功能也很有幫助。
- 簡化語言，對於有學習障礙的人來說是必要的；而對於母語不是英語的人來說，這個功能是救星！
- 純鍵盤導覽，對有動作障礙的人士來說是必需品；而對滑鼠剛剛壞掉的人來說，它也能派上用場！

類似的例子不一而足，既然每個人都能受益，各位或許會認為所有數位產品的設計應該都是無障礙的，對吧？那你就錯了！ WebAIM 在 2020 年製作的一份報告指出，在最廣泛使用的網站中，只有 2% 符合無障礙標準。由於目前沒有任何法規去強制私人公司必須確保其產品是無障礙的，所以這一點通常不會在製作者的主要考量之中。

但還是有希望的！自 1998 年以來，根據《美國殘障人士法案》(Americans with Disabilities Act, ADA) 規定，美國政府網站必須、而且正常來說要確保它所有的數位內容都符合聯邦法律第 508 條所規定的無障礙要求。為了推動這個過程，全球資訊網協會 (World Wide Web Consortium, W3C) 提供多種免費工具來教育設計師如何開發無障礙產品，並提供檢查標準以驗證產品是否具備無障礙設計。

歐洲甚至走得更前面。《歐洲無障礙法案》(European Accessibility Act) 將是第一部專門適用於歐洲私營部門的標準化指令，這些法規將於 2050 年生效，適用於公司員工人數在十人以上、或是年度資產負債表超過兩百萬歐元的所有私營公司。

然而，使產品無障礙並不是設計師的唯一責任。比方說，想要確保網站文字可以讓視障人士透過語音朗讀功能理解，是由程式碼而非設計來實現的。開發人員需要確保他們所選用的所有程式碼、標記語言和函式庫 (library) 都能實現無障礙設計，而 UX 設計師則要向客戶宣傳無障礙設計的好處，並積極推動實施（請參閱**法則 65**）。當我們越能以無障礙為核心去設計，結果就會對所有人越有利。

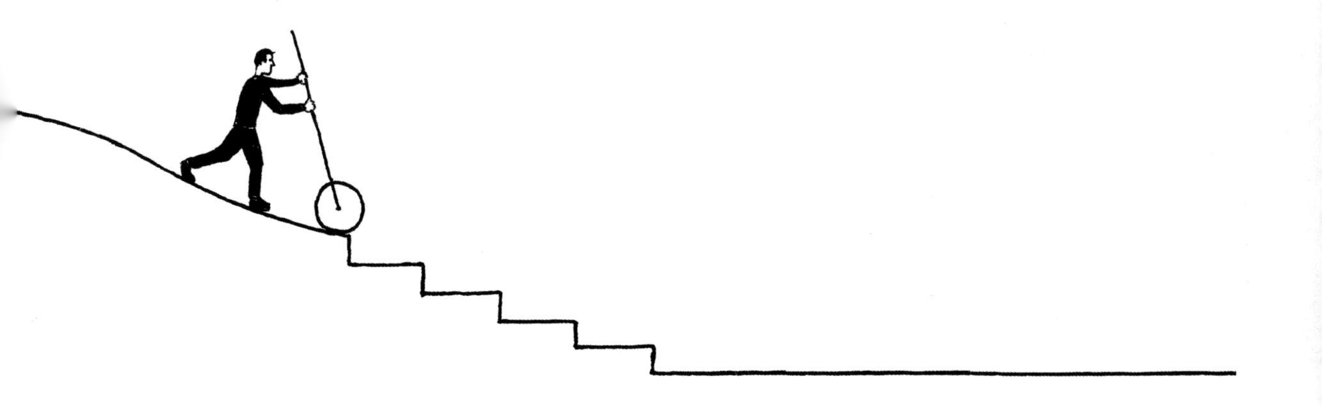

19

理解人們的數位素養差異

以前我們常說，如果一個人完全不會閱讀和寫作，想要成功可能會有點困難。不過，在當今的世界，生活的基本能力還包括數位素養。因為幾乎生活中的每件事情——像是辦理銀行業務、預約接種疫苗和繳稅等——大多都是採取數位方式去完成的。現在所謂能讀能寫的識字能力，已經不僅僅是「看懂文字寫什麼」這種基本的要求了，它還包括能評估、使用和建立各種類型的數位資訊、內容和工具所需的技能和知識，這些能力總稱為**數位素養 (digital literacy)**。

2001 年時，教育顧問馬克．普倫斯基 (Marc Prensky) 提出**「數位原住民」(digital native)** 和**「數位移民」(digital immigrant)** 這兩個名詞。一般來說，數位移民是指在網路興起前的文化中長大的，而數位原住民則是在這個世界完全數位化之後才出生的 (因此千禧世代被認為是數位原住民中最年長的一代)。然而，數位素養並沒有嚴格地按世代劃分，如果是幾乎沒有接觸過、或是根本無法上網的任何年齡層的人，都會被視為數位移民。

這會怎麼影響我們設計產品的方式呢？通常來說，當我們要設計給所有人都能使用的介面時 (例如為醫院管理人員設計的介面、或是為博物館設計的網站)，就必須確保無論數位素養高低，這個介面在設計上都能讓人輕鬆容易地使用。簡單來說，**設計時必須優先考量數位素養程度最低的人。**

設計的準則，就是要盡可能減少任何可能引發恐懼或困惑的情況。這表示需要確保互動方式和用語都能簡單易懂而且符合使用情境，讓使用者能夠按照自己的步調進行。同時，設計團隊也要投入額外的精力，確保在整個體驗過程中都有提供足夠的幫助和指導資訊。

例如，透過記憶輔助工具 (如顏色編碼) 顯示不同類別之間的關係，以及提供靈活的學習路徑，為新手使用者提供入門的方式，逐步地引導使用者學習操作介面中比較複雜的部分。此外，如果有需要讓數位素養較低的使用者自行輸入資料，系統本身可以預先設計成能確保資料品質的模式 (例如輔助輸入內容)。

倘若我們知道數位素養較低的人也會使用我們設計的工具，並遵循上述準則來降低使用門檻，就能讓使用者在與新科技互動時，更加得心應手。隨著他們用過的 app 和服務越來越多，他們的數位素養就能慢慢提升，而且增加自信，更能融入這個數位化的世界。

20

對銀髮族多一點關愛

老年人在使用數位產品時常常會遇到困難，或許是因為他們是數位移民（請參閱**法則 19**），年紀比較大時才接觸到各種新科技產品。這使得一些老年人在首次接觸全新的數位產品時會缺乏安全感。

當我們負責重新設計紐約大都會藝術博物館（The Metropolitan Museum of Art）的官方網站時，我們已經知道有很大一部分觀眾的年齡是在 65 歲以上。因此我們格外小心，不斷思考如何確保老人家在使用我們的介面時能感覺自在，安心操作。

一般來說，年長的長輩需要花更多時間來吸收介面上的資訊，他們往往會先仔細看完螢幕上的所有元素，然後才採取行動，而且會從字面上理解指示的文字。因此，設計時最重要的是，說明文字不能有任何含糊不清的地方，而且購票之類的流程也要盡量簡單易懂，不能讓他們感到太快、太匆忙或有壓力。

因此，我們在設計這個網站的時候，刻意去除所有不必要的元素，把所有元素都變大，除此之外，我們還決定盡量減少整個介面中的圖示數量。對於不常上網的人來說，對圖示的理解程度可能並不如我們所想像的那樣（請參閱**法則 82**），而文字說明則可以讓每個人都理解。因此，我們決定採用以文字為主導的設計系統。

我們還向客戶爭取一件事，就是不要強迫訪客建立會員帳戶。因為對有點年紀的人來說，輸入密碼可能會讓他們覺得有點慌張不安。我們要確保所有人（不僅是上了歲數的人）都能與大都會藝術博物館的網站內容輕鬆互動，包括購買門票或捐款，而不必先加入會員。

今天與數位科技一起成長的未來世代族群，等他們活到 65 歲之後，可能不必再面臨這些挑戰。不過我們針對高齡者的設計考量其實並不是只針對高齡人士。如果我們設計的產品能讓年長者輕鬆使用，那麼其他數位移民一定也會覺得跟產品互動時變得更容易而且好用。

→
右頁是大都會藝術博物館網站的電腦版、手機版和平板螢幕上的主要畫面。我們展示了一個充滿了想像力而且超大的 UI，UI 經過專門設計，盡可能方便任何年齡層的人使用，尤其是老年人。

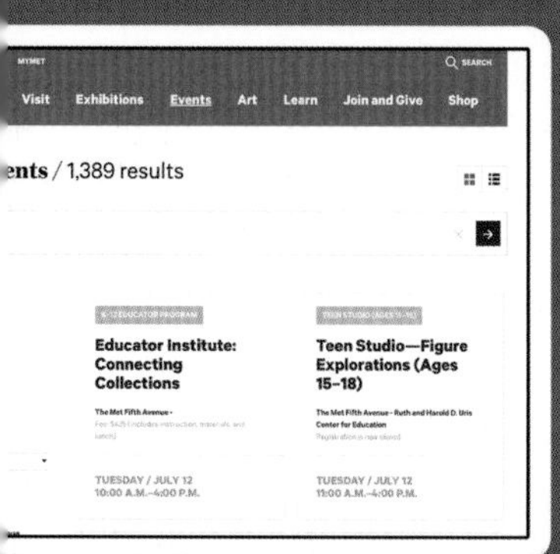
Visit
Exhibitions
Events
Art
Learn
Join and Give
Shop
ents / 1,389 results
Educator Institute: Connecting Collections
Teen Studio—Figure Explorations (Ages 15–18)
TUESDAY / JULY 12
10:00 A.M.–4:00 P.M.
TUESDAY / JULY 12
11:00 A.M.–4:00 P.M.

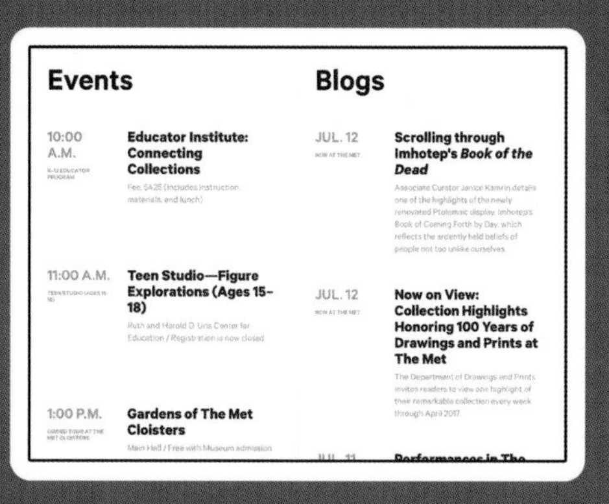
Events
Blogs
10:00 A.M.
Educator Institute: Connecting Collections
11:00 A.M.
Teen Studio—Figure Explorations (Ages 15–18)
1:00 P.M.
Gardens of The Met Cloisters
JUL. 12
Scrolling through Imhotep's Book of the Dead
JUL. 12
Now on View: Collection Highlights Honoring 100 Years of Drawings and Prints at The Met

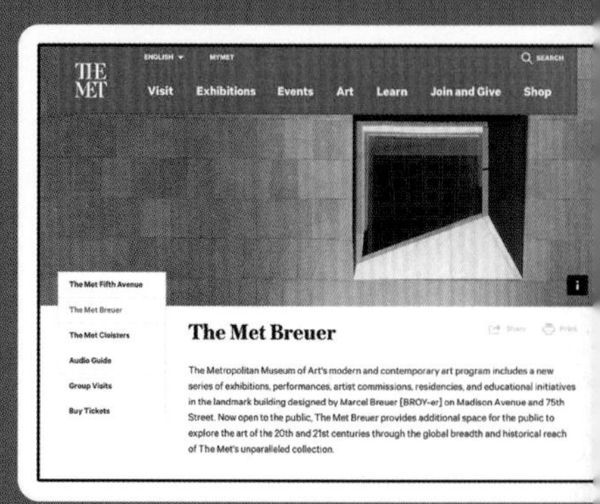
THE MET
Visit
Exhibitions
Events
Art
Learn
Join and Give
Shop
The Met Fifth Avenue
The Met Breuer
The Met Cloisters
Audio Guide
Group Visits
Buy Tickets
The Met Breuer

and Give
Shop
astry

MANUS×MACHINA
Fashion in an Age of Technology
DESIGN FOR ETERNITY
ARCHITECTURAL MODELS FROM THE ANCIENT AMERICAS
The Roof Garden Commission
Cornelia Parker

New Discoveries: Early Liturgical Textiles from Egypt, 200–400
Expressions of Nature in Korean Art
Printing a Child's World
The Old Ball Game: New York Baseball, 1887–1977
P.S. Art 2016: Celebrating
Dream States:
Alex Katz at The Met
Phil Collins: how to make

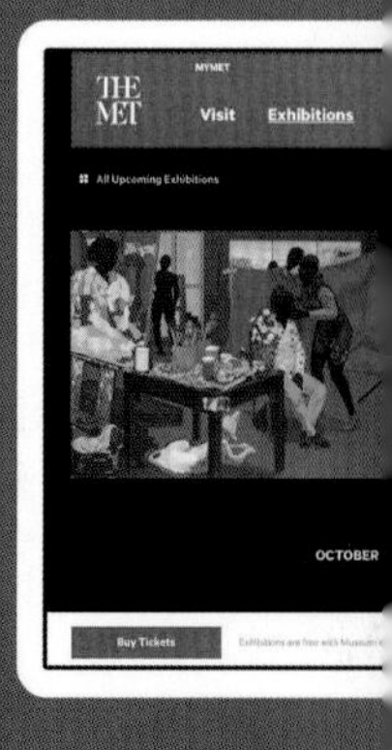
THE MET
Visit
Exhibitions
OCTOBER
Buy Tickets

Visit
Exhibitions
Events
Art
Learn
Join and Give
Shop

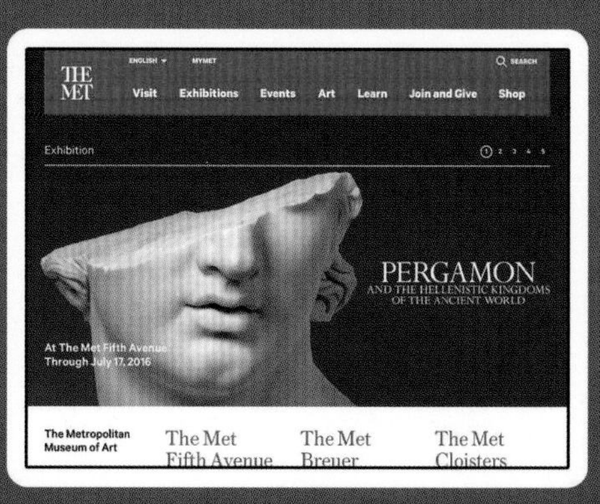
THE MET
Visit
Exhibitions
Events
Art
Learn
Join and Give
Shop
Exhibition
PERGAMON
AND THE HELLENISTIC KINGDOMS OF THE ANCIENT WORLD
At The Met Fifth Avenue
Through July 17, 2016
The Metropolitan Museum of Art
The Met Fifth Avenue
The Met Breuer
The Met Cloisters

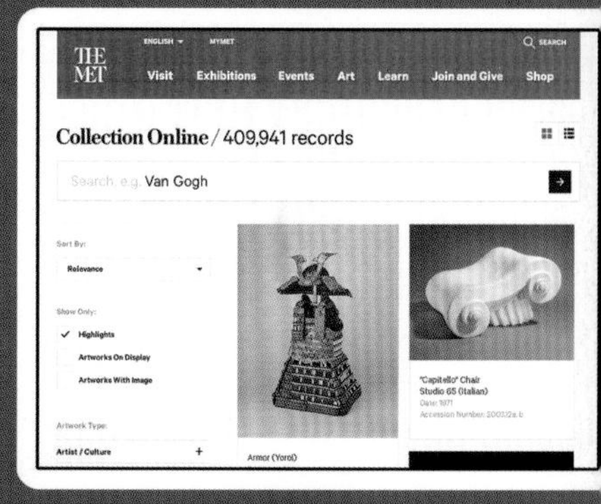
THE MET
Visit
Exhibitions
Events
Art
Learn
Join and Give
Shop
Collection Online / 409,941 records
Van Gogh
Relevance
Highlights
Artworks On Display
Artworks With Image
Artist / Culture

and Give
Shop

THE MET
Visit
Exhibitions
Events
Art
Learn
Join and Give
Shop
The Met Fifth Avenue
The Met Breuer
The Met Cloisters
Audio Guide
Group Visits
Buy Tickets
The Metropolitan Museum of Art
The Met Fifth Avenue
The Met Breuer
The Met Cloisters

Max Beckmann in New York
NATIVE AMERICAN MASTERPIECES

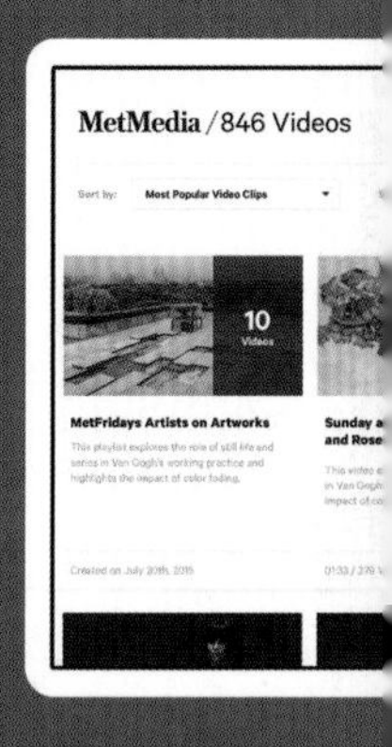
MetMedia / 846 Videos
10 Videos
MetFridays Artists on Artworks

21

小孩不是小一號的大人

我們曾經幫尼克兒童頻道（Nickelodeon）——它是美國有線電視的兒童專屬頻道——開發第一個 iPad app。當時我們本能地就知道對大多數人來說好用的介面，可能根本就不適合小朋友。這是我們第一次幫小朋友設計東西，如果我們只是簡化介面、或是在螢幕上隨便放一些鮮艷的顏色和卡通人物，然後就做完下班，我覺得這是在侮辱小朋友的智商！

某一次的可用性研究過程中，我們把 iPad 拿給小孩，以便觀察他們發現內容的過程。成人在查找資訊時，往往會沿著主路徑走，然而，我們卻發現，其實這些小朋友喜歡自己嘗試許多不同的選項。例如有個孩子會在 YouTube 的搜尋欄裡面隨意輸入字母，比如字母 F，然後就按 enter 鍵。被問及原因時，他的答案是：「我只是想看看會發生什麼事！」

成人很容易被歸納為 25 至 45 歲等廣泛的年齡層，而兒童則不同，因為他們的成長階段不盡相同，因此為兒童確定合適的年齡層顯得格外重要。尼克 app 必須吸引 6 至 11 歲的兒童，這大致符合兒童發展心理學家尚．皮亞傑（Jean Piaget）所提出的「具體運思期」階段。這個階段的目標是發展邏輯思維過程、並了解事物如何運作的原理，因此我們從數字遊戲、邏輯益智遊戲、縱橫填字遊戲和 STEM 玩具中尋找靈感來設計應用程式。

我們做了一個會讓小朋友花很多工夫和力氣才能弄懂的介面。我們沒有把介面設計成淺顯易懂的樣子，而是故意把它變得有點困難（請參閱**法則 46**）。小朋友為了找到他們想要的內容，必須在一張包羅萬象的虛擬大桌子上滑動或左右移動。如果他們關閉重開這個 app，所有內容都會重新排列，因此，他們必須弄清楚這套系統的底層邏輯，才能再次找到同樣的東西。我們還在很多地方放了一些「請勿觸摸」按鈕，目的是在探索時增添更多趣味。如果不小心點到這些按鈕，尼克兒童頻道的綠色黏液就會蓋住整個螢幕！

推出這款 app 時，我們心裡也有點緊張。不知道小朋友能接受嗎？我們向成年人展示時，他們每個人似乎都抱持懷疑態度⋯⋯。結果這個 app 成為 App Store 上被下載次數最多的免費娛樂 app、還在一年之後拿到艾美獎（我們當時甚至不知道 app 也能拿艾美獎）！我們終於知道賭注是值得的，小朋對它愛不釋手。在這個案例中，我們觀察了 6 到 11 歲的孩子，發現他們看待內容方式跟大人不同，並在 app 中融入這個觀點，因此才能成功打造出一個真正尊重童年精神的使用者體驗。

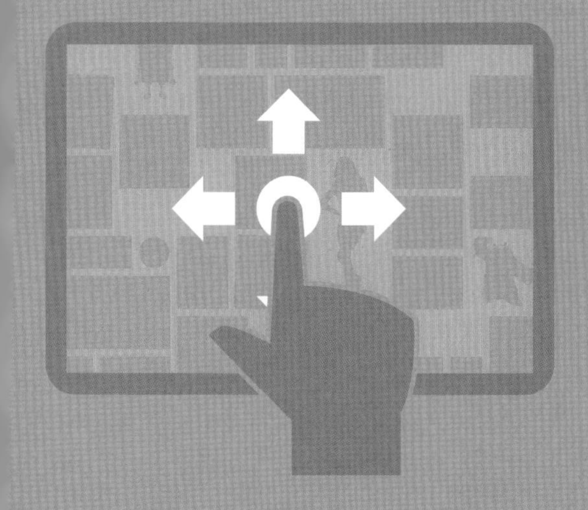

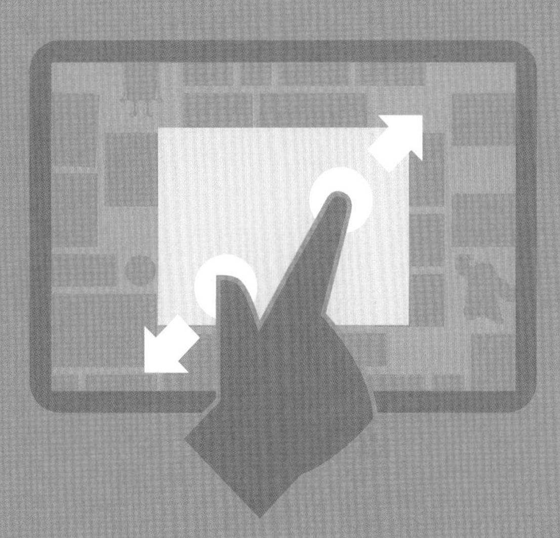

22

易學性設計

※
編註：《神偷卡門》的來源是一個虛構人物角色卡門．伊莎貝拉．聖地牙哥 (Carmen Isabella Sandiego)，她是美國 Broderbund 軟體公司所製作的同名益智遊戲系列中的人物。這個遊戲於 1994 年由美國迪克動畫公司改編為《神偷卡門》(Where on Earth Is Carmen Sandiego ？)，是一部大約 40 集的動畫劇集，台灣的迪士尼頻道曾播放其中文配音版。

UX 設計領域的「**易學性 (learnability)**」一詞，是指使用者與新產品互動時的難易程度，以及學習做新任務時需要付出的努力。它是可用性的一種表現形式，不過是表現在學習成效方面。我們要考慮到使用者在與介面互動時，可能要先學習如何使用介面。假如學習成效很好，即使沒有任何培訓或指導，他也能學會新的互動方式。

有些介面的學習曲線明顯高於其他介面。像是訂票平台或電商網站之類的標準的網站幾乎不需要學習，但更複雜的電腦遊戲或特定的科技應用程式，就需要讓使用者隨著每次使用更加熟練，才能應付後面的挑戰。

當我們要設計易學性高的介面時，通常會從電腦遊戲找靈感。因為遊戲設計師很擅長傳授複雜的知識，並且會在正確的時機給予適當的回饋，這樣一來，使用者甚至不會察覺到他們正在學習新的事物。

舉例來說，我們在製作互動紀錄片《共享房屋計畫》(One Shared House) 的網站時，就是從早期的電玩遊戲汲取靈感。這些遊戲擅長將講故事與互動結合，像是《神偷卡門※》就採取這種風格，使用者可以像觀看網路上的其他影片一樣，從頭到尾觀看影片，他也可以點擊螢幕下方出現的互動元素，進一步了解整部影片中提到的特定主題的背景資訊。

這種引導使用者與線上內容互動的方式，當時並不常見，因此我們研究了不同階段的易用性，包括使用者第一次使用時的理解速度，還有每次重複瀏覽時的改進速度，以及當使用者完全理解操作方式之後的易用性。

在設計複雜的產品時，或是任何需要新穎互動模式的產品時，我們的目標都是盡量不要讓使用者為了搞清楚產品而大費周章（請參閱**法則 19**）。倘若你設計出來的產品，是使用者從未接觸過的，那麼如果剛開始時可用性不高，你也不必驚慌；相反地，你要思考的是如何設計出一個系統，讓使用者在跟它互動的過程中，能夠慢慢地潛移默化地學會它。

→
右頁是我們做的互動紀錄片網站《One Shared House》的主要畫面，該紀錄片講述了我在阿姆斯特丹市中心一棟公共住宅中的成長經歷。每個場景都有附加內容，使用者可以點擊影片中出現的一些背景問題去深入探索，也可以選擇按順序觀看紀錄片。

what is co-living?
pause mute

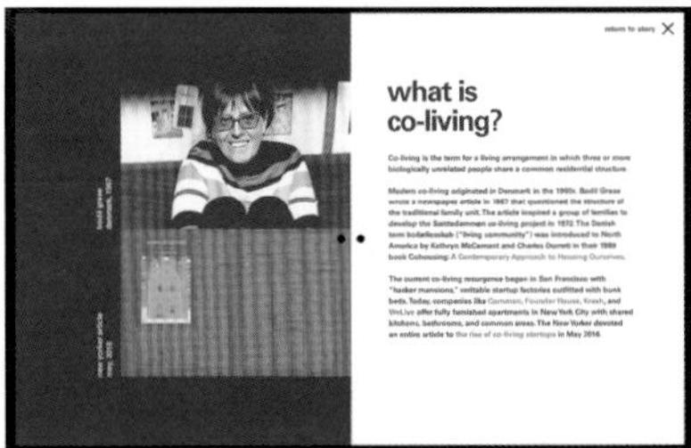
what is co-living?

PERSPECTIVE
my mom
/25 years later
why a communal house?

why a
communal house?
GEENNOODWONINGEN
KRAKEN GAAT DOOR

left-wing
sentiments
a house for non-conformists?
pause mute

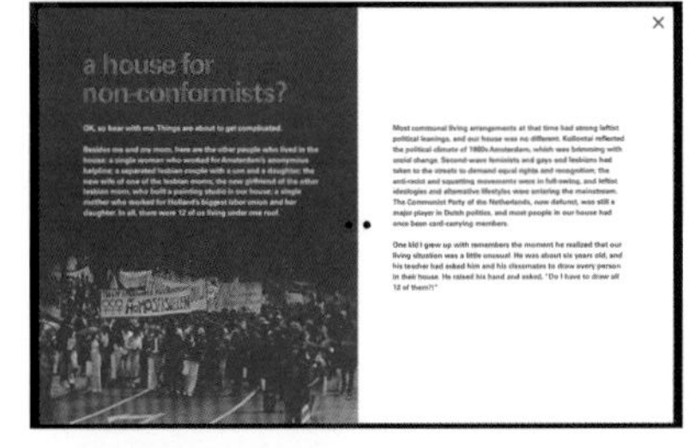
a house for
non-conformists?

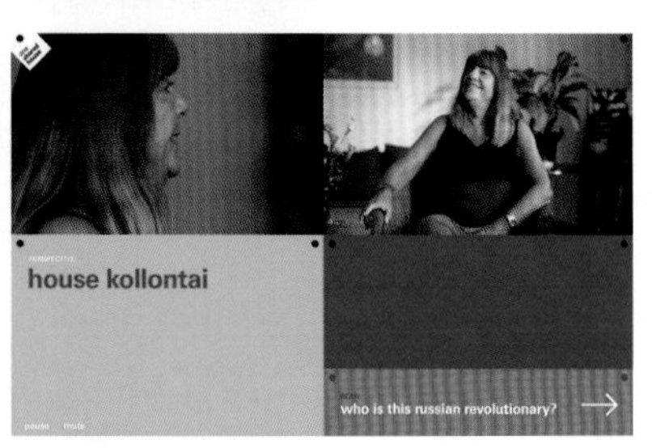
PERSPECTIVE
house kollontai
who is this russian revolutionary?
pause mute

who is this russian
revolutionary?

who built alexandra kollontai?
pause mute

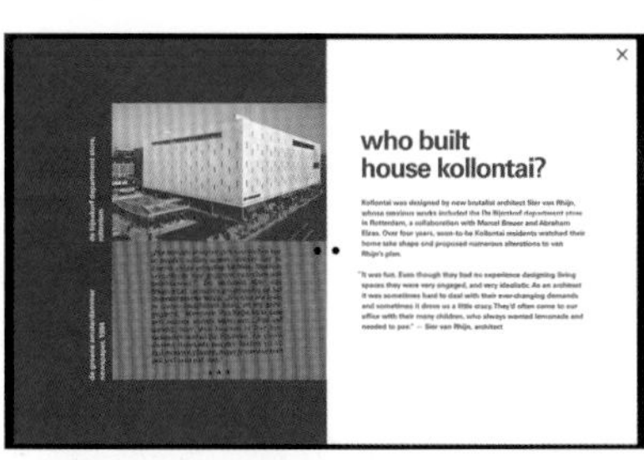
who built
house kollontai?

PERSPECTIVE
— I really wanted to
live in a group.
what else did they share?
pause mute

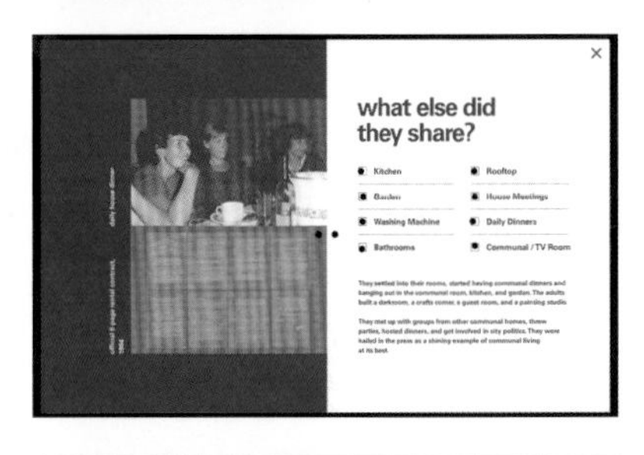
what else did
they share?
Kitchen
Rooftop
Washing Machine
Daily Dinners
Bathrooms
Communal / TV Room

PERSPECTIVE
a couple of things did
change over time
what else did they share?
pause mute

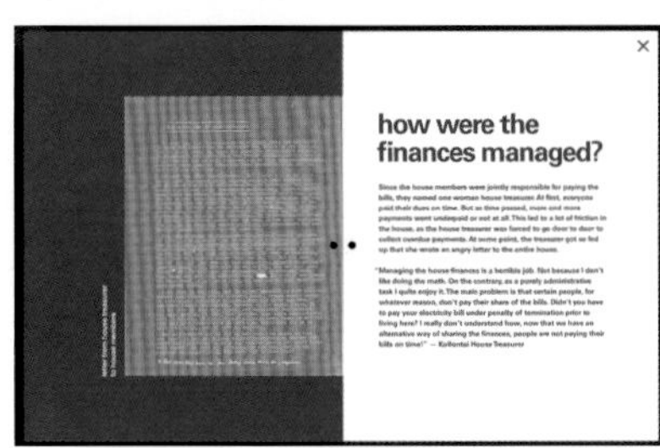
how were the
finances managed?

pause mute

23

不要只為了新手做設計

大多數時候，在我們討論介面應該長成怎樣的設計前期階段，我們往往會把重點放在第一次造訪的訪客身上。我們會想要設計出一種易於理解和快速使用的歡迎體驗，或是打造出一個引導畫面，幫助訪客熟悉介面（請參閱**法則 15**），不過，這樣其實只做了一半。

假如有些使用者後來頻繁回訪網站，會發生什麼事？當他們對產品已經很了解，而且對介面的每個角落也很熟悉，他們就已經不需要我們對新訪客的那些援助。這時的他們反而需要更快的速度和更強的控制力，來執行更複雜的任務。

這類使用者被稱為**活躍使用者 (power users)**，幾乎每個產品都有這種使用者。只有會經常使用到的功能，或需要更多、更強大控制的操作，才需要為了活躍使用者特別做設計。為了幫助他們弄清楚所需的附加功能，我們必須了解活躍使用者與新訪客的差異，以及他們如何使用這個介面來執行更複雜的任務。

也許他們需要的是提升操作的速度，我們要提供鍵盤快速鍵；或者他們想要批次或批量執行任務，則我們必須建立巨集；搞不好他們需要做更複雜的設置，則我們應該提供一個進階的控制面板。無論情況如何，只要產品每天都有人使用，就會有些使用者需要更進階的功能，而這些功能的設計一定要考慮到頻繁使用的情況。

我們經常幫客戶建立內容管理系統（content management system / CMS, 允許客戶建立、編輯和發布內容的企業內部工具），我們在設計時必須確保操作介面能滿足新手編輯的需求（他們可能只會用基本功能來偶爾上傳或更改內容），同時也要滿足活躍使用者的需求（他們可能需要經常批次或批量上傳多個更改內容，或是想要安排在特定時間定期更新內容）。

總之，**幾乎所有產品都需要區分「新手」和「專家」模式**，最重要的是必須記住一點，活躍使用者專屬的功能，應該是操作介面的替代方式，而不是主要方式。進階的操作功能預設應該要隱藏起來並且容易被忽略（以免造成新手的困擾），不過當臨時需要進階功能時，也要很容易找到它們。

→
右頁是我們為 Spotify 設計團隊所設計的 CMS（內容管理系統）。這套系統可讓 Spotify 內部所選定的一組人員在 Spotify 網站上發布內容，而無需任何設計師或開發人員協助。他們可以自由建立支援頁面標題的漸變效果，也能使用格式化文字、圖像、圖庫、影片、引用和下載以及嵌入式的程式碼、小工具和 Spotify 音樂播放器，以任何他們想要的順序來發布內容。

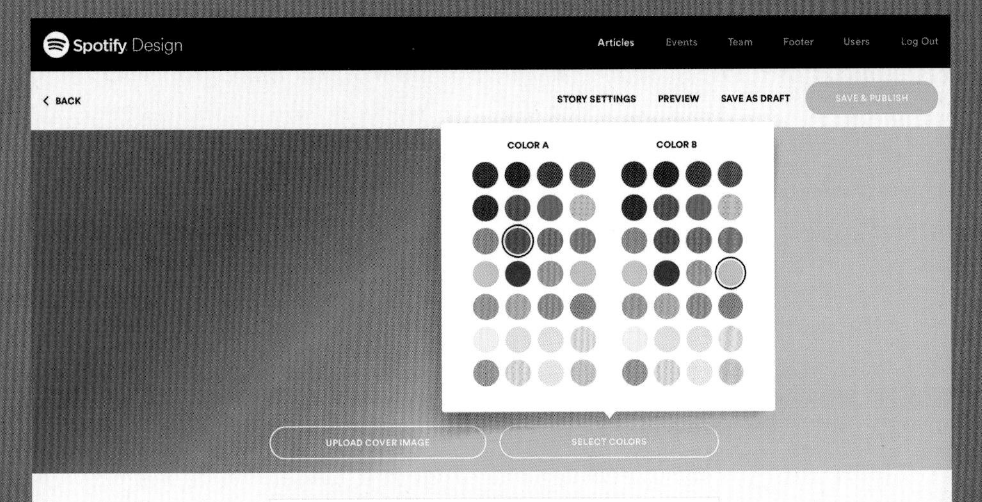
Spotify Design
Articles
Events
Team
Footer
Users
Log Out
BACK
STORY SETTINGS
PREVIEW
SAVE AS DRAFT
SAVE & PUBLISH
COLOR A
COLOR B
UPLOAD COVER IMAGE
SELECT COLORS

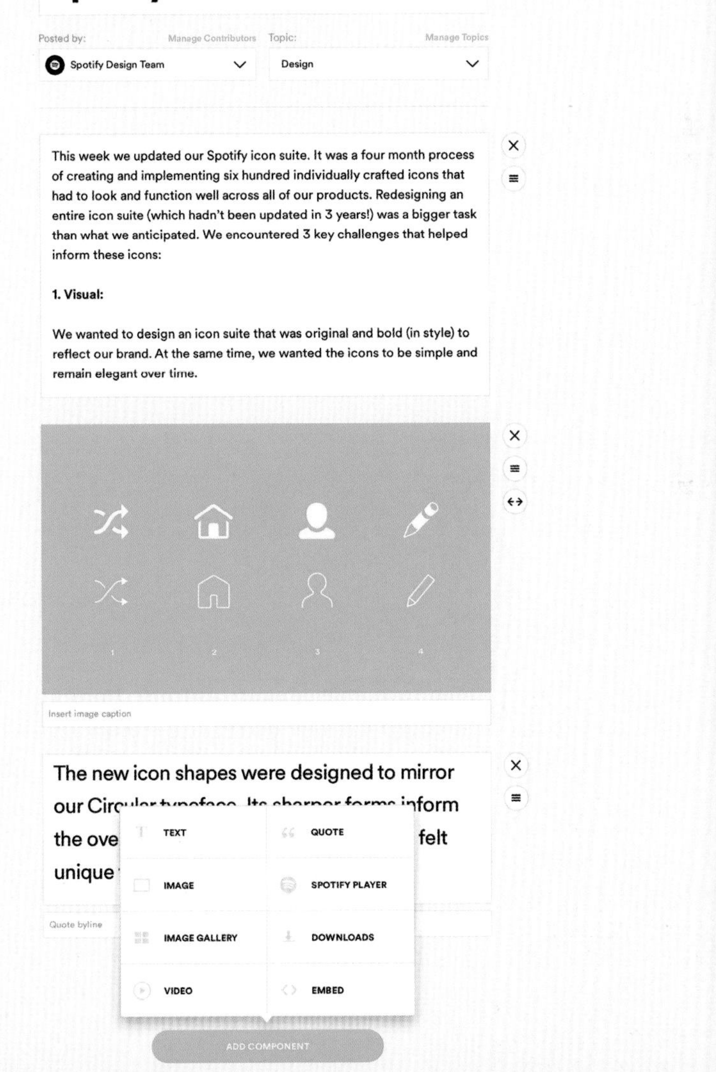
Redesigning an entire Spotify Icon Suite.
Posted by:
Manage Contributors
Topic:
Manage Topics
Spotify Design Team
Design
This week we updated our Spotify icon suite. It was a four month process of creating and implementing six hundred individually crafted icons that had to look and function well across all of our products. Redesigning an entire icon suite (which hadn't been updated in 3 years!) was a bigger task than what we anticipated. We encountered 3 key challenges that helped inform these icons:
1. Visual:
We wanted to design an icon suite that was original and bold (in style) to reflect our brand. At the same time, we wanted the icons to be simple and remain elegant over time.
Insert image caption
The new icon shapes were designed to mirror
TEXT
QUOTE
IMAGE
SPOTIFY PLAYER
IMAGE GALLERY
DOWNLOADS
VIDEO
EMBED
Quote byline
ADD COMPONENT

24

讓選擇變得簡單

還記得我第一次走進喬治亞州亞特蘭大市（Atlanta, Georgia）的某家超市時，我整個人都呆住了！身為荷蘭人，我完全不習慣看到架上塞滿各式各樣品牌的麥片、果醬、起司或衛生紙，選擇之多，令人目不暇給！我肯定是花了至少一個小時在煩惱該買哪一牌的起司。有選擇是好事，但太多選擇就會給我們壓力，延長我們的決策過程。

這種心理現象被稱為**希克定律（Hick's law）**，出自 1952 年時心理學家威廉．埃德蒙．希克（William Edmund Hick）和雷．海曼（Ray Hyman）針對選擇而做的實驗。研究結果顯示，這種心理現象適用於那些決策並不重要的情況（例如我是否有買到正確的起司），但不適用於重大的決策（例如要決定繼續升學還是去工作）。換句話說，當這個決策不太重要時，選擇太多反而會更有壓力；而在做出重大決策時，選擇太多反而沒那麼多壓力。

把這個現象應用到介面設計，重點就是不要提供一堆不重要的選項讓使用者困惑，最好只提供最重要的選項。

幾年前，音樂串流媒體供應商 Spotify 請我們協助他們打造內部研究工具的介面。他們之前花了三年時間，去研究人們為了什麼、如何以及在何時會一起聽音樂，他們收集到極其深入、可立即付諸行動的觀點和洞見，但令人沮喪的是，這些資料幾乎沒有人使用。這也不難理解，因為他們把研究成果做成令人望而生畏的試算表，這些表格既複雜又難懂，每個打開來看的人應該都想趕快關掉吧！

為了以盡可能快速、有效率的方式向合適的人提供深度研究報告，我們逐行瀏覽了所有試算表的內容，並將研究成果做分類與整理，在新介面中，你只需要回答四個問題即可獲得相關資訊。過去需要耗掉好幾個小時的過程（如果有人真的能堅持看完的話），現在可以在十秒或是更短的時間內就達到目的（請參閱**法則 15**）。改善之後，願意前來取得與利用 Spotify 研究報告的人多了好幾倍！

希克定律在 UX 中非常重要。糟糕的數位產品普遍都有個特點，就是提供太多選擇和選項。在設計介面時，最重要的就是打造一個系統，讓它能完成大部分繁重的工作，並且為使用者刪去大量無意義或是不重要的選項。UX 設計師的職責就是以這樣的方式去組織內容，只留下真正重要的選擇給使用者就好。

CHOOSE YOUR OWN ADVENTURE

Who are you designing for?
Nick

Who is Nick with?
choose persona and make selection

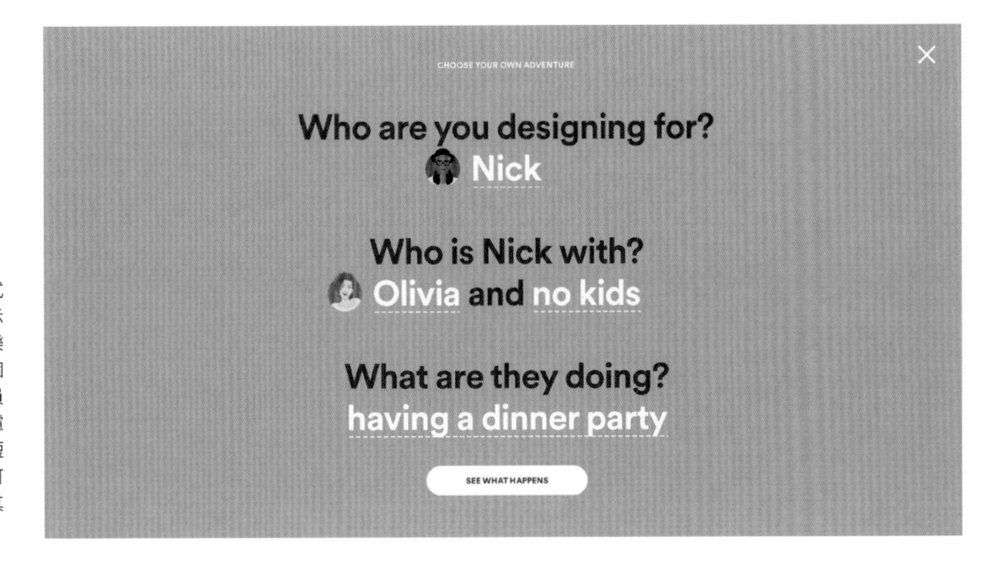

→
我們為 Spotify 開發的互動式研究工具，此工具是為了展示 Spotify 對人們如何一起聽音樂的偏好研究。我們打造出一個介面，讓 Spotify 的內部人員能透過與系統對話，快速過濾所有的資料。在 10 秒或更短時間內，使用者就能夠獲得可付諸行動的觀點洞見，並將其納入產品定義或設計流程中。

25

多元化團隊更容易解決問題

在美國，大部分的設計是由白人主導。根據調查資料，大約有 76% 的網頁設計人員都是白人，而且其中大約有 58% 都是男性。我想這顯然無法代表我們的社會，並且很容易做出帶有偏見的設計。

蘋果公司在 2011 年推出語音助理「Siri」時，我曾覺得把一個順從、聽話而且服從的個人助手設計成女性，實在有點性別歧視。然而，在人工智慧的專業領域，只有 22% 的工作是由女性擔任的，我猜想這說不定是因為業界並沒有足夠的女性聲音來提供另類視角。

擁有另類的視角會是一種優勢。根據社會科學家盧弘（Lu Hong）和裴吉（Scott E. Page）的研究指出，在面對複雜的問題時，如果團隊成員在人口統計、文化認同、種族、培訓能力和專業知識等各方面存在著差異，會比背景相似的團隊更容易找到好的解決方案。這是因為具有不同背景的人，他們解決問題的方式就會不一樣，而成員多樣性的團隊會比同質性團隊更容易找到解決問題的方法。

多元化的團隊對公司的營收或許也更有幫助。根據麥肯錫在 2015 年針對 366 家上市公司的報告，種族和族裔多樣性位於前四分之一的公司，其財務表現遠超過各自國家行業中位數的可能性高出 35%。這代表著巨大的財務收益。

最重要的是，當一群背景不同的人聚在一起時，他們更有可能質疑自己的假設、考慮不同類型的人的需求、挑戰一般人認為的「正常」或「標準」，也比較不會講出帶有性別偏見或刻板印象的意見。換句話說，這樣的團隊更有可能減少偏見。

我們為什麼要在乎這些呢？因為歷史告訴我們，今天大家可以接受的東西，某天可能就會變成思慮不周、造成傷害或歧視的元兇。這就是為什麼在我們周圍一定要有與我們自己不同觀點的人，並且在整個設計過程中，要記住常常把不同類型的人放在第一位來思考。

作為 UX 設計師，我們正在塑造數位世界的樣貌。請隨時檢視自己的偏見，並質疑自己的假設。如果我們能確保推出的產品更能代表並尊重我們所共享的多樣性，最終就能讓所有人都受益。

26

螢幕的使用情境比尺寸更重要

2007 年，也就是 iPhone 和智慧型電視推出的那年，諾基亞 (Nokia) 的文化人類學家詹恩 · 奇普切斯 (Jan Chipchase) 發表的研究成果指出，現在不分文化、不拘性別，大家一致都認為有三件物品是每個人都不可或缺的：鑰匙、錢和手機。每個人每天都要用手機，這表示手機的介面設計非常重要，不能等到手機設計出來才去規劃。

我們在 2012 年時負責重新設計《今日美國》(USA Today) 的網站，當時蘋果公司剛好推出了 iPad，因此我們設計的網站必須能在三種不同尺寸和比例的螢幕（桌上型電腦、手機和平板）上正常地運作。不過，知道螢幕尺寸只是成功的一半，更重要的是每種裝置的使用情境。我們必須弄清楚使用者何時會使用某種裝置，以及為什麼要使用該裝置，這些遠比螢幕尺寸更為重要 (請參閱**法則 84**)。

我們深入研究了《今日美國》網站的使用者分析資料，並剖析了每種不同設備訪問網站的流量，結果發現了一個清晰、可預測的模式。來自智慧型手機的流量是在早晚上下班通勤時間高居第一，桌上型電腦瀏覽器的流量則是在上班族的標準工作時間內達到最高，至於平板裝置的流量則是在晚上稍晚的時間最高。

接著我們就針對不同裝置來設計網站介面。在手機設備上，我們更可能隨時移動，並在不同應用之間切換，因此手機的版面設計需要支援「走走停停」式的內容消費。這表示要有醒目的大標題和簡短的段落，以及夠強的對比度，方便在強烈陽光下也能輕鬆閱讀。同時，也要考慮到單手操作的便利性（這時人的拇指伸展範圍有限），所以我們會將最常用的元素放在介面的底部。

雖然平板裝置最初是設計成方便攜帶的裝置，但許多人還是把它們放在家裡，主要用於娛樂和閱讀長篇內容（例如追劇和讀電子書）。因此，在平板上的網頁設計，長篇文章的字體和大小必須優先考慮閱讀舒適度，同時版面設計也要適合垂直和水平的兩種顯示方向。

在開始設計任何東西之前，我們需要先考慮何時、何地、為何以及如何取得內容，因為在同時針對多種設備來做設計時，並沒有一個放諸四海皆準的解決方案。如果我們是根據使用情境而非螢幕尺寸來設計，則它的介面可能會更合宜，使用的感覺也會更舒適。

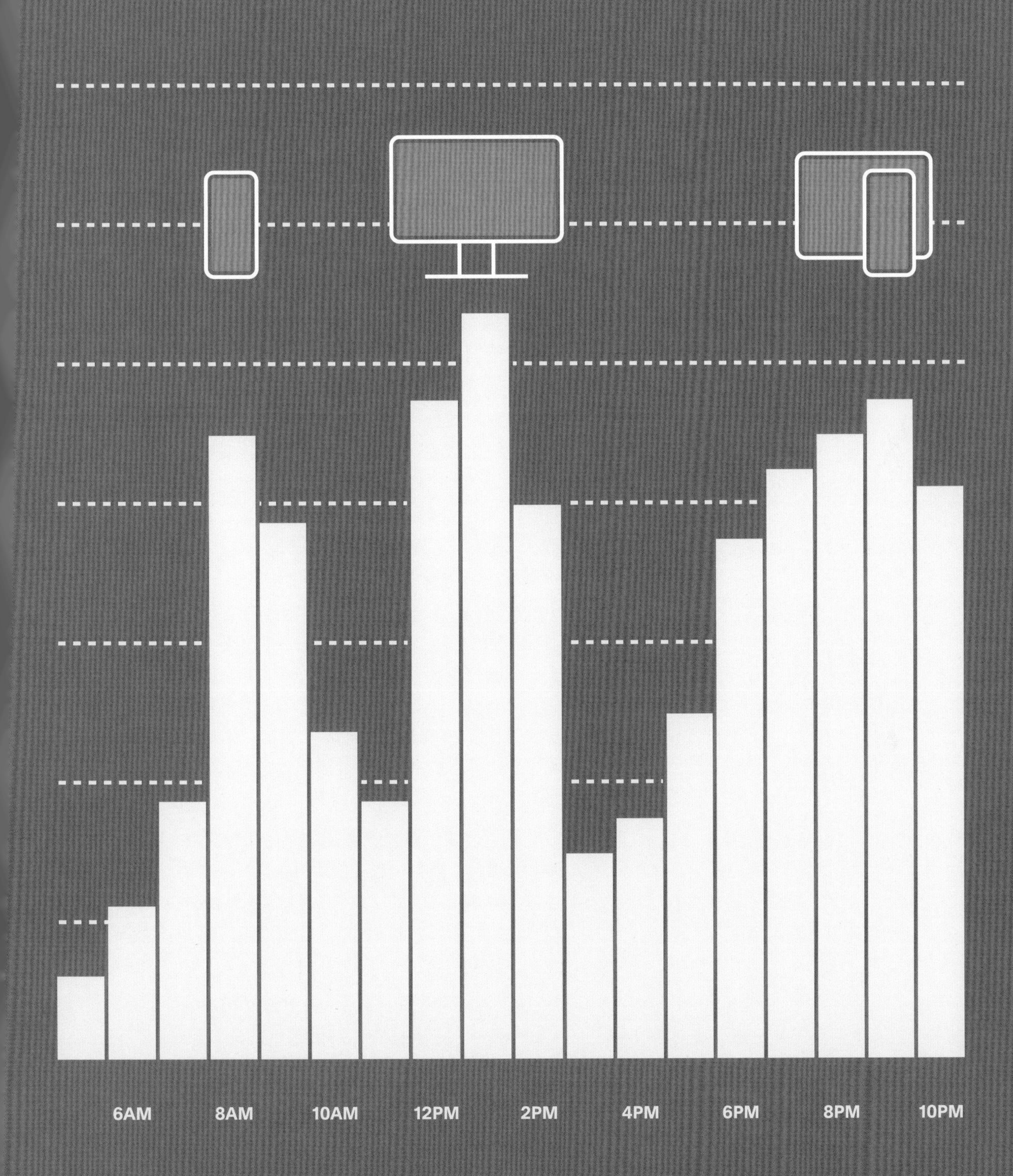
6AM
8AM
10AM
12PM
2PM
4PM
6PM
8PM
10PM

27

手殘也不怕的設計

※
編註：嬰兒潮世代 (baby boomers) 是指出生於 1946 年至 1964 年之間的世代，2024 年的今日已是 60~79 歲之間的年長者。

你看過小孩玩平板的樣子嗎？或是貓咪？我在 2012 年時送我媽一台 iPad（應該是她人生中第一台電腦）。我媽是嬰兒潮世代 ※ 的老人，我真的很驚訝她居然能直覺地使用它。比如要將系統語言從英語改為荷蘭語，她也是自己搞定的，完全不需要我插手！

在我剛踏入設計這個職業時，當時工作的 Fantasy Interactive 公司的創辦人常常告誡我們，要讓自己所有的設計和互動的感覺都像是費雪牌的超大號幼兒玩具 (Fisher-Price 是嬰幼兒玩具品牌)。他的意思是，我們應該從嬰幼兒的玩具來尋找靈感，它們通常有明顯的實體感和高度可用性，把所有東西都做得更大，越大越容易使用。

平板電腦介面要讓每個人都能直覺地操作，前提之一是，在為觸控裝置設計時，必須確保每個按鈕、選單的項目或連結的可點擊區域都要大致相當於正常人的指尖、鍵盤的按鍵或遙控器的按鈕大小。至於設計電腦介面的滑鼠輸入項目時，就不是這麼一回事了，因為用滑鼠輸入時可以針對更小的區域 (請參閱**法則 51**)。

麻省理工學院在 2003 年針對觸覺力學的某項研究發現，人類指尖的平均長度在 8~10mm 之間。在介面設計方面，蘋果和安卓都有建議觸控的目標尺寸為 7~10mm，而互動元素之間的間隔為 5mm，以確保大家不會不小心點錯物件。

然而，上述這些都只是建議。有人曾經告訴我一個故事：他們設計一個行動 app 來幫助電網維修人員記錄問題，該 app 具備所有必需的功能，但維修人員都覺得介面很不好用。設計師就邀請維修人員來做可用性測試，他們才剛走進來，問題的答案就很清楚了：這些維修人員的手其實比一般人的手大很多。

無論是設計什麼產品，如果能讓按鈕更大、選項更少、對比度更高，就能配合更多的使用者，並確保產品適合讓兒童、老年人、運動或視力有障礙的人、貓咪、甚至是手特別大的維修人員使用。

↑
這是我們自己研發的「x100」，它是個簡單的 iOS app，可讓大家在健身運動時輕鬆查看自己的重複次數。我們希望讓使用者專注在健身運動上，而且運動時手可能會出汗，因此要確保所有的互動元素都不能做太小，尺寸是越大越好。

28

跟真實世界保持一致

每次要為專案設計一個新介面時，我們的第一步都是會先思考大家在現實世界中將如何和這個介面互動。如果符合現實中的使用體驗使用者對這個東西就會產生熟悉感，並且立即知道該怎麼操作。這就是為什麼我們不用看任何說明，就知道要把螢幕上的東西拖曳到垃圾桶去刪除它、將文件歸檔到資料夾中，還能直覺地使用手機上的指南針、手電筒、計算器和時鐘等 app。

在我們幫《今日美國報》網站改版的概念構思階段，我們沒有從其他報紙網站上尋找靈感，而是仔細研究了紙本的報紙，並討論一般人在閱讀報紙時的行為。大家通常不會像看書一樣從頭到尾閱讀報紙，大多數人都會先瀏覽報紙的頭版，尋找有趣的文章標題，接下來再深入閱讀自己喜歡的版面。

以我自己為例，我都是從國際政治版開始看，接下來轉向科學版，然後是藝術，接下來（如果看到這裡我還沒把報紙拿去回收的話）我可能會閱讀其他版面的文章。我想這就是為什麼報紙常設計成一疊折好的紙張，這樣可以方便自己輕鬆拿出自己想看的版面，而家裡的其他人也可以同時抽走他們想看的版面。

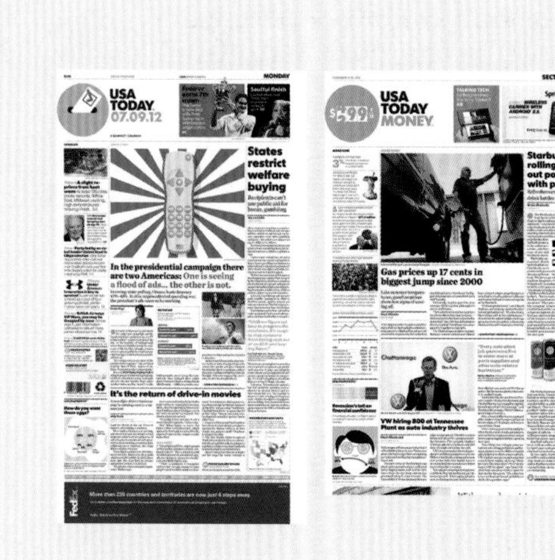
USA TODAY 07.09.12

States restrict welfare buying

In the presidential campaign there are two Americas: One is seeing a flood of ads... the other is not.

It's the return of drive-in movies

USA TODAY MONEY

Starbucks rolling out pop with pop

Gas prices up 17 cents in biggest jump since 2000

VW hiring 800 at Tennessee Plant as auto industry thrives

USA TODAY SPORTS

Cortland, N.Y., readies for Tebowmania

Armstrong faces new allegations of doping

TALKING TIGER

USA TODAY LIFE

CRUISE ROCKS HIS ROLE

Sun rises again on vintage Sunset Strip

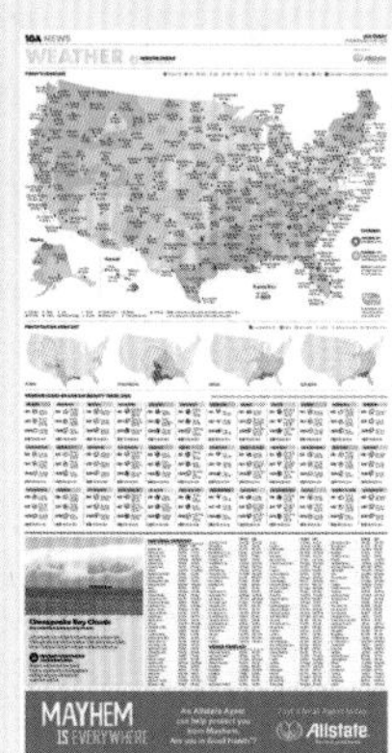
WEATHER

《今日美國報》網站原本的設計中，對每個版面用顏色編碼，並採用大標題來引導文章，而且更注重影像的呈現。我們在改版時，除了保留這些設計基礎之外，也打造出一個互動模型，方便使用者停留在自己偏愛的版面，就像閱讀實體的報紙一樣。

我們所設計的介面幾乎都可以在現實世界中找到類似的體驗，而且我們也對如何與這些介面互動有一定的預期（請參閱**法則 62**）。每次做設計的時候，與其去類似的網站找靈感，我們更常從設計對象的實體版本得到啟發。這是因為，只要我們設計的介面能在現實世界中找到某種類似的用法，這個介面就會給人一種熟悉感，讓使用者更容易知道該如何操作它。

↓
左邊是沃爾夫．奧林斯（Wolff Olins）公司設計的 2012 年《今日美國報》實體報紙版面，右邊是我們公司設計的數位版報紙的最終 UI。

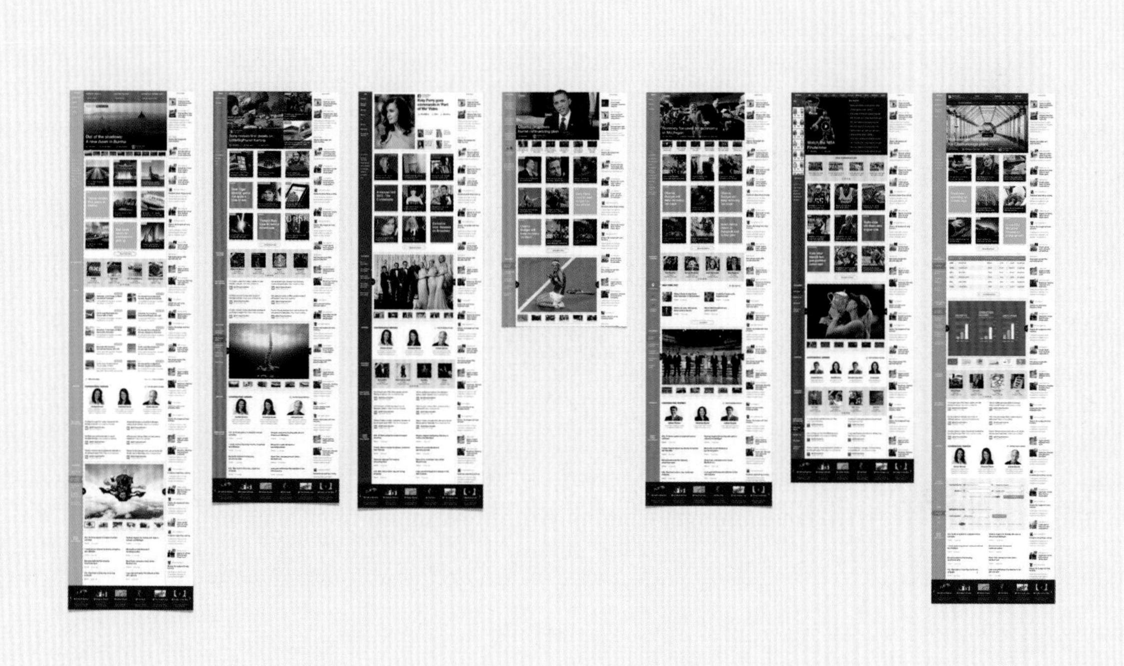

29

知道何時該打破常規

2000 年時，人機互動研究員雅各布 · 尼爾森 (Jakob Nielsen) 指出由於使用者將大部分時間都花在瀏覽各式各樣的網站上，他們總是希望網站的運作方式能與他們已知的其他網站一樣。因此，尼爾森認為，身為設計師，我們有責任按照大家的期望去設計，要讓所有介面標準化，並且一直沿襲舊有的設計。

真是謝謝提醒，但我才不幹呢！我可不想活在一個每個網站都長得一模一樣的世界裡。自從尼爾森首次提出這個觀點以來，觀眾已經變得愈來愈多元而且更複雜，我可以舉出各式各樣的範例來說明打破傳統的介面不僅效果更好，還能帶來更高的參與度！

桑達 · 皮采 (Sundar Pichai) 是 Alphabet 與 Google 公司的執行長，在他擔任執行長之前，他曾於 2010 年領導 Google Chrome 瀏覽器團隊，當時我們與該團隊合作開發了一個互動網站：《我所學到的關於瀏覽器和網路的 20 件事》(20 Things I Learned About Browsers and the Web)。Google Chrome 團隊編寫了 20 件「小事」，讓大家深入理解網路的核心概念，他們還請知名插畫家克里斯托夫 · 尼曼 (Christoph Niemann) 來繪製插圖。

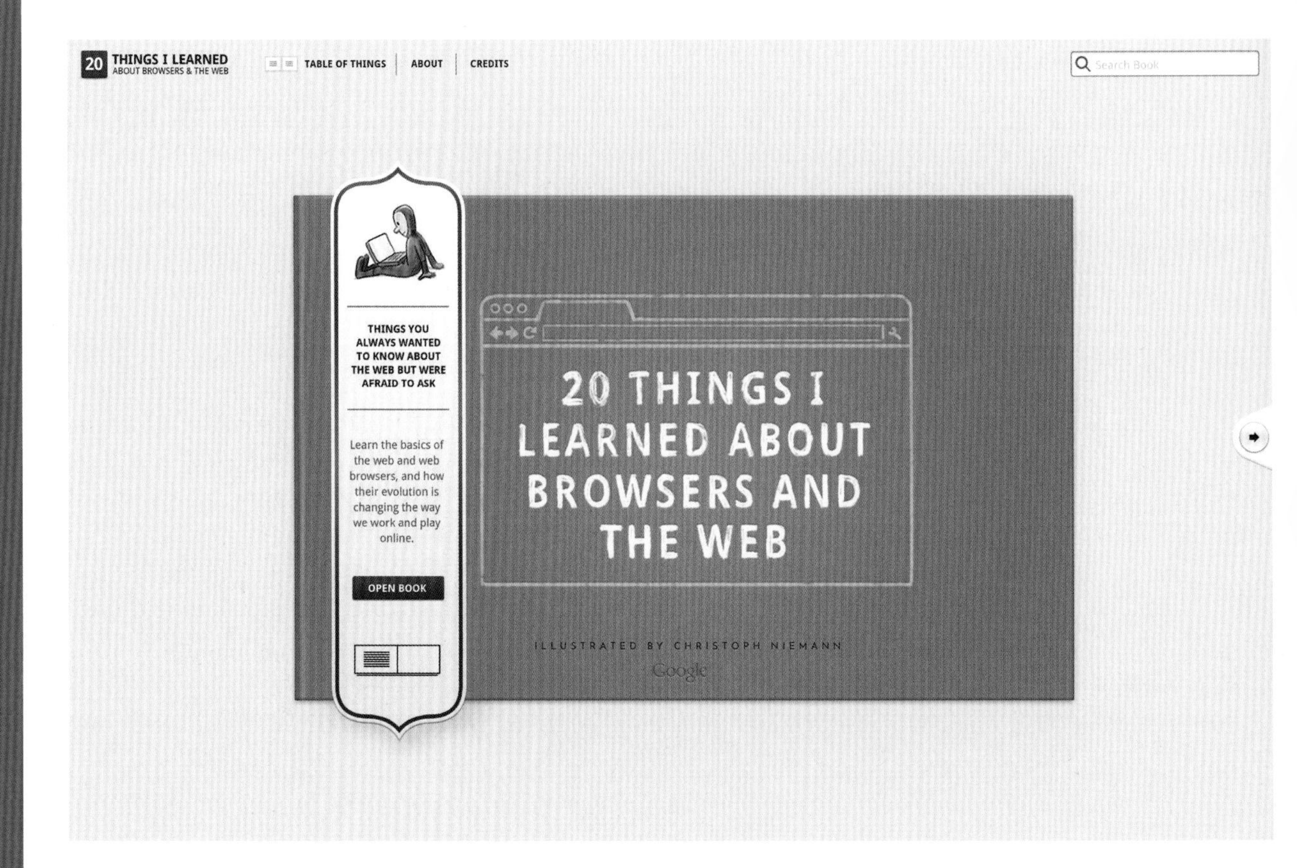

我們在設計時，並不希望它看起來像一個標準的網站，而是希望讓這些文章感覺更重要，就像 Google 寫了一篇論文的感覺。我們最終決定讓介面看起來像一本真正的書，它有一個封面，打開後會出現一個跨頁，使用者可以手動水平翻頁，這個介面還可以在離線模式工作，因此如果使用者離開以後再回來，會有一個小書籤顯示他們上次離開的位置，以便繼續閱讀。

※
編註：威比獎（Webby Awards）——全球年度最佳網站獎，是由國際數位藝術和科學協會（International Academy of Digital Arts and Sciences）主辦和評審，每年舉辦一次，會針對網站的設計、功能及創意，評選出全球年度最佳網站。《紐約時報》將這個獎項稱為「網際網路最高榮譽」、「網際網路界奧斯卡獎」。

這個專案非常成功，使用者的參與度遠超出預期，它的 UX 和視覺設計還奪下 2012 年的威比獎（Webby Awards）※！因為它看起來跟當時的其他網站都完全不同。我想，雅各布．尼爾森應該會對這個網站恨得牙癢癢吧！

話說回來，打破常規有時是件好事，但必須是經過深思熟慮的設計，絕不能因為臨時起意或是對規範無知而行動。打破常規時始終都要考慮目標受眾的需求，如果我們能成功創造出一個既新穎又好用的設計，人們不僅能輕鬆與它互動，還可能對它留下更深刻、更正面的印象（請參閱**法則 9**）！

↓
這是我們 2010 年與 Google 合作的互動網站《我所學到的關於瀏覽器和網路的 20 件事》（20 Things I Learned About Browsers and the Web）的主要畫面。

20 THINGS I LEARNED ABOUT BROWSERS & THE WEB
TABLE OF THINGS | ABOUT | CREDITS
Search Book
THING 4
SHARE THING
CLOUD COMPUTING
or, why a truck can crush your laptop
Modern computing in the age of the Internet is really quite a strange, remarkable thing. As you sit hunched over your laptop screen at home watching a video on YouTube or using a search engine, you're actually plugging into the collective power of thousands of computers that serve all this information to you from far-away rooms distributed around the world. In effect, it's almost like having a massive supercomputer at your beck and call, thanks to the Internet.
24

30

好好地勸說而非脅迫

知名設計師暨教育者維克多．巴巴納克（Victor Papanek）曾在 1971 年時直言不諱地表示：「有些職業比工業設計更具危害性，雖然這樣的職業少之又少。其中一個職業最為虛假，那就是廣告設計。廣告會說服人們用他們沒有的錢，購買他們不需要的東西，來取悅那些根本不必在乎的人，可以說是當今最虛假的領域。而工業設計也是半斤八兩，他們不斷製造出廣告商所兜售的廉價愚蠢產品。」

說到危害的程度，如果廣告設計排第一，工業設計排第二，那麼 UX 設計肯定排第三。雖然我們自命為使用者的代言人，但事實上我們更多時候是銷售或行銷團隊的代言人。我們觀察人們的行為，利用相當基本的心理學技巧，找到社會和認知方面的誘因，讓設計更有黏性、更容易令人上癮。有多令人上癮？ 2012 年時威廉．霍夫曼（Wilhelm Hofmann）等人的一項研究發現，對大家來說，發推文或查看電子郵件比香菸和酒精更難以抗拒！

據說高情商的人更容易成為優秀的 UX 設計師，因為他們更擅長設身處地為使用者著想。但根據發展心理學家野崎友紀（Yuki Nozaki）和小保方雅雄（Masuo Koyasu）在 2013 年的研究，高情商的人也有其陰暗面，因為高情商者也同樣擅長為了利益去操控他人。

當我們設計一款節食 app 並慶祝使用者保持健康飲食的連續記錄，或是打造一款語言學習 app 並搬出徽章來獎勵使用者時，我們都是在運用遊戲化（gamification）的情境來說服使用者堅持下去。但是，假如社群媒體故意利用人們追求刺激和快感的天性，引誘他們參與遊戲，等到使用者完全沉浸於遊戲中時才要求付款，這時我們就是在利用他們。

所以我們設計師其實是有選擇的。我們可以選擇設計出具有意義、有成效的體驗，來說服使用者實現他們的目標；或者我們也能為了一己之利而選擇故意誤導、欺騙或脅迫使用者（請參閱**法則 5**）。

在我們的工作室，我們曾針對這點跟客戶進行了多次討論，我們會指出客戶的某些做法看似無害但是帶有邪惡或強迫使用者的意圖。大多數的時候，客戶並不會意識到這一點。他們只是想達到自己的目標或是關鍵績效指標（KPI），並不知道還有其他的方法也可以達成自己的目標。這很公平，他們不是專家，我們才是，這就是為什麼我們有責任幫助和教育客戶，並提出不會剝削使用者的替代方案。

如果所有的 UX 設計師都能考慮到，他們正在開發的產品或功能，有可能會逼迫使用者做一些他們不想做的事情，並立刻提出警告，我想這樣一來，網路世界就能成為一個更為正面的空間。

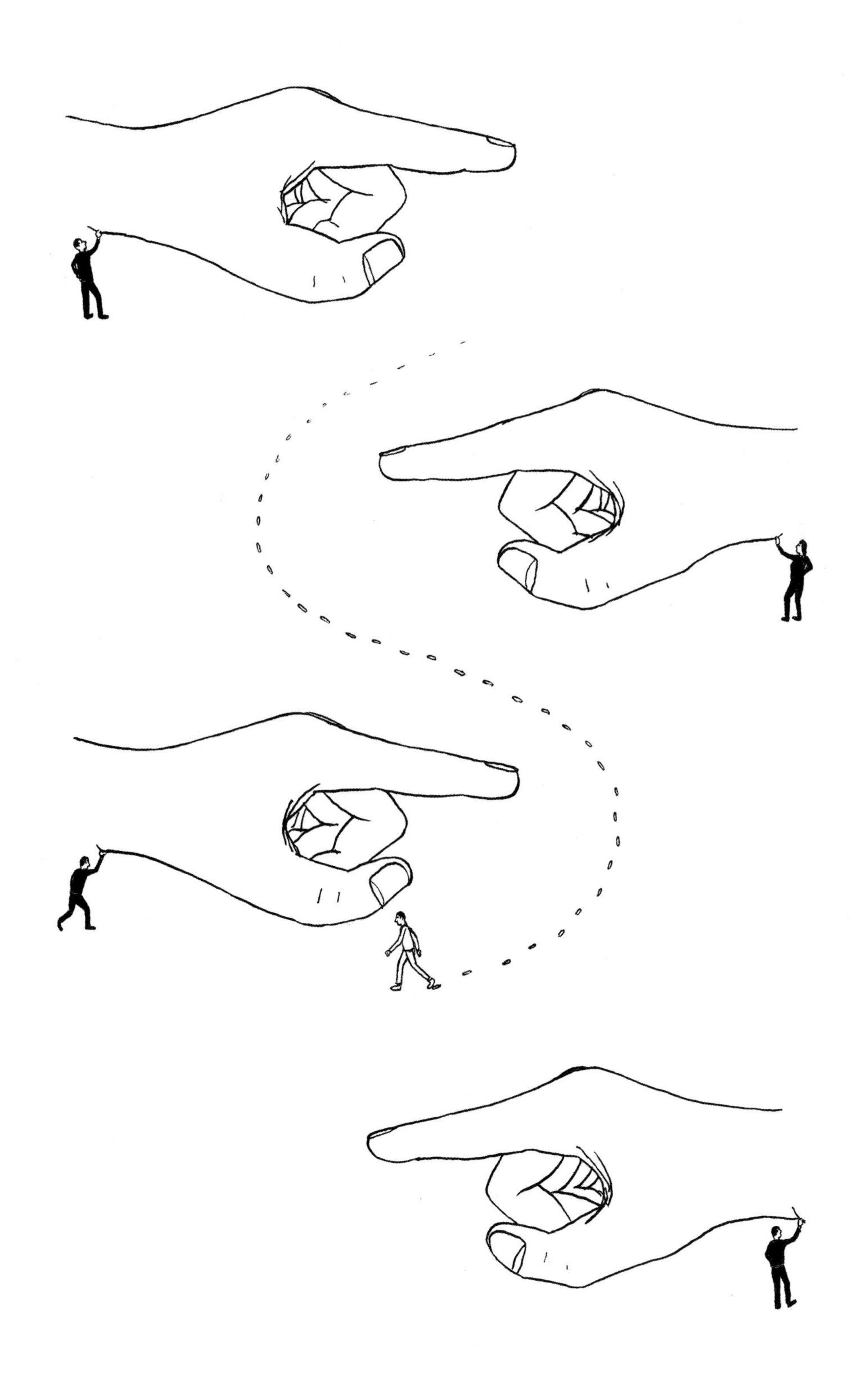

31

閒置的狀態也要好好設計

大部分的數位產品都需要透過互動才能發揮價值。例如，Twitter 的價值體現在人們發推文、按讚、評論、關注，以及隨時查看自己的動態，如果沒有這些互動，Twitter 就毫無意義。這點對於所有介面都是適用的，但智慧型設備例外。像是智慧型手錶、活動追蹤器，或是燈泡、開關、門鈴與自動調溫器等智慧型家居設備，並不需要跟使用者進行任何互動，即可提供價值或發揮功能。

智慧型設備是「物聯網（Internet of Things, IoT）」的一部分，這個名詞是在 1985 年時由彼得．路易斯（Peter T . Lewis）創造出來的。他認為，物聯網就是將人、流程和技術與可連接的設備以及感測器整合，促使這些設備能夠讓人從遠端監控、呈現情況、操作和趨勢評估。換言之，任何能連到網路的設備，都屬於物聯網的一部分。

我們曾經與 Google 合作，負責幫 Google Nest Hub 智慧音箱設計一些鐘面。當時我們討論了很多問題，探討家中螢幕的真正用途，以及智慧家居設備是否應該具備螢幕這件事。因為如果要有螢幕，它很可能會一直開著，那就必須為居家環境增添價值，而不是像你走進運動酒吧時看到那些永遠開著的電視那樣，讓人感到多餘。

家中有個一直開著的螢幕，它不僅僅是一台電腦，它更像是一件與網路連結的裝飾品。裝飾是非常個人化的，它反映出我們這個人的特質，以及我們喜歡被什麼樣的事物圍繞。有些人或許想看到他們正在聆聽的音樂專輯封面，而另一些人可能更喜歡輪播朋友和家人的照片，其他人可能只會用它來看時間。

在這個專案中，我們不僅設計出廣泛多樣的圖形鐘面讓使用者選擇，還掃描了 Google Earth，找出從高空俯瞰時形狀類似數字的景物，比如看起來像數字 4 的河流、看起來像數字 0 的足球場等。我們用 Google Earth 的圖像來設計時鐘介面，不僅充分利用 Google 獨有的技術，還創造出傳統類比時鐘無法實現的效果。

前面提到，並非所有介面都需要持續不斷地跟使用者互動。因此要考慮的是，當設備在閒置模式中，或只是充當環境裡的一部分時，能為使用者帶來什麼價值，這點是非常重要的。家用連網設備具有傳統家具所缺乏的獨特功能，但我們在使用這些功能時，必須非常小心謹慎，要確保成果能妝點居家環境，而不是喧賓奪主。

→
右頁是我們為 Google Nest Hub 智慧音箱設計的主要鐘面。使用者可以從各式各樣應有盡有、變化多端的鐘面中，選出最符合自己偏好或符合居家裝飾品味的鐘面。

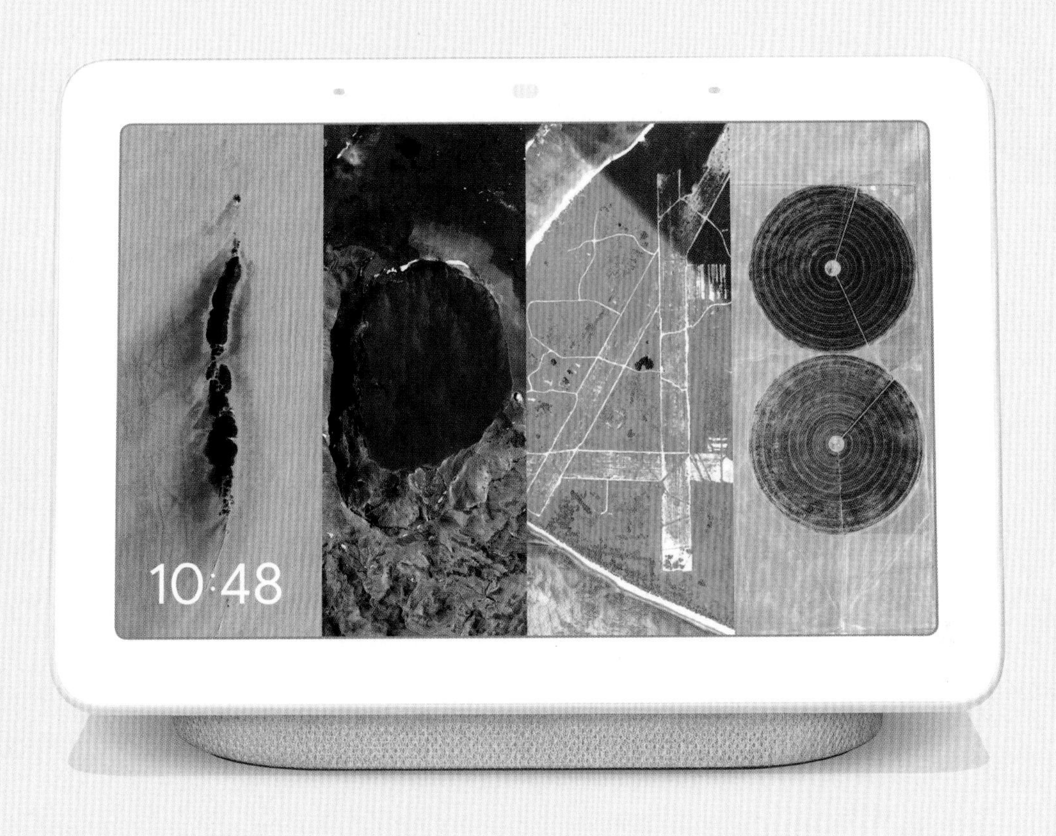
10:48

1034

3:14
MONDAY, FEB 14

32
了解設計目的

※
編註：減材製造工藝（Subtractive Manufacturing）與增材製造工藝（Additive Manufacturing）是兩種不同的製造方式。減材製造是透過移除材料來形成最終產品，例如以金屬塊、木材塊等原材料為基礎，通過車削、銑削、鑽孔、切割之類機械加工方式移除多餘的部分，成為最終產品。增材製造則是一種透過逐層堆疊材料來形成最終產品的製造過程，以 3D 列印為主。

1970 年代時，德國工業設計師迪特．拉姆斯（Dieter Rams）指出：「產品在實現某種目的時，它就像工具，它們既不是裝飾品，也不是藝術品。因此，它們的設計應該看起來中性又克制，才能為使用者的自我表達留下空間。」

所有的數位產品都是工具，因此它們都有其用途。如果你是做一個電商平台，人們會想要在上面買東西；如果你是做一個搜尋引擎人們會想要搜尋資訊；如果你是一個內容平台，人們會想要閱讀或學習內容。當人們使用數位產品時，他們心中都有個明確的目標並希望以最快的速度實現這個目標。如果無法達成，那麼這個設計就是失敗的設計。

當我們幫工業級 3D 列印機製造商「Markforged」重新設計網站時，我們知道大多數使用者的主要需求都是想弄清楚，他們是否應該從目前的減材製造工藝流程（subtractive manufacturing process），改成以 3D 列印為主的增材製造工藝流程（additive manufacturing process）※。

客戶們特別希望了解的是，3D 列印的材料是否足夠堅固，改用增材製造方式是否能加速流程，以及成本是否有變化。分析現有內容後，我們發現，使用者通常需要點擊很多次才能找到他們想要的資訊，而且即使找到，答案也不夠清晰明確。

因此，我們改版網站的目標，不僅要提供更深入的內容來消除這些疑慮，還要建立出一個基礎架構，讓使用者能以最快速度獲取他們想要的資訊（請參閱**法則 67**）

無論是什麼產品，使用者都應該要能快速、輕鬆地完成他們想做的任務。使用者並不是來欣賞網站設計的，他們甚至不必注意到設計。在這個例子中，數位產品並不是美術館，而是工具，是使用者為了實現目標而採取的手段。

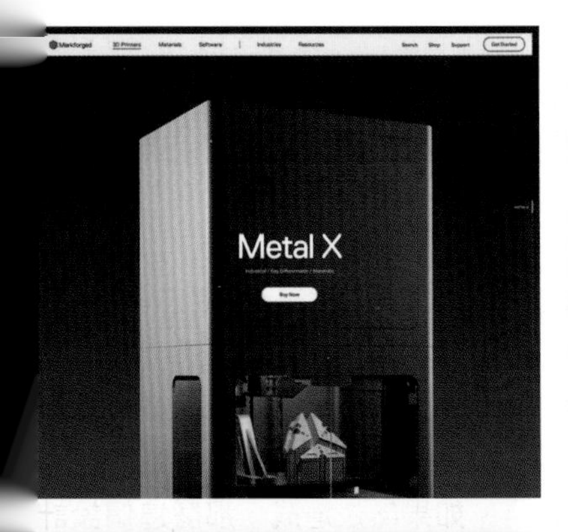

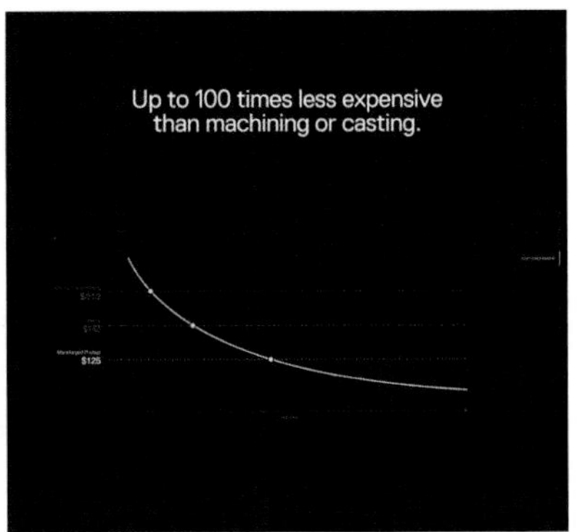

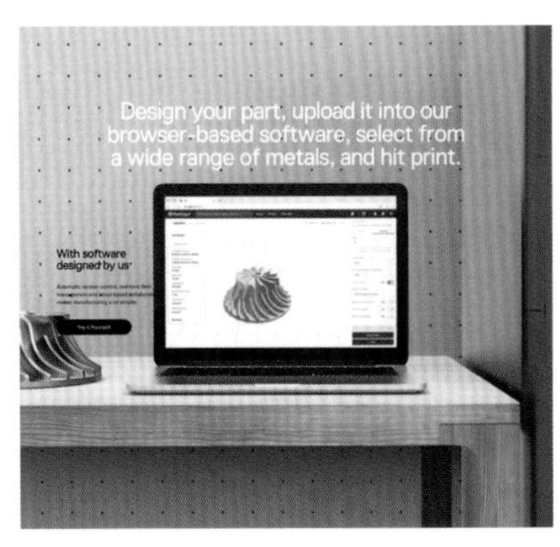

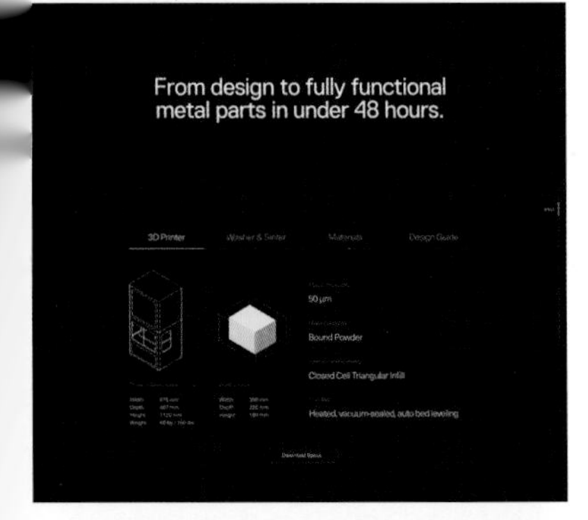

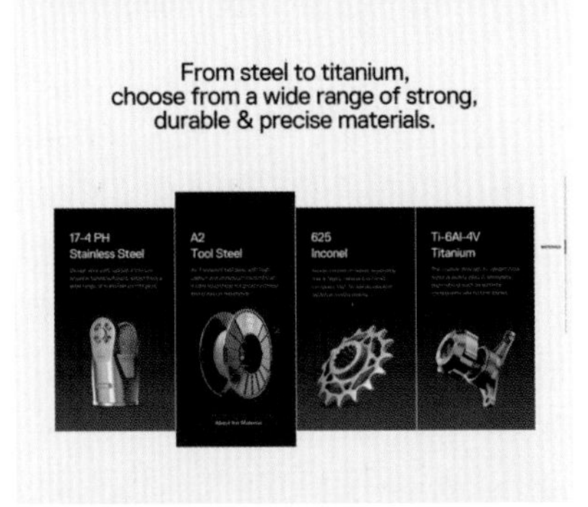

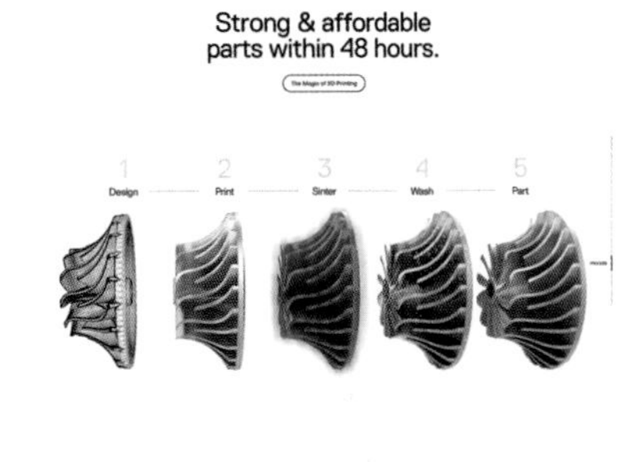

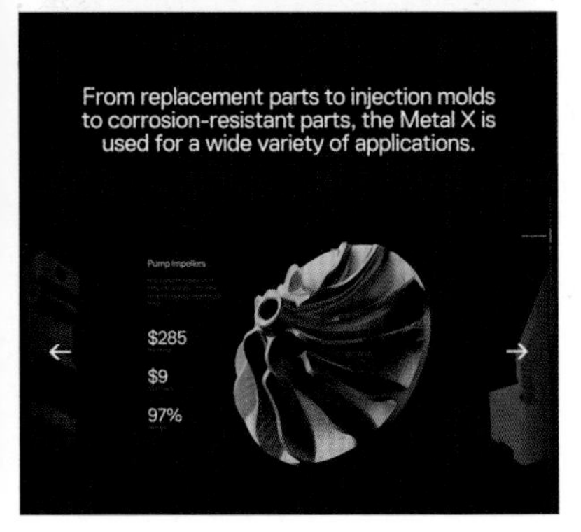

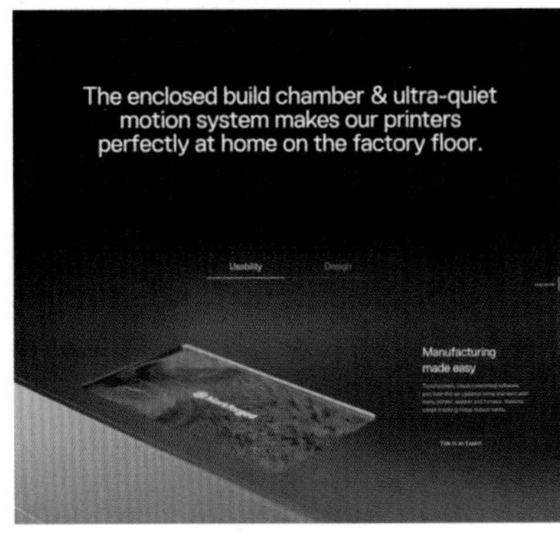

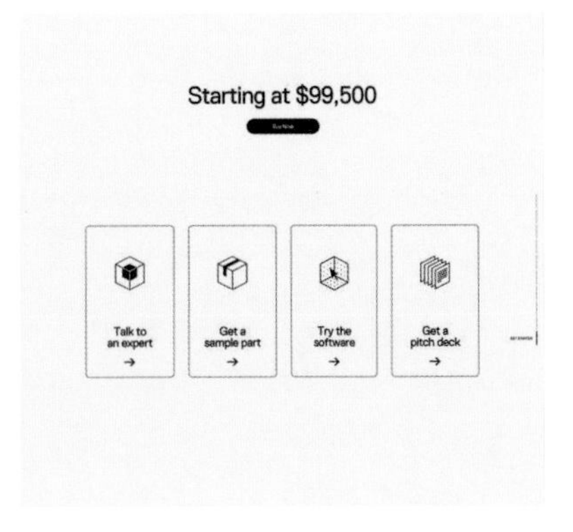

↑
Markforged 網站的目標，是讓訪客在短時間內獲得改用增材製造工藝流程的相關重要資訊。訪客可以瀏覽主要的差異化因素這項標題，也可以深入研究跟他們的具體與特定需求和擔憂相關的細節。

33
僅在必要時打擾使用者

從很多年前開始，我就決定關掉我所有設備上的全部提示和通知，不過直系親屬的電話跟簡訊通知除外。這樣做是為了提高工作效率，我需要完全專注於某一項任務，為了讓自己保持聚精會神的狀態，我不想一直被一堆無關緊要的通知打擾。

根據《哈佛商業評論》(Harvard Business Review) 所發表的研究，一般人平均每隔 6 到 12 分鐘就會被一些根本沒必要立即關注的事情打斷。例如《紐約時報》app 通知你新聞快報；Twitter 告訴你有新的追隨者；Duolingo 提醒你是時候該練習法語了……。我父親常常會收到一種訊息，提醒他房子的前門剛打開。他最初打開這個功能是為了提醒他可能有人闖進屋裡，不過因為他很常在家工作，而且門口一直有人不停進進出出，這下子每個人都被這些訊息逼瘋啦！

美國心理學家格洛麗亞．馬克 (Gloria Mark) 在加州大學爾灣分校 (UC Irvine) 研究數位分心，她在研究中指出，當人們被打斷，平均需要花 25 分鐘才會回到原來的狀態。因為在被打斷後，我們通常不會馬上去做原來的任務，可能會休息一下，或是做點別的事情——比如回覆一下電子郵件或看一下社群媒體，然後才回去做之前正在做的事情。

當我要思考如何設計打斷使用者的通知時，我都會回想起我在大學時代當服務生的經歷。當你打擾顧客交談時，他們通常不太開心；但如果你完全忽視他們，讓他們不得不主動招手示意，也同樣令人不悅。優秀的服務生會隨時注意他們負責的桌子，客人只需點個頭或挑眉就能召喚服務生。通知的設計也應該這樣：必須具有相關性，只在必要時出現，並以恰當的方式傳達 (請參閱**法則 34**)。

請記住，如果把每件事都當作重要的，那就沒有什麼是重要的了。設計通知時，首先要考慮這些資訊是否值得打擾使用者，假如答案是肯定的，就要思考一下如何傳達這些訊息。「你的房子失火了！」與「你剛剛收到一封電子郵件」，這兩件事在現實中的重要程度顯然並不相同，那麼在我們的設備上，也應該反映出這種差異。

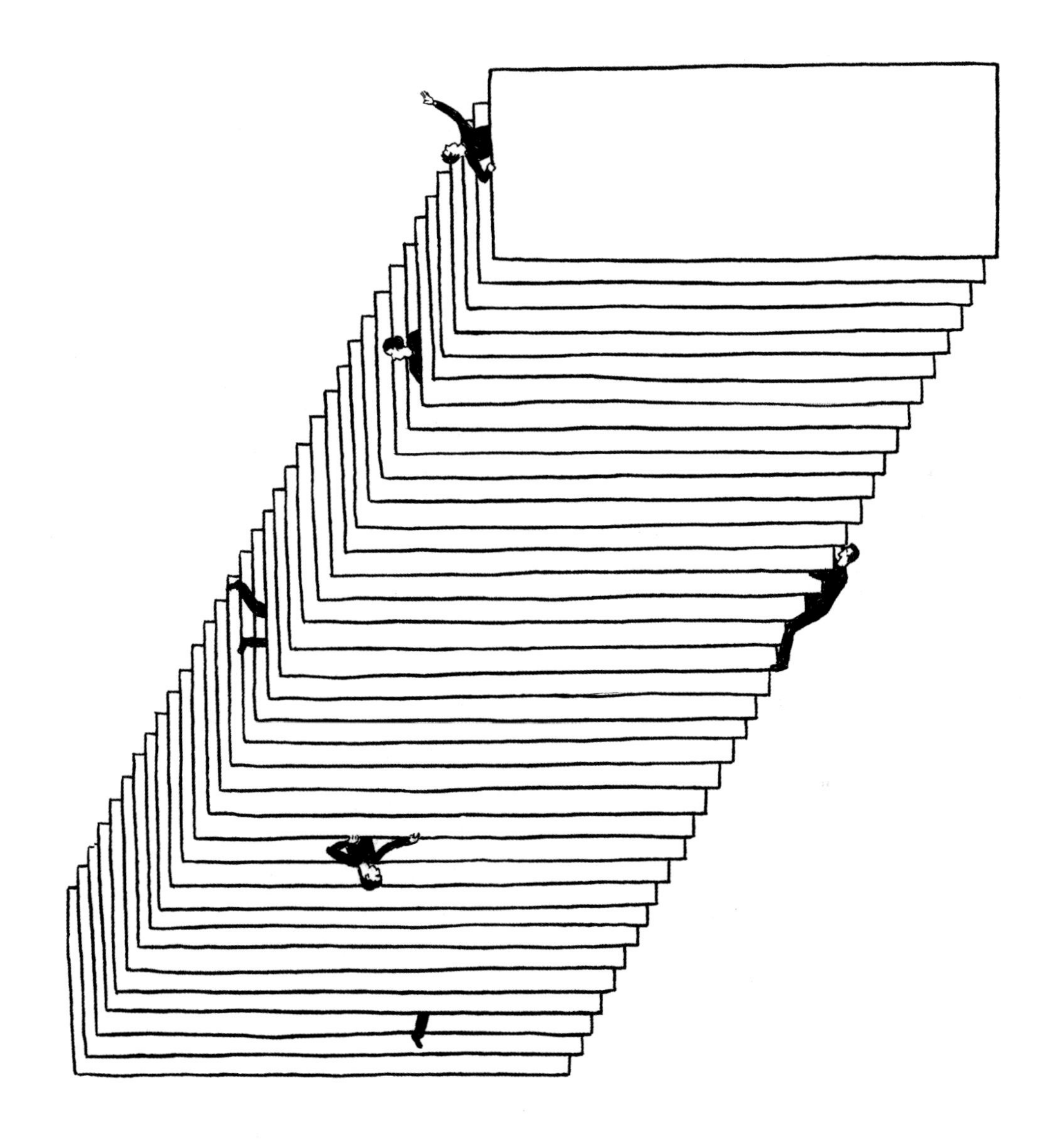

34

讓通知更有價值

你還記得那個長得像迴紋針的微軟 Office 小幫手（Clippy）嗎？這個小幫手會做很多事情，像是發垃圾郵件，提供無用的提示和建議。其實它在微軟的內部代號是「TFC」，「C」是指「小丑（clown）」，而「TF」——嗯，我想各位大概能猜到那是什麼意思※。不管是 Office 小幫手還是各種來自微軟系統的提示，它們最大的問題就是，當我們正在處理某件事情時，真的很討厭被通知打斷（請參閱**法則 33**）。

不過，通知在本質上並不是那麼壞，事實上，很多時候它們可以讓整體的使用者體驗更棒。想像一下，要是沒有任何錯誤訊息告訴你內容填寫有誤；刪掉重要內容之前，沒有出現警告；或是沒有指示告訴你系統將有重大變更，那會怎樣？所以我們需要得到通知啊！

一條有價值的通知，是能預測使用者可能會感到困惑的時刻，因為它了解使用者的目標，同時也掌握了訊息傳遞的緊急性和重要性。在發送通知之前，我們要先捫心自問，我們是否真正理解使用者在此刻認為重要的事情，還是只根據自己的假設來做？這就是為什麼我們應該在設計過程的早期階段就納入通知設計，而不是等到事後補充的階段才考慮加上通知，這件事非常重要。

※
編註：微軟 Office 小幫手 Clippy 在微軟的內部代號是「TFC」，全名為「The F*cking Clown」。

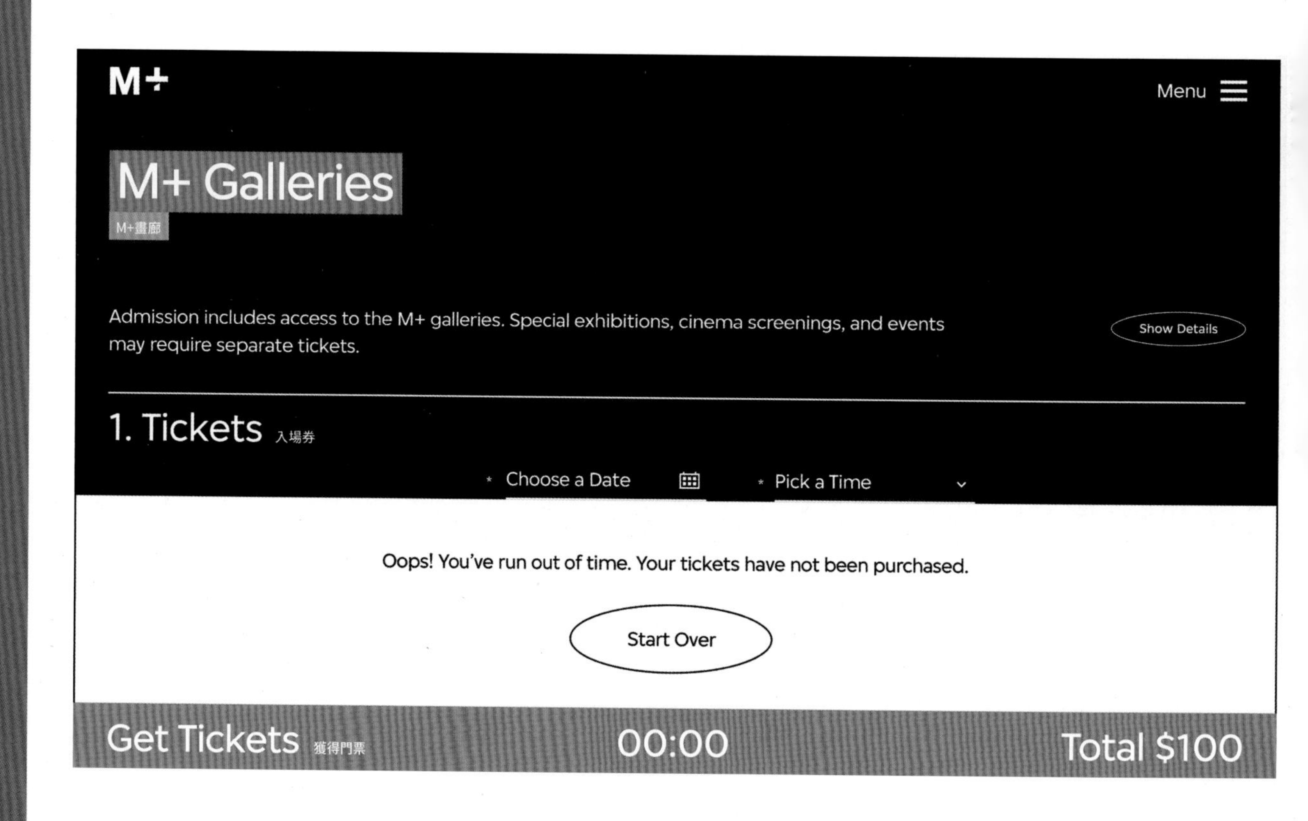

使用者沒必要知道系統內發生的所有事情，沒用的提示對他們來說就像蒼蠅一樣討厭，他們會隨手關掉，因此我們必須非常小心發送的數量。在通知方面，「少即是多」比較好。如果發送了太多訊息，使用者就會習慣性地忽略它們，反而錯過真正重要的訊息。

身為 UX 設計師，必須掌握打斷的藝術，否則就有可能做出另一個不受喜愛的 Clippy。倘若我們理解使用者的時間寶貴，把通知當作發生問題時提供協助的幫手，而不是銷售工具，那麼我們的方向就是正確的。最高指導原則就是隨時自問：「此刻發送這個，對使用者是否真的有幫助？」如果答案是否定的，那就不要發送！

↓
這個範例是香港 M+ 博物館所發出的重要通知，它是幫助使用者在此網站暢行無阻的幫手，並且只在必要的時候打擾使用者。左側的通知會告訴使用者，購買博物館門票的時間已過；右側通知則會提示使用者，目前博物館暫時關閉。

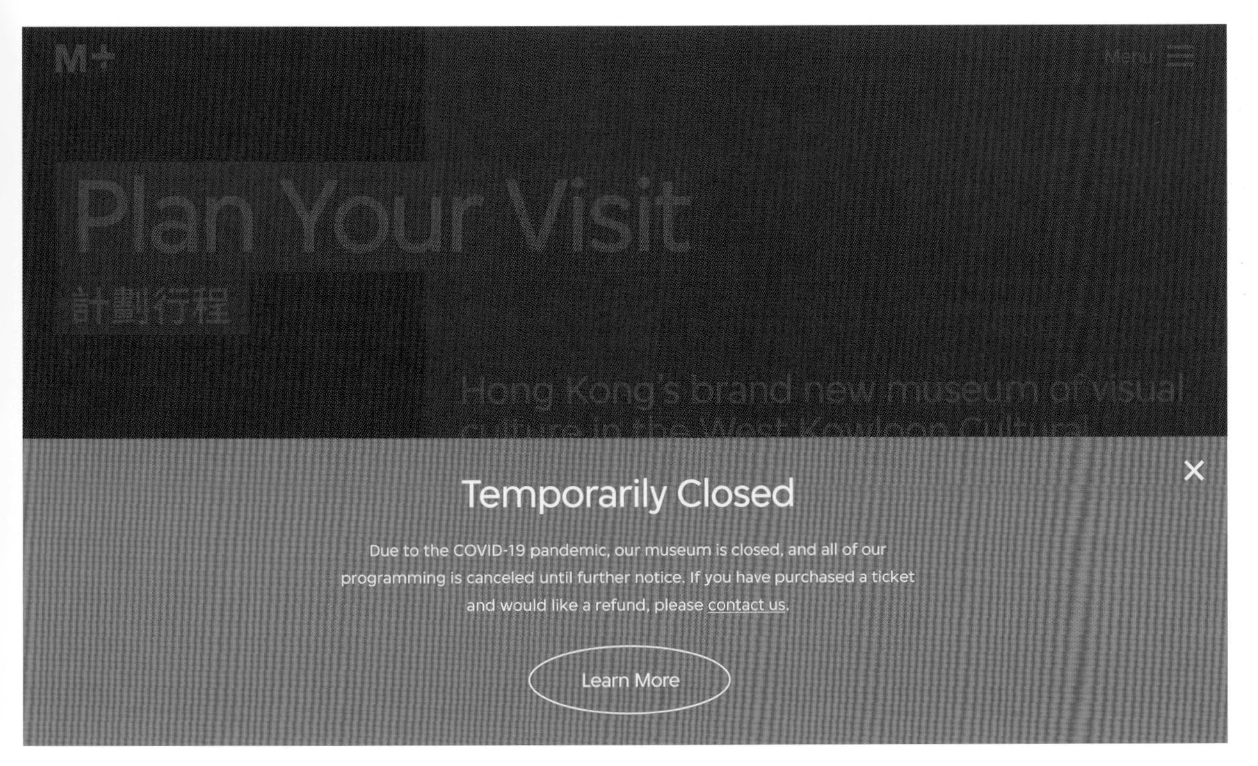

35

盡量減少填寫表單

填寫任何類型的表單都很煩人。我想應該沒有人在看到一堆表單時會想說：「耶！我迫不及待地想填這些表格！」不幸的是，因為我們無法直接跟電腦講話溝通（至少目前還沒辦法），所以在線上購物退貨、跟公司聯繫或建立帳戶的時候，唯一的方法就是填寫表格。如果我們沒有填完所有欄位或是填錯了，就會無法繼續操作。

在我的職業生涯中，我設計過非常多的表單。幾乎在每個專案裡我都必須向客戶解釋，任何新增到表單上的小欄位，都會對轉換率 (conversion rate) 造成負面影響。必填欄位愈多，填完整個表單的人數就會愈少。因此，確保我們只讓使用者填寫真正需要的資訊這是非常重要的。請記住，對使用者來說，他願意填表已經是在幫我們一個很大的忙了。

此外，客戶還必須思考他們是否真的需要取得這些資訊。每當我問客戶打算如何使用這些資料時，通常的回答是，未來的某個時候會弄出一個神奇的「客戶關係」資料庫。這個「未來」通常是等到預算到位的時候。但事實上，大多數時候，這些資料只是放在某個乏人問津的黑洞，再也沒有人去查看。客戶也沒有拿這些資料去做什麼不好的事情，但只是靜靜地放著，等著某一天被竊取或被駭客入侵。

其實，填寫表單也可以變成一件有趣的事。我們曾與 SPACE10 和 IKEA 合作一個「2030 年共享房屋計畫」(One Shared House 2030) 專案，這是一個關於未來共居生活的計畫，它基本上是一個偽裝成遊戲的表單。我們把 21 個問題藏在無色的形狀背後，等使用者點擊或點按後才會顯示問題，玩起來就像倒數日曆 ※。使用者回答一個問題之後，我們會即時顯示他們的答案與其他人答案的比較，並將該形狀填色。這是我們設計過的表單中轉換率最高的一個。

當然，並不是所有表單都應該做得像遊戲一樣，但如果表單能做到邏輯清晰、欄位標籤明確、資訊分組良好、提供適當的預設選項、並且有考慮鍵盤和手指容易操作、也有儘可能提供自動填寫功能，並且只詢問真正需要的內容，那麼就會有更多人完成填寫（請參閱**法則 11**）。當使用者填完表單送出時，我們也應該要確定所有這些數據都會應用到一個實際的計畫上。

※
編註：倒數日曆又稱降臨曆 (Advent Calender)，是用來倒數聖誕用的日曆，上面只有 24 天，會從 12 月 1 日開始倒數 24 天直到聖誕夜。目前許多品牌都會在 12 月時推出應景的倒數日曆，設計成 24 個小格子，每天放一個小商品，讓人每天拆禮物一直拆到聖誕節。

→
右頁就是這個看起來不像表單的表單，因為我們將它偽裝成一個遊戲。這是我們有史以來轉換率最高的一份表單，有來自世界各地超過 15 萬人填寫了我們與 SPACE10/IKEA 合作開發的表單，該表單獲取並展示了大家對共同生活的偏好。

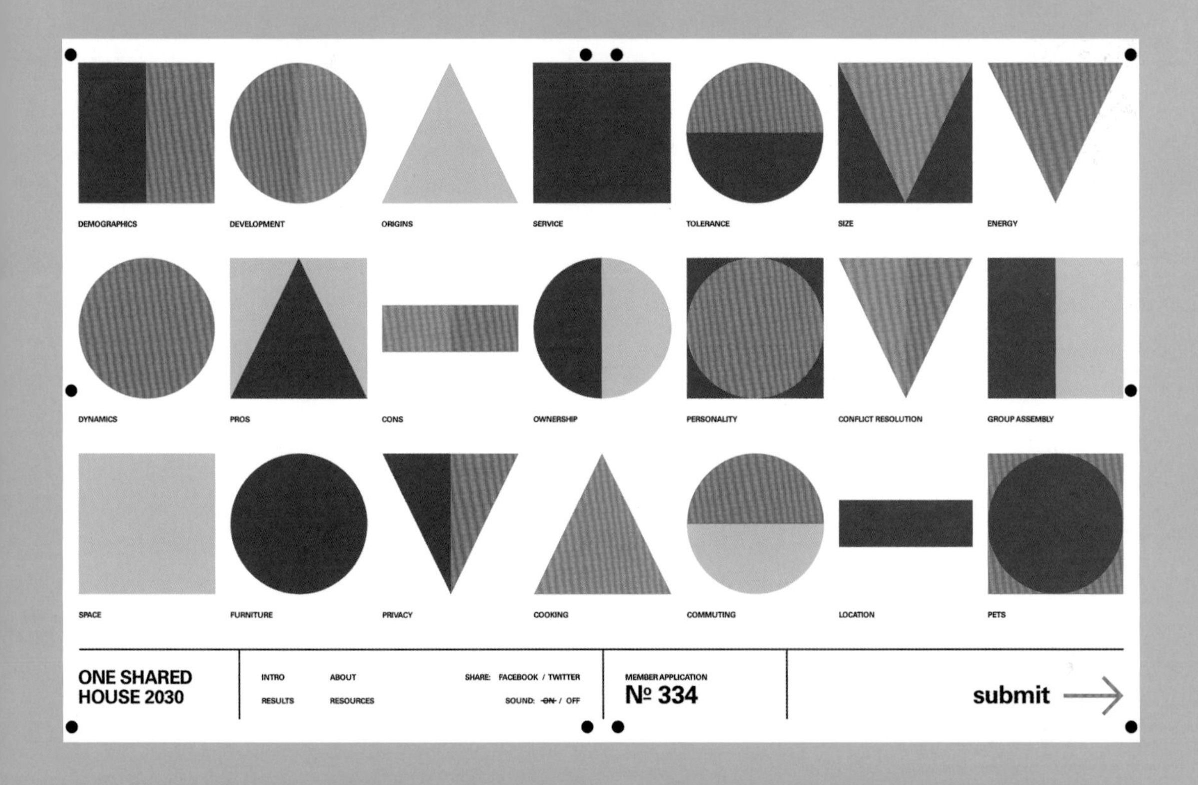
DEMOGRAPHICS
DEVELOPMENT
ORIGINS
SERVICE
TOLERANCE
SIZE
ENERGY
DYNAMICS
PROS
CONS
OWNERSHIP
PERSONALITY
CONFLICT RESOLUTION
GROUP ASSEMBLY
SPACE
FURNITURE
PRIVACY
COOKING
COMMUTING
LOCATION
PETS
ONE SHARED HOUSE 2030
INTRO
ABOUT
RESULTS
RESOURCES
SHARE: FACEBOOK / TWITTER
SOUND: ON / OFF
MEMBER APPLICATION
№ 334
submit

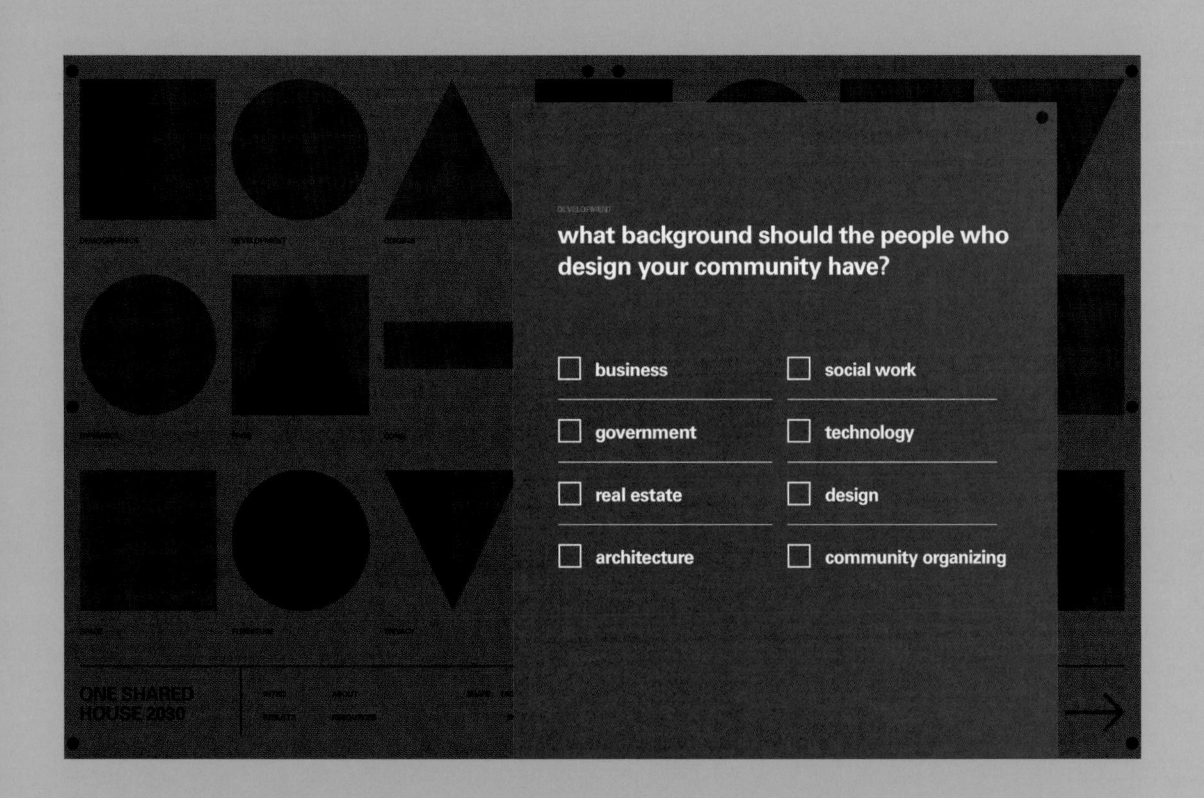
what background should the people who design your community have?
business
social work
government
technology
real estate
design
architecture
community organizing

36

時間不夠 就做簡約設計

通常我們如果選擇簡約的設計，是因為知道這樣可以降低使用者的認知負荷，使介面更容易互動（請參閱**法則 11**）。可能是為了美觀也有可能是為了傳達某種感覺或情感；但有時我們保持介面簡單只是因為要盡可能縮短設計和建造所需的時間。

安東和我在剛開始成立我們工作室的時候，彼此有達成一個共識就是只要在商業專案之間有空檔時，我們就去發展個人實驗設計。在這些空檔的時間，我們會為自己設計一份專案簡報，並且將可用的時間作為截止日期來完成我們的創意構想。

第一次遇到這樣的空檔時，我們做了一款手機遊戲。當時我們覺得做個彩色的東西是個很不錯的點子，因為這不需要投入太多的設計精力，要完成它也會更簡單。

不過，當我們深入研究色彩的世界時，事情就變得很有趣了！由於每個人的大腦對於入射光與眼睛內幾種錐狀細胞反應後產生的刺激反應不同，而會產生主觀的色彩感知。此外，我們對顏色的感知還會因性別、種族、地理位置，甚至所使用的語言而有所不同。於是我們覺得，設計一款測試人類色彩感知的遊戲一定會非常有趣。

我們製作了一個簡單的十回合遊戲，先用 3 秒內向使用者展示一種顏色，然後要求他們盡可能地去配對這種顏色，讓他們測試自己對顏色感知的準確性。由於遊戲的機制非常簡單，因此不需要大量的設計或開發工作。我們就能在兩星期內完成整個遊戲的構思、設計並上線發表。

選擇簡約設計的原因有很多，不過，通常在簡單的想法中可以找到正確的解決方案。此外，對設計過程施加限制也有助於節省時間。產品的元素和功能愈少，設計和構建的速度就會越快。這點在從事時間緊迫的工作時非常重要。

→
右頁是我們自創的 iOS 遊戲「ColorMatch」的主畫面，靈感來自於我們對一種顏色的爭論。我的設計夥伴安東認為這是某種顏色，而我跟他意見相左，為了解決這個爭論，我們深入研究了色彩感知科學，並製作了這款 app，可以測試大家對色彩感知的準確程度。

COLOR
MATCH

ROUND 1/10
0
3

TAP AND MOVE YOUR FINGER
TO FIND THE COLOR

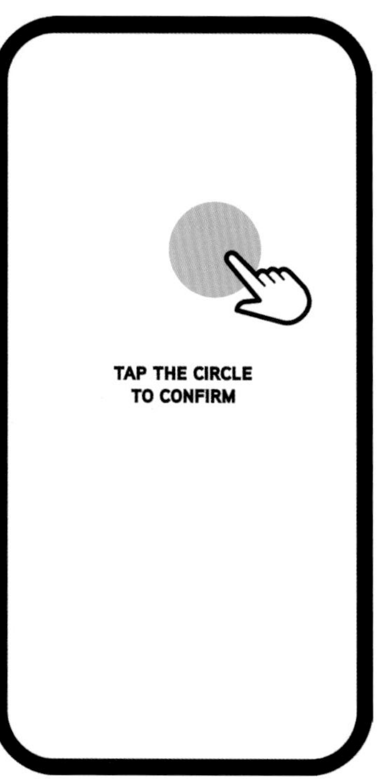
TAP THE CIRCLE
TO CONFIRM

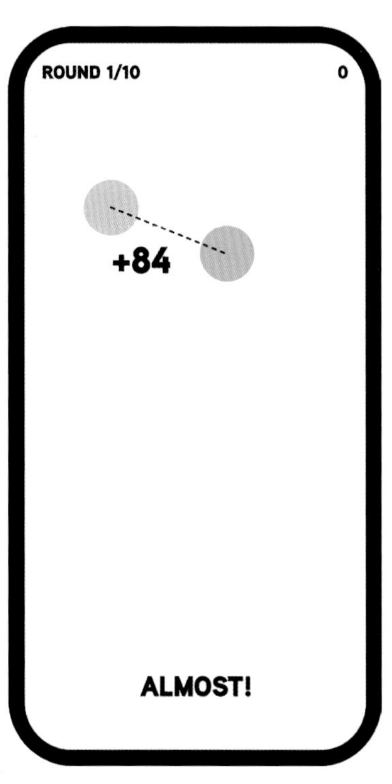
ROUND 1/10
0
+84
ALMOST!

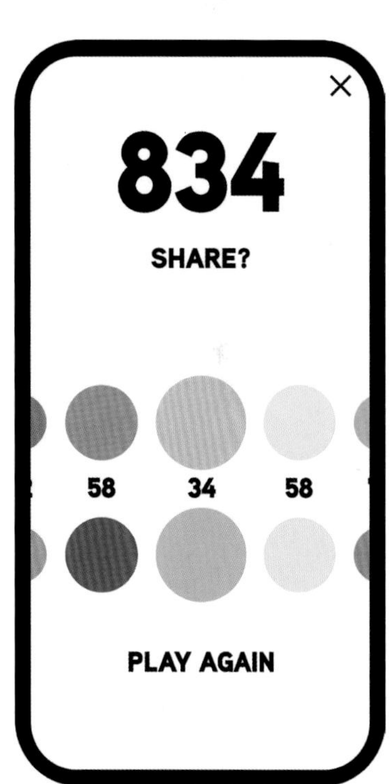
834
SHARE?
58
34
58
PLAY AGAIN

37

規則就是用來打破的

如果我們做的網站或介面，目標是要吸引使用者來完成任務，那麼提高可用性就非常重要。但是，假如我們是想鼓勵大家玩遊戲或想做個實驗，那麼製作一些違反可用性規則、並且故意對使用者不太友善的東西，其實還可以提高參與度喔（請參閱**法則 29**）！

不過，在你開始準備要破壞網路規則之前，至少要先了解一下規範這點很重要。1990 年時，全世界數一數二最重要的網路可用性專家雅各布・尼爾森（Jakob Nielson）制定了 10 項使用者介面的捷思法（heuristics）設計。從那時候起，這份清單就成了可用性的黃金標準（gold standard）：

1. 在合理時間內給予適當的回饋，讓使用者知道正在發生的事情。
2. 遵循現實世界的慣例，使資訊以自然和合乎邏輯的順序出現，並運用使用者熟悉的單字、措辭和概念。
3. 提供暢通的出口，以避免不必要的操作。
4. 遵循平台和行業慣例，這樣使用者就不必懷疑不一樣的字詞、情況或行為是否是指同一件事。
5. 消除容易出錯的條件，或在使用者執行操作之前，先提供確認選項給使用者。
6. 盡量減少使用者的記憶負荷，確保使用者需要的資訊是可見的，或者在需要時就能隨時找到。
7. 同時滿足缺乏經驗和經驗豐富的使用者的需求。
8. 刪除不相關或鮮少需要的資訊。
9. 用通俗易懂的語言表達錯誤訊息，準確指出問題，並積極提出解決方案。
10. 提供說明文件，幫助使用者了解如何完成他們的任務，

我們幫英國藝術家香朵・馬丁（Shantell Martin）製作的主頁上，有一個隱藏功能，那是一個小小的彩蛋，它故意打破了上述所有這些規則。只要使用者能在網頁上找到「玩耍（Play）」這個字詞，就會出現一個互動面板，該面板會對香朵的所有畫作造成嚴重的破壞，使介面幾乎無法使用。大多數人都沒有找到它，不過少數找到的人，最後卻都投入了大量時間來瘋狂地玩它！

可用性是重要的，但它不應該永遠都是主要的考慮因素。如果我們不需要大家執行任務，而只是想讓他們玩個遊戲，那麼提高可用性實際上會扼殺大家的探索熱情。這就是為什麼那些受歡迎的遊戲，通常也是最不容易玩的遊戲。小朋友也會喜歡那些可用性得分很低的 app 和網站，為什麼呢？因為可用性得分低的介面，反而能防止他們的父母混進來玩！

→
香朵・馬丁個人網站主頁上隱藏的復活節彩蛋，可以讓使用者決定他們是否喜歡香朵的藝術作品「跳舞」、「派對」或「愛情」。選擇後，使用者可以使用介面上的滑桿決定作品受影響的程度，以及反應的快速程度、混亂程度和強烈程度。

SHANTELL
MARTIN
WORK
DANCE
PARTY
LOVE
SPEED
CHAOS
AREA
RESET
NEWS
PLAY
INFO

我們務必提出

讀懂藏在字裡

遵循正確的直

當個優秀的偵

的問題，

的意思，

，

。

38

選擇 對的客戶

在任何情況下，都不值得你去忍受糟糕的客戶。我再說一遍，**沒有任何一種情況值得你去忍受糟糕的客戶**。如果客戶有這些狀況：要你在釐清問題之前就先開始設計、叫你不要按流程工作、試圖代替你完成工作、阻止你接觸相關人員、每個決策都要花幾百年、為了迎合組織政治忽視專案目標、完全不尊重設計流程……，與其忍受這種客戶，你還不如這個月吃泡麵就好。相信我，這真的不值得。

亞歷山大 · 王 (Alexander Wang) 以前在巴黎世家 (Balenciaga) 當創意總監的時候，曾經來我們辦公室討論潛在的合作機會。那時候我跟他講，我們希望合作模式像「約會」，因為我們不是「妓女」。當時我們的客戶經理倒抽一口冷氣，還在桌子下面踹我一腳！還好整個巴黎世家團隊都在大笑。這確實是真話，根據專案規模的不同合作時間可能長達三個月甚至一年，這是一段「親密關係」。跟客戶要共事這麼長的時間，如果從專案開始時就發現問題，後續處理時一定會非常痛苦。

就算是世界上你最愛的品牌或廠商打電話給你，從接觸的第一刻起，你就要密切關注對方的一舉一動，因為這會反映出他們在整個專案的行為模式——他們是否總是拖到天荒地老才回覆電子郵件？他們是否難以捉摸？他們是否對開銷和金錢錙銖必較？他們是否理解並尊重 UX 的設計流程？這個專案對他們來說很重要嗎？還是他們並沒有很在乎？他們願意接受新想法嗎？他們可以接受改變嗎？他們自己有創新精神嗎？你真的喜歡他們嗎？

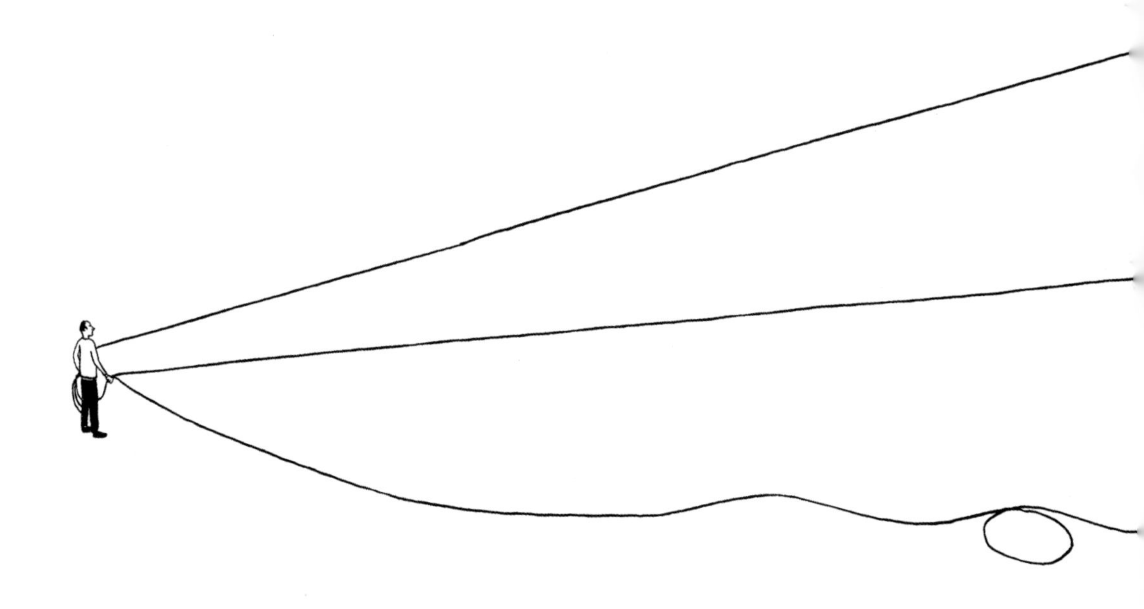

我以前有過很多慘痛的經驗，後來我終於學乖了。如果在業務開發的早期階段，我的直覺告訴我有點不對勁——即使我無法確切指出是哪裡出了問題——那麼這個專案很可能會變成一場災難。而如果一個糟糕的客戶成功躲過我們的篩選流程，或是直到合作過程中才暴露本性，我們唯一能做的就是從中吸取教訓。他們為什麼會成為糟糕的客戶？這個問題最初是怎麼產生的？我們本來可以做些什麼來防止它發生？我們從中學到了哪些經驗教訓，可以在未來應用？

托爾斯泰（Tolstoy）1877 年的小說《安娜．卡列尼娜》（Anna Karenina）開頭有句名言：「幸福的家庭都是相似的，不幸的家庭卻各有各的不幸。」（All happy families are alike; each unhappy family is unhappy in its own way.）這句話也適用於客戶關係。正向的客戶關係會有共同的特質，能促成一個出色的專案；糟糕的客戶關係可能由各種因素引起。因此，務必在簽署合約之前，有意識地篩選不合適的客戶，因為沒有任何情況值得你花長時間去應對一個故意找碴的糟糕客戶。

39

成為
優秀的偵探

在開始做任何工作之前，我都會告訴客戶，我們並不是——也永遠不會是——他們業務的專家。但我們是設計流程的專家，能夠帶領他們完成一個有利於他們顧客的設計流程，而這反過來也會讓他們的業務蒸蒸日上，我們在這方面十分在行。不過，要做到這一點我們必須要深入了解客戶想要實現的目標是什麼。

有些客戶，尤其是那些擁有專屬數位團隊的客戶，已經完成了大量的研究，組織得非常有條理，對自己的需求非常清楚，並將所有的想法整理成文。另一些客戶可能沒有如此充分的準備，只是第六感特別強烈，需要我們協助去加以驗證（請參閱**法則 56**）。無論是哪種情況，在正式進入設計階段之前，我們都需要透過以下兩項活動，以便快速掌握情況：

初步提問

為了在啟動會議前做好充分準備，我們首先會提出一些問題。我們會詢問專案成員的角色分工、他們對目標受眾的了解、對競爭對手的看法、他們認為需要改進的地方、目前如何處理更新流程、如果時間和金錢不是問題，他們最希望得到什麼，以及最後是誰要負責確認和批准我們完成的設計。

啟動會議

在消化了上述這些資訊後，我們就會找他們的核心專案團隊，召開一次四小時的會議（最好是面對面溝通）。在這場會議中，我們將會逐一討論上述的問題、闡明需求、審查現有的設計文件、了解他們目前的工作流程、確認他們對客戶的需求了解多寡，並集思廣益，探討我們能如何幫助他們的使用者實現目標。

會後，我們就會整理出一份文件，記錄我們所學到的一切，並提出一個明確的問題陳述，這個問題就是專案需要解決的核心問題，也就是我們的「最高指導原則」。未來的每一個設計決策都必須與目標保持一致。如果一開始無法達成共識，或者無法及早發現哪些地方可能會出現阻力或延誤，這些負面影響將在後續的每一個決策點中顯現出來。

我經常告訴我的學生，一個出色的 UX 設計師除了具備出色的設計能力，他還必須是一個優秀的偵探和一個稱職的心理治療師。我們必須能夠讓人感到舒適、提出正確的問題，讀懂話語間的隱藏資訊，並跟隨正確的直覺。這些軟實力對於讓設計流程順利進行至關重要，它會助我們一臂之力，確保我們最終能設計出解決問題的產品。

40

透過訪談收集客戶需求

開啟每個專案時，我們除了閱讀現有文件（請參閱**法則 56**）之外還會採訪業務利害關係人和潛在的終端使用者。在每次約三十分鐘的訪談中，我們會提出開放式問題，鼓勵受訪者分享他們的想法。

這些半結構化的**定性訪談（qualitative interview）**是種從社會科學借用過來的工具，這些訪談的設計有保持足夠的開放性，因此可以探索一些我們無法事先預想的主題。客戶的聯絡人會協助我們找出必須訪談的組織內部人員，並且共同選出一些客戶作為訪談對象。目標是從業務利益相關者那裡獲取知識，並充分了解該產品的終端使用者對產品的體驗。

我們嘗試與 15 至 20 位業務利益相關者對話，儘可能涵蓋多個部門，並提前分享我們想要採訪的內容。在訪談過程中，我們會手寫筆記（因為如果受訪者知道自己會被錄音，通常會不那麼坦率），並提出開放式的問題，例如「你們之前試過哪些解決方案？」「為什麼這個專案現在特別重要？」「公司內部對這次變更的看法可能是什麼？」

完成業務利益相關者的訪談後，我們會再訪談大約 15 位現有客戶，提出問題例如：「你對這款產品的使用經驗如何？」、「你是否記得曾有過令人沮喪的時刻？」或「請描述你是如何處理這項任務的。」

在訪談結束後，我們會整理一份文件，總結關鍵發現，並特別強調我們聽到的任何假設、提出的要求或建議的解決方案。接著，我們會與核心專案團隊討論哪些觀點值得考慮、哪些評論可以忽略。

這個階段的重點是釐清對產品的定義或基本理解，這將會奠定最終產品的基礎。我們必須完全理解業務利益相關者和客戶的需求後，才能開始構思進一步的研究方式；而只有在研究完成後，我們才能真正開始設計。

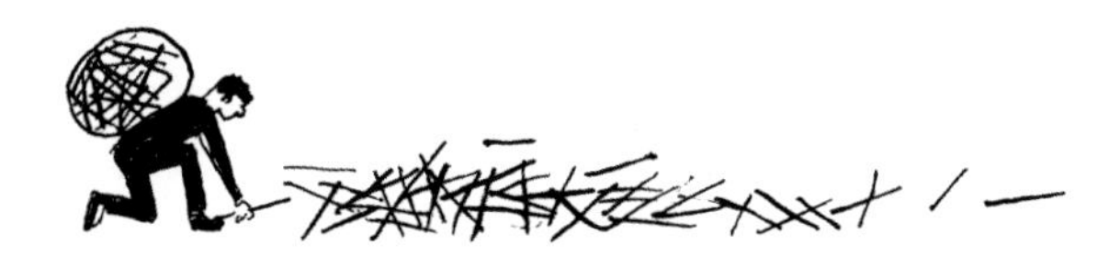

41

定義問題陳述

我們工作室經常會趁工作空檔時發展我們自己想做的專案（請參閱**法則 36**）。這些專案都是我們自己想做而非為了客戶而做的，因此我們都會自己撰寫簡報、設定專案期限、定義問題陳述（釐清這個專案要解決的問題）。因為設計並不是藝術，它必須解決人類真正的需求，正如美國極簡主義藝術家唐納．賈德（Donald Judd）所形容的那樣：「設計必須要有用，藝術則不然。」（Design has to work, art does not.）如果沒有先定義問題，我們就無法讓設計發揮作用。

當我們面對開放式簡報時，會加入一些人為的限制條件、或是強制要遵守某些規則，這些將會很有幫助。限制能夠縮小潛在解決方案的範圍，並引發在沒有設限時無法產生的創意。有時候，如果沒有限制，無窮的可能性反而會讓人不知所措，難以形成具體想法。

然而，也不能給簡報太多限制，它需要有足夠的空間來發展出令人驚喜的意外解決方案。我在普瑞特藝術學院（Pratt）讀傳播設計碩士的時候，有位教授曾對我說，如果簡報題目是「設計出一把更好的牙刷」，你最終的結果可能還是會做出一個像牙刷的東西。但如果把問題陳述改為「設計一種更好的口腔清潔方式」，那麼解決方案可能完全不像牙刷，甚至會比牙刷更好。

當我在製作互動紀錄片《One Shared House》時，我們設定的限制條件就是時間——故事必須在十分鐘內講完。而且我們希望大家在觀賞影片（這會讓觀眾把身體向後靠）的同時，還能與背景資訊互動（要讓觀眾「向前傾」），因此我們的問題陳述變成：「要讓觀看影片和閱讀背景資訊之間的切換感覺自然流暢」。

對專案目標採取非常具體的態度，有助於啟動創意過程，並為未來的所有決策提供可靠的衡量框架。如果沒有限制或良好的問題陳述，很難知道該從何處開始著手，這可能會令人不知所措，甚至使設計過程停擺。有了清晰的框架，團隊會更容易走上正軌，也更有可能用令人驚喜的方式正確地解決問題。

and the social aspect of raising kids together

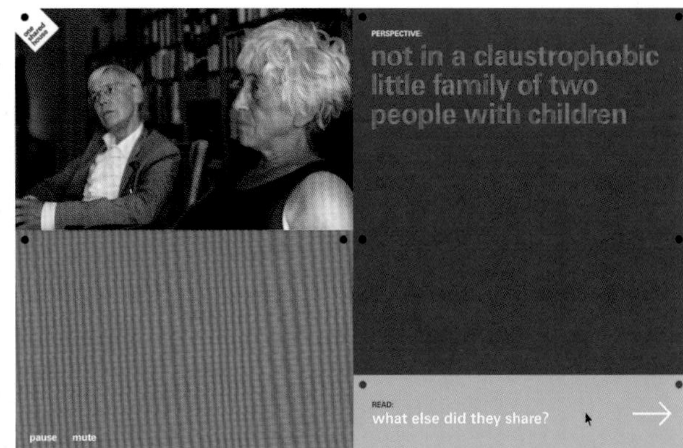

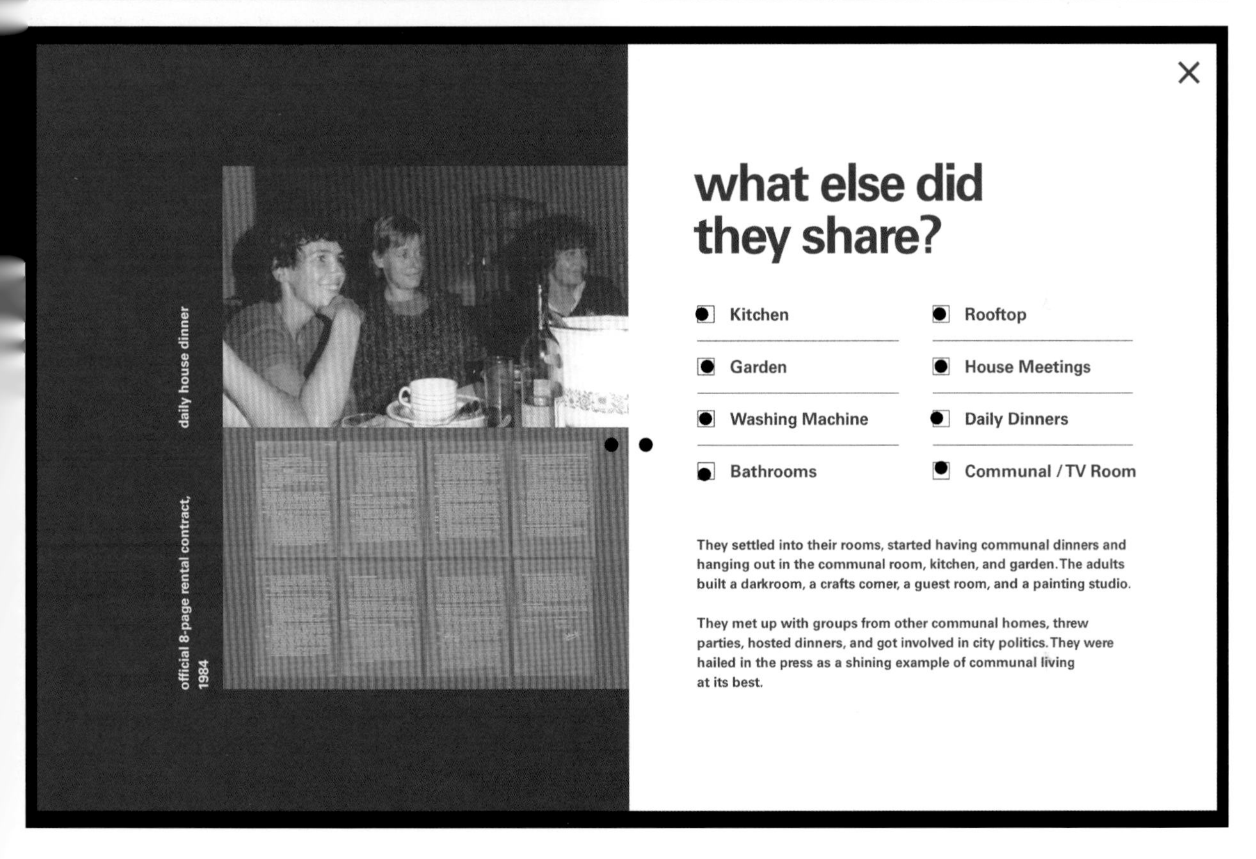

daily house dinner
official 8-page rental contract, 1984
not in a claustrophobic little family of two people with children
what else did they share?
Kitchen
Rooftop
Garden
House Meetings
Washing Machine
Daily Dinners
Bathrooms
Communal / TV Room
They settled into their rooms, started having communal dinners and hanging out in the communal room, kitchen, and garden. The adults built a darkroom, a crafts corner, a guest room, and a painting studio.
They met up with groups from other communal homes, threw parties, hosted dinners, and got involved in city politics. They were hailed in the press as a shining example of communal living at its best.

↑
我們自製的互動紀錄片《共享房屋計畫》(One Shared House) 的主要畫面，展示了我在阿姆斯特丹市中心某棟公共住宅中的成長經歷。我們的問題陳述是「讓觀看影片和閱讀背景資訊之間的切換感覺自然流暢」，因此我們研究了一些早期的電玩，這些電玩將講故事與互動結合在一起，例如《神偷卡門》(Where in the (World Is Carmen Sandiego?) 以及薩爾達傳說 (The Legend of Zelda) 都是採取這種風格。

42

找到解決問題的捷徑

有些專案的上線日期並不會壓得很緊，是依照專案要包含的功能來決定何時完成，而另一些專案則有非常明確的上線日期，無論如何都必須遵守。如果專案確實有嚴格的時間限制，那麼在構思階段所提出的所有方案，都必須能在約定的時間內完成，因此，我們提出方案時必須非常謹慎（請參閱**法則 44**）

我們在跟歷史頻道（The HISTORY Channel）合作一個關於美國內戰150 週年的網站專案時，我們同意製作六張互動式資訊圖表，這樣不但能吸引到內戰狂熱粉絲，也能讓第一次學習相關知識的七年級學生感興趣。由於週年紀念日是特定的日期，這個專案的上線日期絕對不可更改。

在專案剛開始的需求收集期間（請參閱**法則 40**），核心客戶團隊就跟我們打開天窗說亮話：每次他們製作任何有關內戰的內容，都會被某些狂熱粉絲——你知道的，就是那種週末會穿上軍服、玩角色扮演並且重演戰役的那種狂粉——出征或投訴！只要他們發現任何不符合史實的地方，例如美利堅邦聯國陸軍（南部邦聯士兵）制服上鈕扣的顏色錯了，諸如此類的事情就會讓死忠粉絲爆炸，立刻怒發充滿仇恨的電子郵件！

由於我們計劃為這些資訊圖表繪製插圖，因此他們千交待萬交待，無論我們畫出什麼插圖，都必須符合史實。符合史實？！我們只有兩週時間能進行設計研究，根本不可能在這麼短的時間內深入研究每一張插圖是否符合史實啊！

回到工作室後，我們與核心客戶團隊討論這個問題，經過一番腦力激盪、集思廣益後，我們偶然想到了一個天才的捷徑！我們決定將整個體驗設計成發生在夜晚的情境，這樣人們只能看到士兵的輪廓，而不會看到任何可能被挑出來罵的小細節。當我們跟歷史頻道展示這個方向，並告訴他們這個節省時間的技巧時，他們全都在大笑。我們當天就確認了這個設計方向，並按照計劃進行後續製作。

經歷過徹底的需求收集過程，我們通常能發現專案中隱藏的問題、阻礙，或是可能浪費大家時間的黑洞。如果我們當初沒有花夠多的時間與歷史頻道進行深入溝通，可能會浪費大把時間去做一個會被立即否決的設計方向。所有專案都伴隨著某種限制，重要的是提前了解這些限制，這樣我們才能找到合適的捷徑，加快專案進程同時還能兼顧完成的品質。

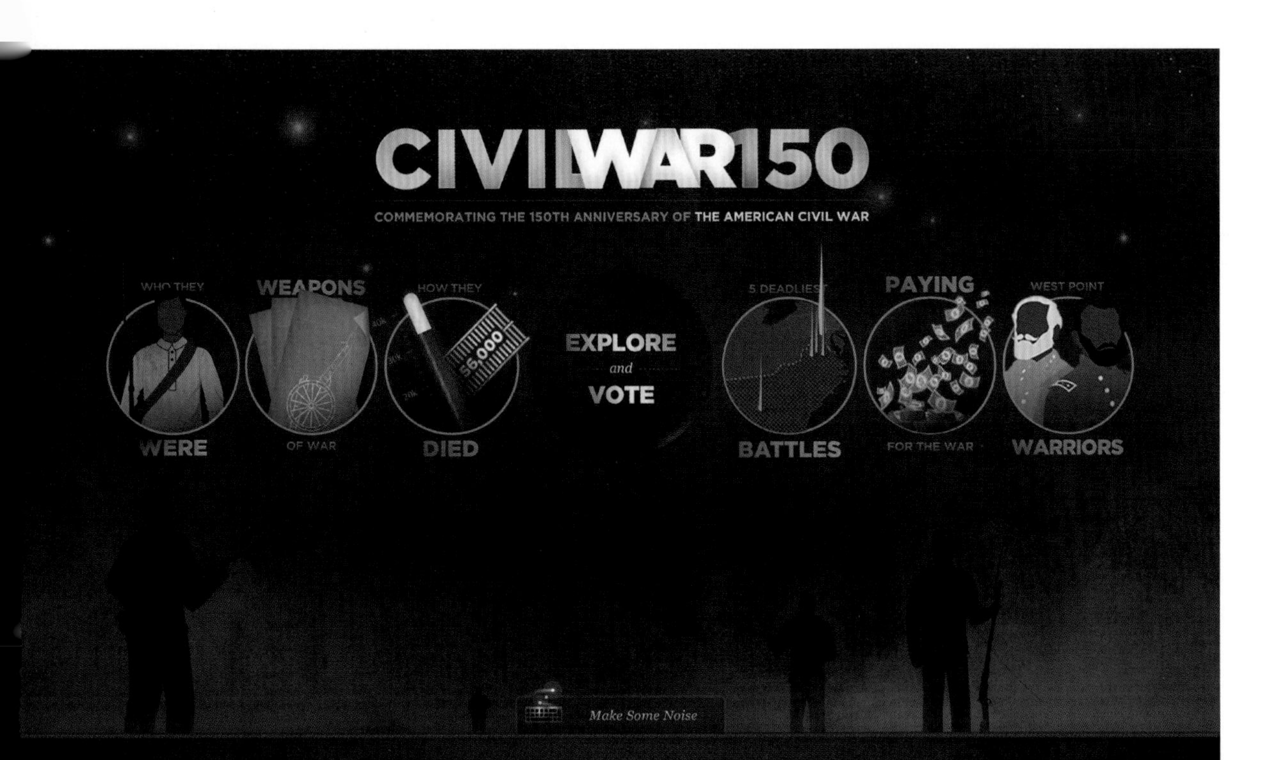

CIVILWAR150
COMMEMORATING THE 150TH ANNIVERSARY OF THE AMERICAN CIVIL WAR
WHO THEY WERE
WEAPONS OF WAR
HOW THEY DIED
56,000
EXPLORE and VOTE
5 DEADLIEST BATTLES
PAYING FOR THE WAR
WEST POINT WARRIORS
Make Some Noise
MOST POPULAR TOPICS
as voted by our viewers
Robert E. Lee
653 votes
Abraham Lincoln
354 votes
George W. Washington
154 votes
Ulysses S. Grant
653 votes
Thomas Jefferson
653 votes
Stonewall Jackson
653 votes
What were the
HISTORIAN'S PICKS?
We asked a panel of historians to select the essential topics that defined the American Civil War.
View Their Picks
SHARE
CIVILWAR150

↑
歷史頻道（The HISTORY Channel）的美國內戰 150 週年紀念網站，情境設定在夜間，因此只顯示士兵的剪影。這個富有創意的方向節省了大量的設計研究時間，同時也將不符合史實的可能性降到最低。

43

先求有再求好

網站或應用程式中，使用者可以互動的每個元素都被視為一種功能(feature)。舉凡篩選、排序、分頁、圖片輪播、預訂票券或是選擇座位，這些都是功能。在任何專案中，最具挑戰性的工作之一就是判斷哪些功能是「必須具備」，而哪些功能只是「加分但非必要」。

如果想要盡快推出產品，最好推出只有最低限度的必要功能的產品以便觀察使用者的互動方式。否則，我們可能會陷入無限期延遲的風險，最後推出一個龐大臃腫、而且價值不菲的產品，但卻沒有人想要或需要它（請參閱**法則 44**）！

「最小可行性產品」(Minimum Viable Product, MVP) 這個名詞是由法蘭克．羅賓森 (Frank Robinson) 於 2001 年首次提出，它是種開發技術，用這種技術開發的產品，在試水溫的期間，只會具備產品需要的核心功能。換言之，產品的第一版只會包含必備的功能而其他加分功能則是後續版本要規劃的項目。舉例來說，如果我們正在設計一架飛機，「最小可行性產品」只會包含飛行的功能。至於飛機上的地毯、乘客座椅、廁所或上方置物艙之類的附加功能則會安排在後續的版本中。

在我們工作室，為了先做出 MVP，我們會做一個電子表格，將所有可能要做的功能以文字形式描述並且想像出來，然後再決定是否要設計或開發這些功能。我們會徵詢業務利益相關者的意見，並添加與業務目標直接相關的功能，接著再加入能滿足使用者需求的功能。

當所有功能都被清晰、明確地描述出來後，我們會以「高 / 中 / 低」的標準，分別評估每項功能的商業價值、使用者價值及技術複雜度。

完成這項評估後，我們可以清楚地辨別哪些是「必須具備」的功能（具有高商業價值、高使用者價值及低技術複雜度），而哪些只是「加分但非必要」、可有可無的功能（商業價值低、使用者價值低且技術複雜度高）。接著，我們會與專案團隊重新討論，決定哪些功能會進入 MVP，哪些則會安排在後續版本。

在專案的初期就要規劃功能，這是至關重要的，因為這可以讓我們從一開始就明確定義出產品策略及實現該策略的道路。此外，還能在團隊內部及與客戶之間創造更大的凝聚力，有效控制功能範疇，並且讓產品能盡快到達使用者手中。

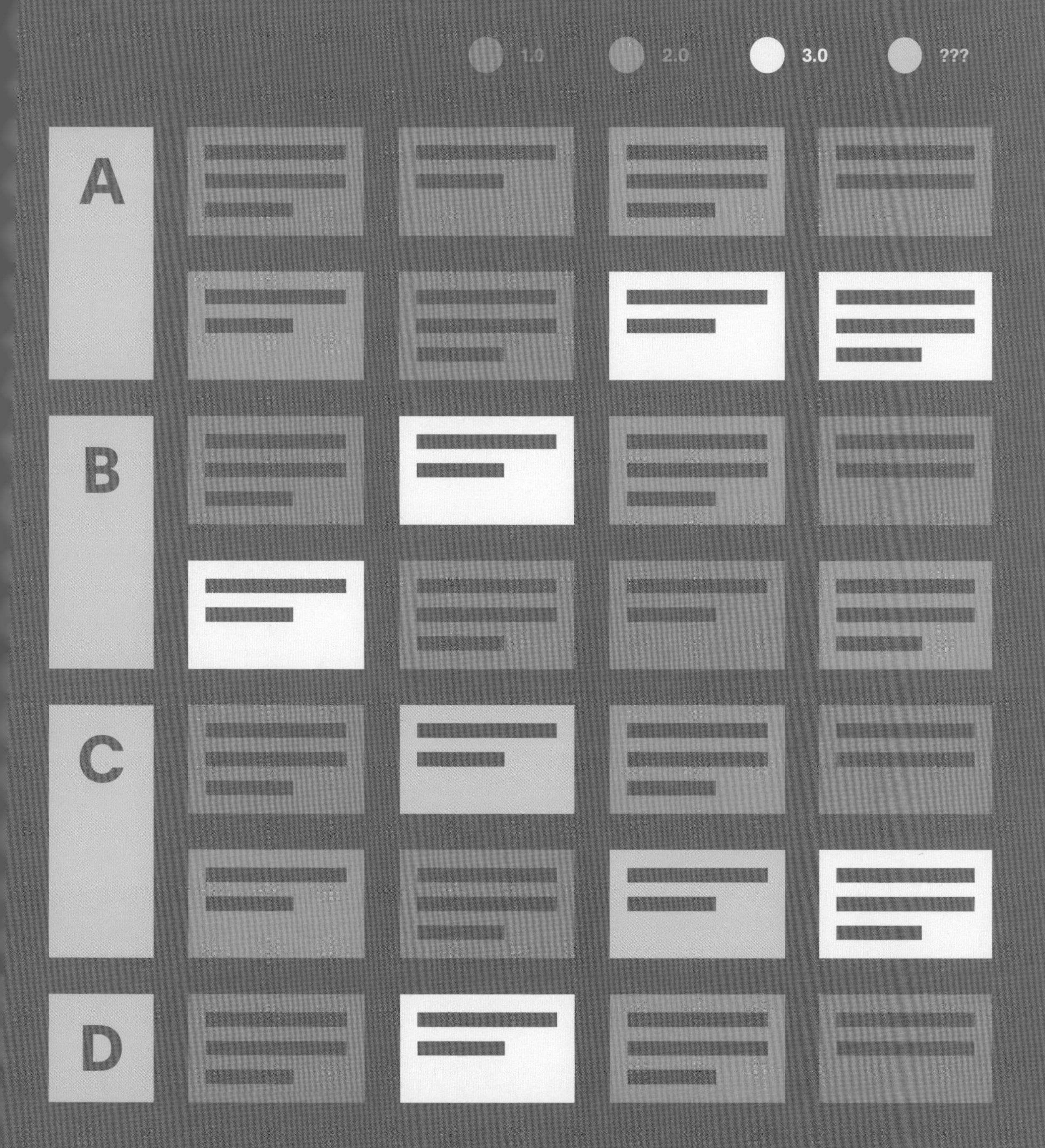
1.0
2.0
3.0
???
A
B
C
D

44

謹慎承諾 結果超出期待

如果只從商業角度來決定產品要包含哪些功能，會比較簡單，因為只要與商業利益相關者溝通即可解決；但是，如果是替使用者規劃要有哪些功能，這就有點棘手了！在為使用者規劃時，不只要包含最低限度的必要功能（請參閱**法則 43**），最好還要加入可讓使用者意想不到，但能感到驚喜的功能，這點也同樣重要。

那麼，我們該如何決定除了 MVP 之外，還要添加哪些額外功能呢？你可能心裡已經想到某些功能，但假如能透過一個更有系統的方法來確定每個功能的優先順序，這樣會更好，特別是在要向業務利益相關者解釋決策時。在判定某個功能的使用者價值是高、中還是低之前，我們可以先想一想這些問題：

- 使用者是否期望有這個功能？
- 使用者對這個功能是否無感？
- 這個功能是否可能會惹惱使用者？
- 這個功能是否會讓使用者感到驚喜？
- 這個功能是否能讓使用者善用這個介面？

上述這種幫功能排優先排序的方法，是根據 1984 年東京理科大學品質管理教授狩野紀昭（Noriaki Kano）建立的一種模型。狩野教授在研究影響顧客滿意度與忠誠度的因素時，開發出這套框架。雖然該模型並不是專門為設計介面做的，但它是個非常方便的方法，可以快速了解哪些功能應該納入最終產品。

我們曾經幫美國藝術指導工會（Art Directors Guild，代表電影與電視從業人員的工會）製作會員目錄，當時的目標是要為美術部門的成員設計一個更簡單的方式來求職和獲得聘用。我們幫他們設計了公開的個人檔案，成員可以在裡面列出自己的技能以及工作經歷，並提供聯絡方式。從 MVP 的角度來看，這已經足夠了。然而，由於我們的資料庫中存有每位會員的工作記錄，我們決定再進一步交叉引用，列出哪些會員一起製作過哪些作品，讓會員們更容易連結到整個製作團隊。沒有人要求我們做這個功能，但是在我們上線後，這成為會員們最津津樂道的功能。

有一個重點必須記住：**現在讓使用者感到驚喜的功能，未來可能會成為基本需求。**舉例來說，史蒂夫．賈伯斯（Steve Jobs）在 2007 年的蘋果發表會上，展示了 iPhone 的兩指捏合縮放（pinch-to-zoom）功能，當時的觀眾驚呼連連，但如今我們已經不會驚訝了。隨著技術的發展，使用者對功能的要求會越來越高。這就是為什麼必須定期重新評估介面，並且不斷推出充滿潛力、能再次讓使用者感到驚艷的新功能，這是非常重要的。

→
右頁就是美國藝術指導工會的會員目錄頁，每位會員都可以快速連結到工會中參與過同一作品的所有成員。如果想找出以前合作過的製作團隊，這件事非常簡單就能做到。

THE UNICORN
SEASON 1 & 2
ART DIRECTOR
3

EMERGENCE
PILOT
SUPERVISING ART DIRECTOR
1

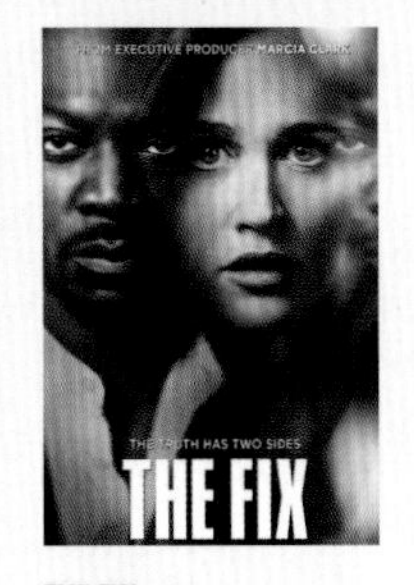

THE FIX
SEASON 1
ART DIRECTOR

MARVEL'S RUNAWAYS
SEASON 1
ART DIRECTOR
14

EL CAMINO CHRISTMAS
ART DIRECTOR
3

POWERLESS
SEASON 1
ART DIRECTOR
3

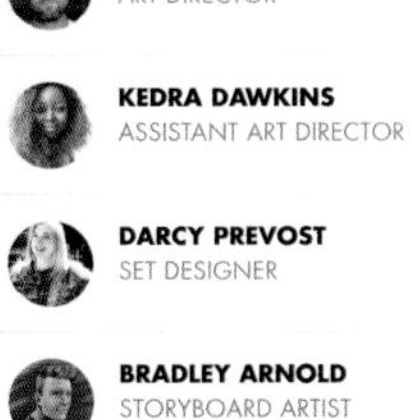

MORE PRODUCTION MEMBERS

YVONNE BOUDREAUX
SET DESIGNER

BRETT MCKENZIE
ART DIRECTOR

KEDRA DAWKINS
ASSISTANT ART DIRECTOR

DARCY PREVOST
SET DESIGNER

BRADLEY ARNOLD
STORYBOARD ARTIST

ART DIRECTOR
12

WHITNEY
ART DIRECTOR
1

REAL HUSBANDS OF HOLLYWOOD
SEASON 3
ART DIRECTOR
5

EPISODES
LA UNIT - SEASON 4
ART DIRECTOR
1

SURVIVING JACK
PILOT, SEASON 1
ART DIRECTOR
1

RED STATE
ART DIRECTOR

45

若無必要 請勿複雜

做任何專案時，最常發生爭論的地方通常都是跟功能集有關：最終產品到底能讓使用者做到什麼事？在大多數情況下，利益相關者都會執著於某些酷炫的想法，卻沒有問自己這些功能是否真正有助於幫助使用者達成目標。身為 UX 設計師，我們的工作就是為使用者的需求發聲，我們會不惜一切代價，無情地刪減那些會妨礙使用者的多餘內容和功能（請參閱**法則 11**）。

在我們的工作室，我們總是從最簡單的解決方案開始，僅在必要時才會增加產品的複雜度。這不僅是為了使用者的利益，這也是為了我們自身的理智著想。我們必須在預算範圍內按時完成專案，而且無論我們做出什麼東西，都必須讓它容易建置與維護。

為了化繁為簡，我們需要一個決策標準，因此我們會遵循一個常用的指導原則：**奧卡姆剃刀法則（Occam's Razor）**，它來自 14 世紀英國哲學家兼神學家威廉．奧卡姆，他寫道：「Numquam ponenda estpluralitas sine necessitate」，這句話是拉丁文，中文通常譯為「若無必要，勿增實體」，也就是說，如果沒有必要，就不需要提供多樣性。所謂的「剃刀」就是要剃除任何不必要的東西。

我們在幫美國藝術指導工會（Art Directors Guild）設計新網站時，被來自不同委員會成員提出的需求轟炸。如果把這堆需求全部做出來，產品會變得複雜不堪，這不僅對會員毫無幫助，也不利於專案時程。

經過多次陷入僵局的會議後，我們走進了委託這項工作的執行董事辦公室，詢問他該如何向委員會成員解釋，我們不可能滿足他們的所有需求。結果他抬起頭，冷笑著說：「告訴他們，地獄裡的人也想喝冰水啊，想得美啦。」

奧卡姆剃刀原則並不是盲目地提倡「為簡單而簡單」，而是必須刪減雜亂，要在不影響整體功能的前提下，根據現有的知識，去蕪存菁，找到最佳解決方案。去掉複雜性，功能會更加清晰、更有影響力，讓人們在使用產品時，更能駕輕就熟。

→
右頁是美國藝術指導工會（Art Directors Guild）的網站首頁，這是滾動式的設計，頁面上僅保留最相關且會頻繁更新的功能和內容。而較為複雜的功能則會移至網站體驗的其他部分。

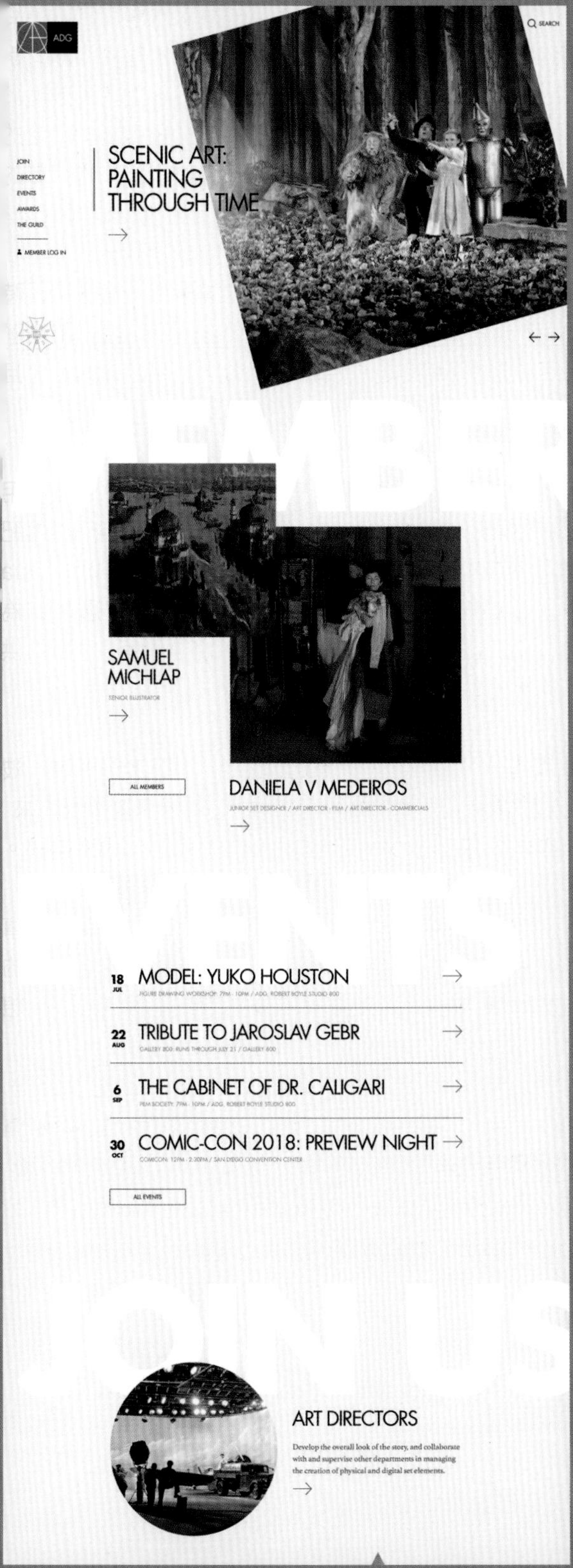

ADG

SEARCH

JOIN
DIRECTORY
EVENTS
AWARDS
THE GUILD
MEMBER LOG IN

SCENIC ART: PAINTING THROUGH TIME

SAMUEL MICHLAP

SENIOR ILLUSTRATOR

ALL MEMBERS

DANIELA V MEDEIROS

18 JUL MODEL: YUKO HOUSTON

22 AUG TRIBUTE TO JAROSLAV GEBR

6 SEP THE CABINET OF DR. CALIGARI

30 OCT COMIC-CON 2018: PREVIEW NIGHT

ALL EVENTS

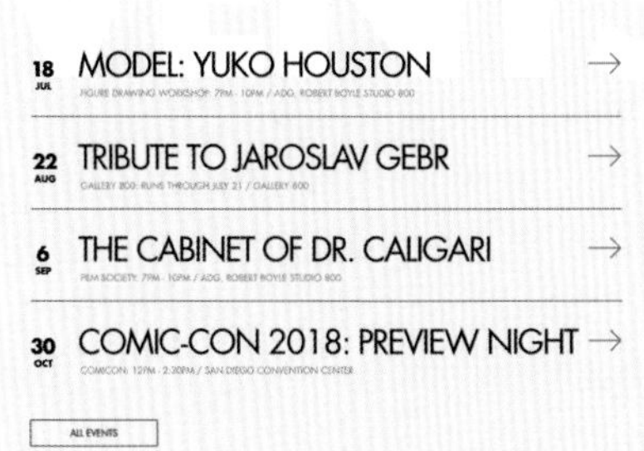

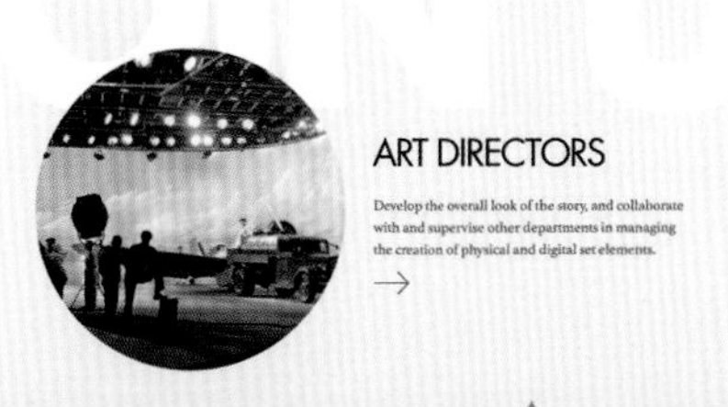

ART DIRECTORS

Develop the overall look of the story, and collaborate with and supervise other departments in managing the creation of physical and digital set elements.

advertising; create main titles and screen advertising for film and television.

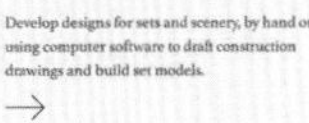

SCENIC, TITLE & GRAPHIC ARTISTS

Develop designs for sets and scenery, by hand or using computer software to draft construction drawings and build set models.

JACKIE'S DESIGN. CREATING THE WHITE HOUSE IN PARIS.

PERSPECTIVE MAGAZINE

ALL ARTICLES

FOLLOW ADG

FACEBOOK
TWITTER
INSTAGRAM

CONTACT
ADG ARCHIVES
MEDIA
AVAILABILITY LIST
PERSPECTIVE
PRESS

INSTAGRAM
FACEBOOK
TWITTER

PRIVACY POLICY
TERMS OF USE
THE IATSE

ART DIRECTORS GUILD
11969 VENTURA BLVD
STUDIO CITY, CA 91604
(818) 762-9995

46

有時複雜無法簡化

我正在使用一台 2020 年出品的 MacBook Air 撰寫這本書。這是我擁有過最薄、最輕、外觀最好看的筆電，但我幾乎每天都在罵它。因為這台筆電沒有任何 USB、HDMI 或 SD 卡插孔，每次我需要連上外接螢幕、傳輸檔案或是使用外接硬碟時，都必須先接上一個昂貴的轉接器，而且那個轉接器沒有隨機附贈，我還得另外購買！蘋果為了讓產品更薄、更輕、更簡單，卻害我的生活變得更加複雜了！

我認為這根本違反了**泰斯勒法則 (Tesler's law, 又稱為「複雜性守恆定律」)**。這條法則是由電腦科學家拉里 · 泰斯勒 (Larry Tesler) 在 1980 年代中期於 Xerox PARC 工作時提出。他認為，任何系統都有一定的複雜度，這是無法被簡化的。**複雜性不會真的消失，而只是從一個領域轉移到另一個領域。**換句話說，產品的複雜性就像一顆氣球，如果我們在使用者端擠壓它，它就會在開發端膨脹；而如果我們在開發端擠壓它，它就會在使用者端膨脹。對應到上面的例子，這台筆電在設計上簡化了，卻提高了使用者操作時的複雜度。

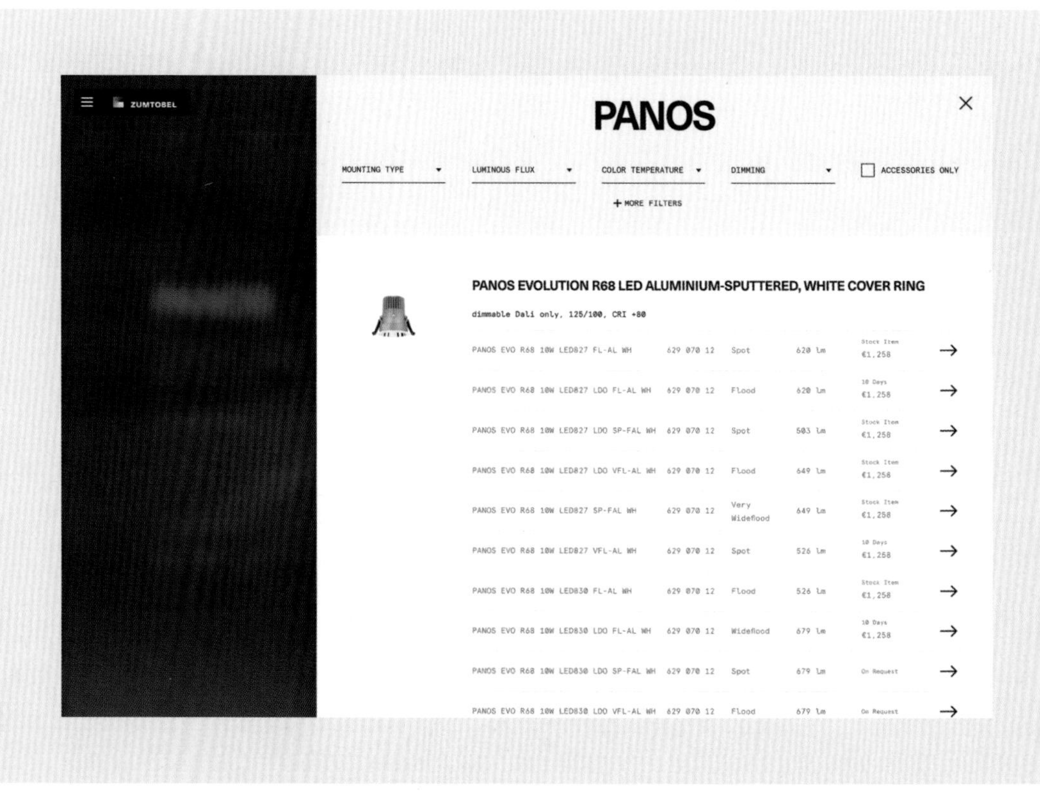

我們設計過最複雜的產品目錄，就是奧地利照明公司奧德堡集團(Zumtobel) 的產品系列，他們擁有上千種產品商品貨號 (SKU) 和變異版本可供選擇。我們必須為照明設計師和建築師等專業的目標客群找到合適的資訊密度，這簡直比登天還難！我們花了大量時間在思考數據結構：資訊密度過高會怎麼樣？怎麼樣算是密度剛好？

在這個專案開始之前，我們直覺認為要盡可能簡化介面的複雜性。然而，在實際與客戶溝通後，我們了解到某些程度的複雜性不僅是必需的，甚至是客戶所期望的。

我們也考慮過將產品目錄中的照明參數選項簡化，將複雜性轉移到產品數據庫；但我們最終選擇將這些複雜性保留給使用者，設計出一個功能強大的產品篩選系統，其中包含許多詳細的參數選項。

簡單的操作需要簡單的工具，但複雜的操作需要複雜的工具。與其試圖簡化複雜的功能，我們更應該讓它「用起來感覺更簡單」。

↓
奧德堡集團 (Zumtobel) 網頁的資訊量，如果是外行人來看可能會覺得太過複雜，但照明設計師和建築師這些專業的客群需要高度的掌控能力，他們會期望在選擇燈具或解決方案之前能夠查看所有相關資訊。因此，網頁上這種高密度的資訊設計是為了使用者刻意安排的。

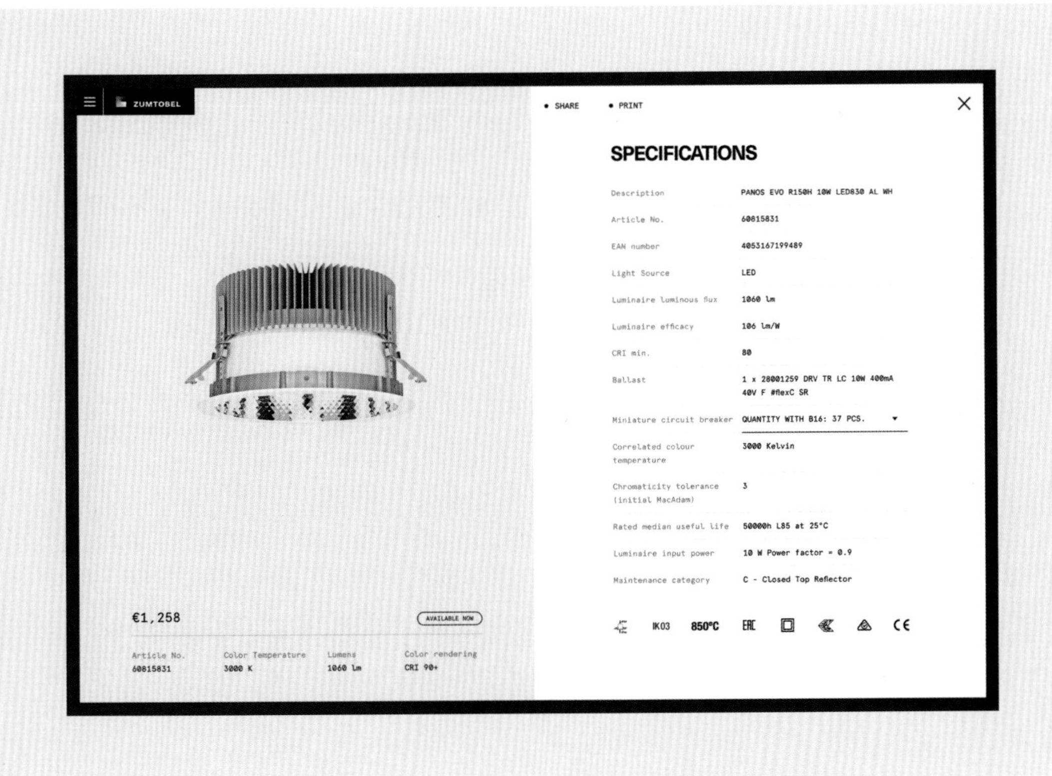

47

想像使用者旅程

當我們談到使用者的目標時，例如叫車服務，表面上看起來，似乎是件相當簡單的事情。我們幫乘客找到司機，讓使用者抵達目的地任務就達成了，故事就結束了。但如果我們仔細觀察，會發現實際的情況遠比表面看起來複雜得多。要想像使用者為了實現他的目標究竟會經歷什麼，這並不是一件容易的事。

使用者會對產品抱有某些期待，為了滿足甚至超越這些期待，我們需要細分使用者與產品每次互動的情境，並想像出可能發生的最糟的情況。在 UX 的領域，這稱為**使用者旅程 (user journey)**。這種方法能讓我們的決策建立在現實基礎上，而不是一廂情願的想法並幫助我們提前發現問題，並思考解決問題的辦法。

想像一下，有位使用者每隔 30 秒就在不同的 app 之間切換，試圖找到最便宜的叫車服務。他該怎麼做才能確保自己找到的是最便宜的價格？怎樣才能讓他放心地做出決定？如果他已經決定好了，但沒有配對到司機，該怎麼辦？如果司機遲到、臨時改道、危險駕駛或是態度粗魯又該怎麼辦？如果使用者把東西掉在車上，或是想要給負評但又覺得這樣做不妥，他該怎麼辦？

仔細安排整個使用者旅程，這不僅能幫助我們提前預測可能發生的問題，還能讓平常只專注於 KPI（關鍵績效指標）的業務相關者，從一堆冷冰冰的數據表格中，真正對使用者產生同理心。同時，這樣做也能幫我們找出有待改進的地方，以及該由誰去負責改進，這是單靠設計就能解決的問題嗎？還是需要從業務結構上進行調整？

如果我們在思考使用者旅程時，沒有假設到最糟的情況，那樣就會面臨風險。我們可能會在無意中創造出一個過於理想化的敘述，但它根本與現實不符。原本可能有機會把一個普通的體驗變成卓越的體驗，這樣下去便可能會錯失改善的機會（請參閱**法則 41**）。

48

建立使用者流程

在每個學年開始時，我的許多學生（他們正在攻讀互動設計的碩士學位）常搞不清楚**「使用者旅程」**(user journey) 和**「使用者流程」**(user flow) 之間的區別。其實這不是他們的錯，這些術語非常相似除非是 UX 工作者，否則光從名稱來看，實在很難理解它們的差異。

我來解說一下它們的差異。當我們描繪使用者旅程時，我們考量的是整個產品的所有**接觸點** (touchpoints)。如果我沿用前面的叫車服務為例，這會包括他使用叫車服務 app、在 app 裡面下單訂車搭車、到達目的地以及後續與客服的互動（參見**法則 47**）。而使用者流程則是僅描述使用者在應用程式內部的操作體驗，而不會涵蓋到 app 以外的整個產品生態系統。

使用者流程通常會以圖表呈現，展示使用者在介面內為了達成目標需要做的每個操作。每一個操作會以矩形表示，而每一個決策點會以菱形表示，它們之間會以箭頭連接，表示使用者要遵循的方向。

使用者流程除了列出通往成功的**最佳路徑**（專有名稱為「**Happy path**」，也稱為「快樂路徑」）之外，還要把有可能的替代路徑詳細羅列出來，藉此了解哪些地方可能會有潛在的阻力。一旦發現這些阻力，我們就能針對特定路徑進行優化與簡化，以提升使用者體驗。

規劃使用者流程的好處在於，我們可以在設計任何 UI 或是建立資訊架構之前，只要做一點功課，就能將使用者的可能路徑一覽無遺。另一個好處是，這種圖表比較容易理解。無論是要交付給客戶還是開發人員，都能理解圖表中矩形與箭頭連接的意義。

然而，不幸的是，每次我們在課堂上討論使用者流程時，我的學生總是目光呆滯，一副心不在焉的樣子。絕大多數學生寧可去做螢幕的版面設計，也不想弄這種抽象的示意圖。如果每次聽到學生埋怨「我討厭使用者流程！」我都能賺到一枚五分錢硬幣，那我現在應該早就退休了。但好消息是：建立使用者流程的方式沒有做對或做錯的標準，只要能讓專案團隊中的每個人都理解，並且能發現奇怪的摩擦點，你就已經做對了。

我們幾乎不可能從一開始就能找出讓使用者達成目標的最佳路徑。因此要嘗試各種方法，以確保整體使用者體驗都是建立在堅實穩固的框架上，這點非常重要。使用者為達成目標而必須採取的路徑，重要性最高，應該要比視覺部分優先處理，例如 UI 或資訊架構。

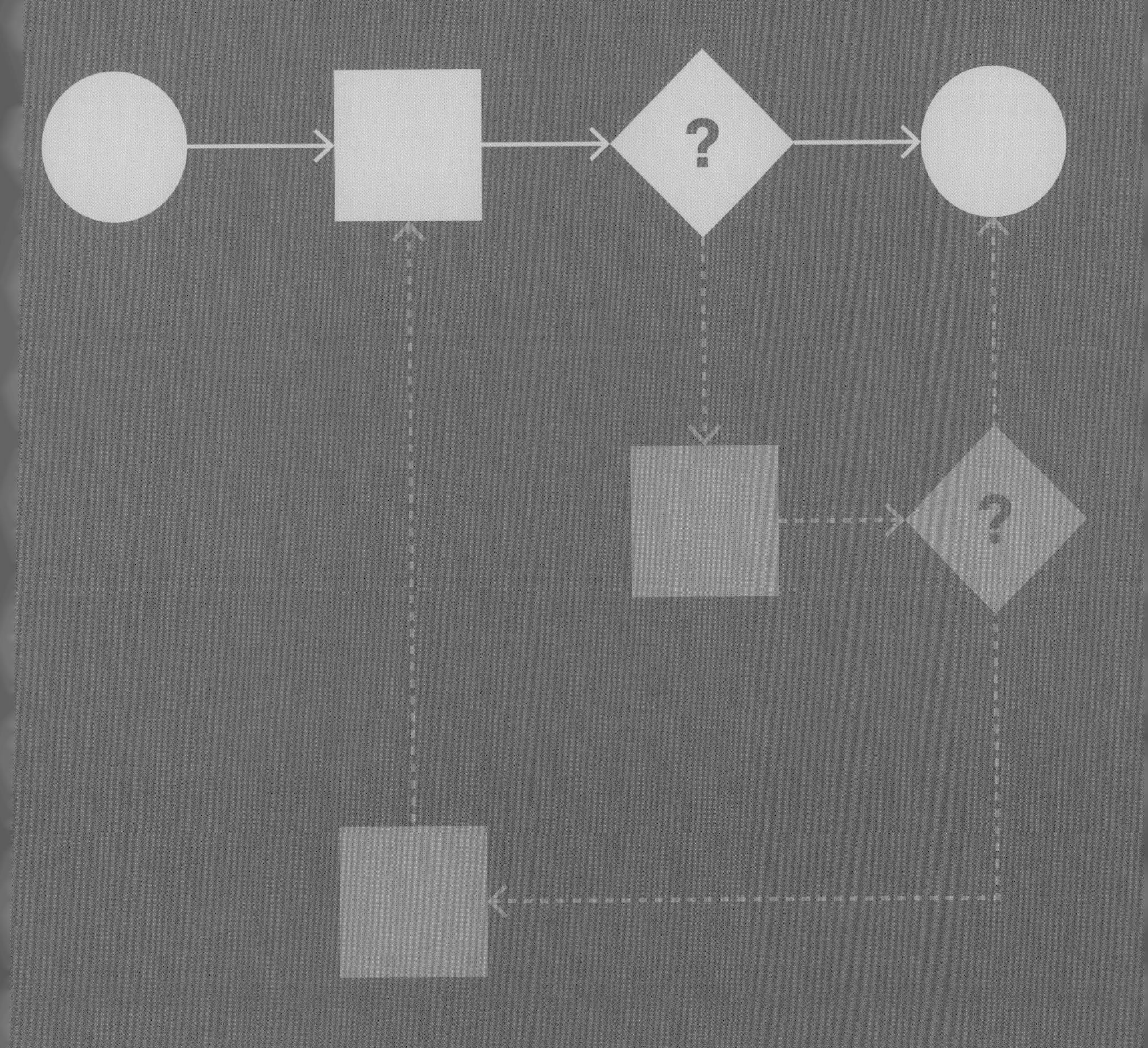

49

排除阻礙 優化體驗

為了幫使用者排除使用者路徑中不必要的摩擦、障礙與阻礙，接著我們要深入探討一些具體的方法。良好的使用者流程一次只會專注於一個目標，一定會有一個明確的起點和終點作為它的標題，而且只考慮如何縮短這兩個特定點之間的路徑（請參閱**法則 48**）。（舉例來說，就像是從叫車到下車後對司機評分的完整流程。）

再舉個例子。我們通常習慣從左到右閱讀文字，那麼「**最佳路徑**」（我們希望使用者採取的行為）就應該照這個自然的閱讀方向進行，而「**替代路徑**」（使用者可能也會採取的其他行為）則應該向上或是向下分支。這樣我們就可以一目了然地看出最佳路徑的速度如何，以及所有替代路徑的簡單或複雜程度。

我們必須確保路徑中每個行動都有清晰明確的標籤，避免使用難懂的專業術語或冗長的描述，這些標籤都應該要簡單明瞭。這不僅能確保所有觀眾都能理解流程圖，也能讓 UX 設計師能輕鬆返回先前已中斷或是暫停的專案，毫不費力地繼續工作。

現在，請各位把一切都想得很具體、把所有東西全部視覺化，任何形狀或顏色都可以，只要它們在圖例中明確標示，並且用法一致。在我們工作室，我們通常會使用以下這套規則化的圖例：

圓形：表示入口和出口
箭頭：使用者的導航過程
綠色外框：理想路徑
紅色外框：替代路徑
矩形：註解
菱形：決策點

繪製完成整個流程圖後，就要檢視和審查每個操作或決策點，找出不必要的阻礙。你是否有辦法以更快或是更簡單的方式到達流程的終點？如果答案是肯定的，而且你還發現了可優化或移除的步驟，那麼現在就應該用更新後的簡化路徑來更新整個使用者流程。接著再檢查一次，而且要鍥而不捨、反覆不斷，直到你無法再移除任何內容，最終你就會得到從 A 點到 B 點的最佳路徑了。

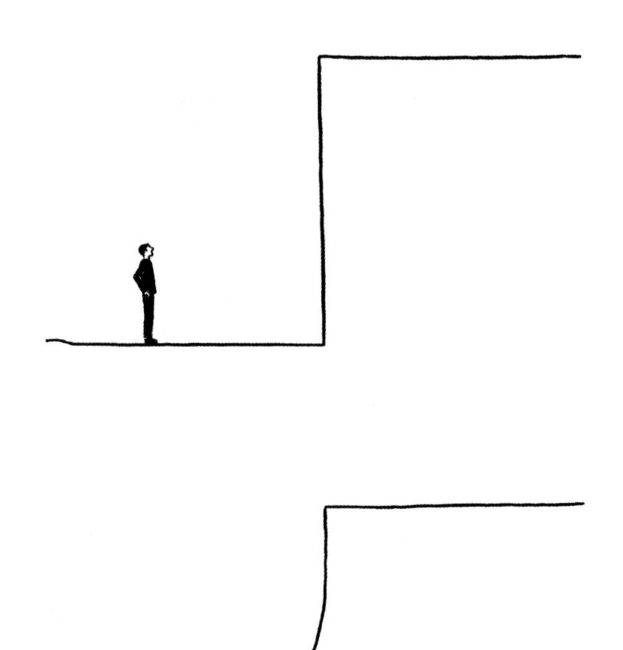

50

沒有的東西同樣重要

※
編註：「可掃描性」(Scannability) 是指使用者能用眼睛快速掃過整個頁面或介面的內容，同時迅速理解其主要訊息與結構的能力。可掃描性高的設計能幫助使用者更高效地找到所需的資訊，減少認知負擔，提升使用體驗。

在所有的創意領域，「沒有」的東西和「有」的東西其實同樣重要。在時尚界，可可．香奈兒 (Coco Chanel) 說得好：「出門前請先照照鏡子，拿掉一樣東西。」在音樂界，爵士樂傳奇歌手邁爾士．戴維斯 (Miles Davis) 的金句是：「重點不是你彈了哪些音符，而是那些你沒有彈的音符。」而在設計界，德國字體設計大師揚．奇肖爾德 (Jan Tschichold) 也說：「我們應該把留白當作一種主動的元素，而不是被動的背景。」

在設計介面時也是如此。不同的是，在 UX 的世界裡，「空隙」或是「留白」的處理，關係到我們在特定互動中，如何向使用者展示功能或內容；我更確切地說，重點是「**如何不讓使用者看到某些功能**」。比如說，這可能是在使用者專注閱讀時隱藏導覽列、把和當前任務無關的資訊摺疊起來，或是將內容分解為容易理解的小段落，這樣一來，它們只會包含表達重點所需的最少字數（請參閱**法則 11**）。

如果使用者只看到他真正需要的功能和內容，而沒有其他干擾時，產品的可用性與可掃描性 ※ 就會立即大幅提升，使用者能更快理解結構與導航路徑，更快達成他的目標和任務，且犯錯的機率更低。更重要的是，網站的跳出率也會降低、留存率會上升，人們會認為這個網站或應用程式的可信度更高。

但我們並不是單純把功能藏起來就好了。事實上，當我們決定隱藏或停用某些項目時，都必須非常謹慎，並選擇適當的方式以及視覺指引，以免讓使用者感到困惑。因此，在決定隱藏某個功能之前，我們必須先問自己以下問題：

1. 我們是否真正理解使用者在這次互動中的具體意圖？
2. 我們是否隱藏了阻礙使用者前進的關鍵內容？
3. 是否有明確的指示，告知使用者哪些內容被隱藏了？
4. 被隱藏的功能是否容易被回想起來？
5. 我們是否測試過這項互動，確保它有按照我們所想地運作著？

有時候，隱藏某個功能的價值，等同於把它顯示出來。只要能隱藏使用者不需要的功能，就能更有效地突顯他們真正需要的功能。但我們也必須確保，在隱藏那些少用的功能時，使用者還能透過容易理解的指示找到它們，而不會一不小心就讓介面變得更難用！

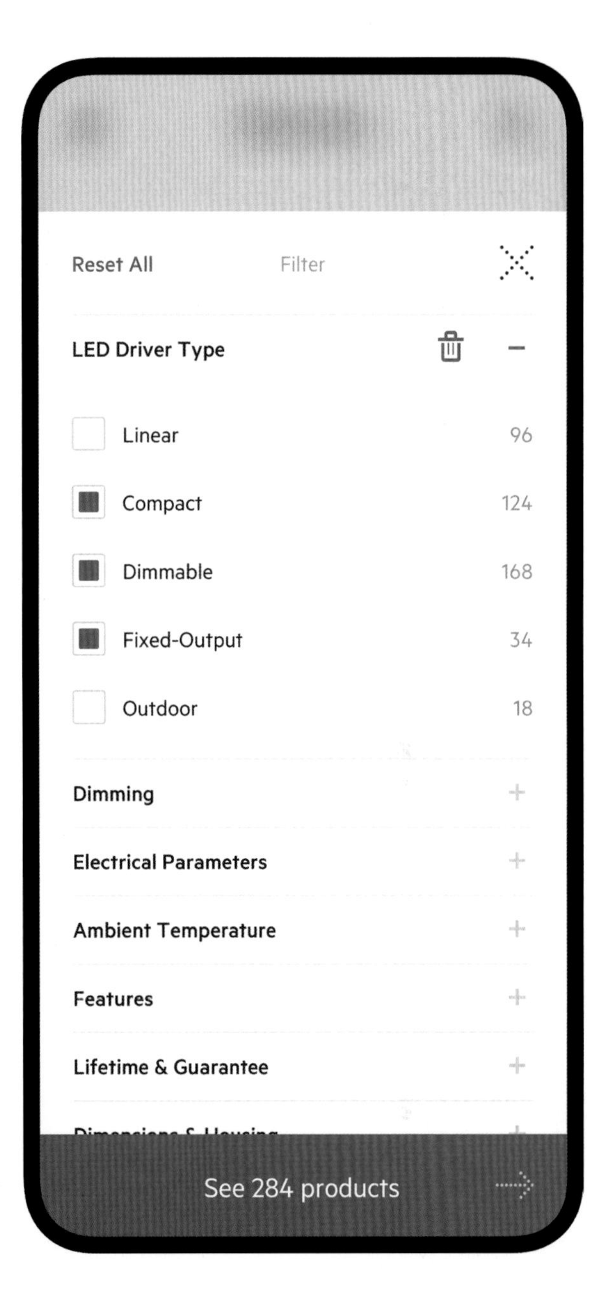

↑
這是奧地利照明製造商銳高（Tridonic）（奧德堡的姊妹公司）在行動裝置上的兩個不同狀態。左邊為預設狀態，右邊是篩選後的狀態。這個日常生活常見的物件活用了這條法則。在這個網站中，篩選器之類的功能在預設的情況下並不會出現，只有在使用者需要它們時才會出現。

51

指向裝置應符合使用情境

在人機互動 (HCI) 領域中，**指向裝置 (Pointing devices)** 是指任何能讓使用者控制介面的輸入設備。以桌上型電腦來說，通常是滑鼠；以筆記型電腦來說，則是觸控板；而在智慧型手機和平板上，則是我們的手指。不過，還有許多其他種類的指向裝置，例如觸控筆、搖桿、軌跡球，甚至 Wii 遙控器等。甚至還有些特殊的眼鏡，可以讓人們用眼睛控制電腦。

早在個人電腦革命的 1970 年代之前，美國心理學家保羅．費茨 (Paul Fitts) 在 1954 年就提出了一個描述人類運動的數學模型。他的理論指出，**目標距離越遠、目標尺寸越小，使用者點擊目標所需的時間就越長**。他證明了這項理論對各類型的人都成立，無論用身上哪個部位都成立（他甚至測試了嘴唇和腳的結果！），且在各種條件之下（甚至在水中）都有效。這個理論稱為**費茨法則 (Fitts's law)**。

這項研究首次在人機互動領域中被引用，是在電腦研究科學家斯圖爾特．卡德 (Stuart Card) 的一項研究中。他比較了不同指向裝置的效能，結果顯示滑鼠在速度和準確性方面超越了其他裝置，因此在 1973 年時，全錄公司 (Xerox) 為它的奧圖 (Alto) 電腦引進這款滑鼠。

直到今天，費茨法則 (Fitts's law) 經常被 UX 設計師用來衡量介面的速度與效率，以確保不會不必要地拖慢使用者的操作。如果物件是分散的而且太小，使用者就會花更長時間才能選取，因此確保介面效率的最佳方式，就是不論指向裝置為何，都應盡量將所有可互動的元素設計得夠大，將相關的物件放置在彼此靠近的地方，同時為物件之間提供足夠的間距。

舉例來說，如果使用者正在螢幕的某一側建立新的日曆事件，我們就不希望他們需要將滑鼠移到螢幕的另一側來點擊確認按鈕。或者，如果使用者用右手握持行動裝置，我們也不希望強迫他們千里迢迢把拇指移動到螢幕右上角，只為了發送正在螢幕下方書寫的訊息。

有意義的操作應該占用有意義的空間。在決定放置互動元素的位置之前，我們必須先考慮使用情境，並且確定適用的指向裝置（參見**法則 84**）。如此一來，我們才能確保介面不僅高效，還能真正符合使用者的操作目標和實際使用情境。

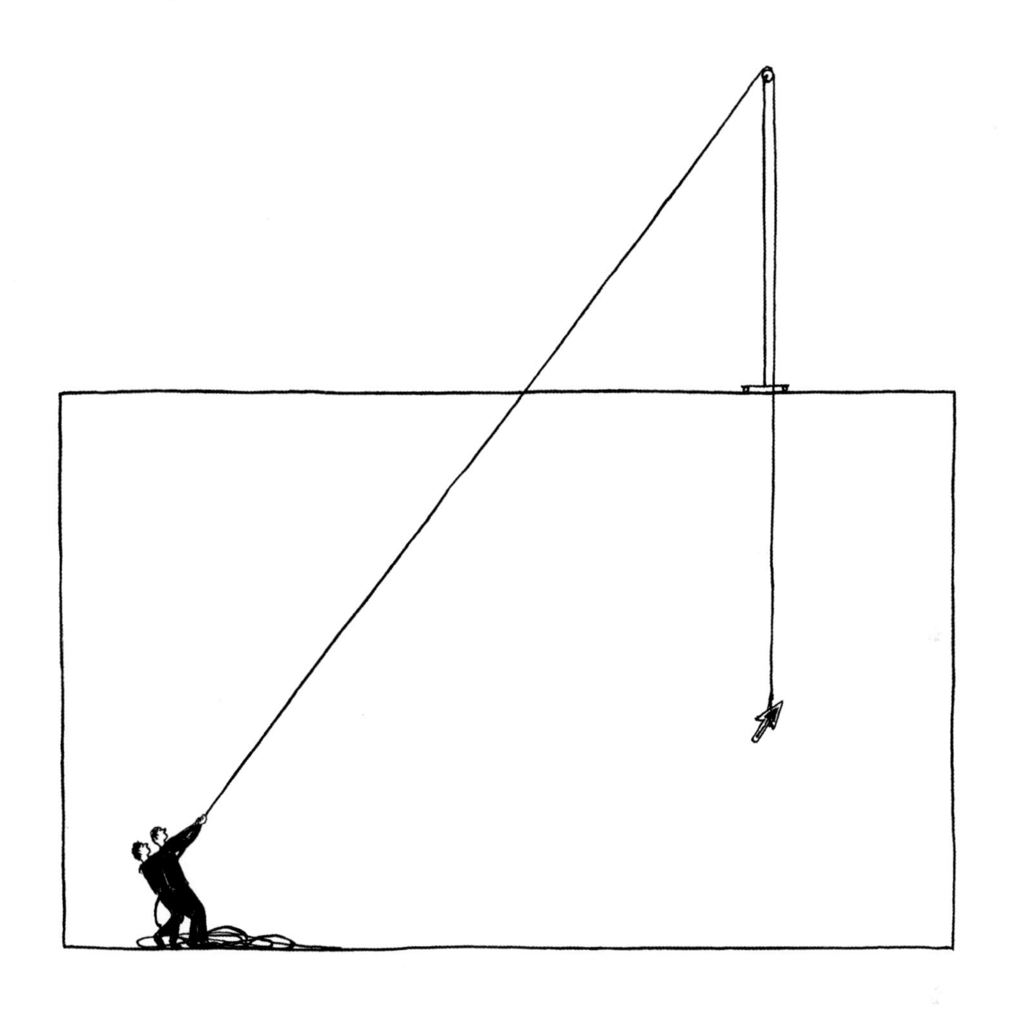

提供設計研究服
其實大部分都是
偽科學的騙局。

務的公司，
在販賣一種

52

設計無法完全客觀

1972 年，在阿姆斯特丹市立博物館的附屬建築中，荷蘭平面設計師維姆・克魯威爾 (Wim Crouwel) 和揚・範・托恩 (Jan van Toorn) 展開了一場辯論，他們爭論的是在一個設計中，究竟是客觀性還是主觀性更為有效。克魯威爾主張平面設計師應該扮演理性且客觀的服務提供者，而範・托恩則認為這種客觀性不僅不可能實現，還對社會是一種損害，因為個人的表達方式能更強而有力地傳達訊息。

平面設計界在這場辯論之後，已經接受了理性與個人表達的並存，但是在五十年後的 UX 設計領域，這場爭論還在持續。人們往往認為 UX 設計應該從客觀性出發會比較理想，而且 UX 的研究方法（例如可用性測試、人種誌研究、卡片分類法等）目標也是產出基於經驗和客觀的設計，以取代設計師的個人偏好，達成共識。這是科學。

然而事實並非如此。大多數提供設計研究服務的公司，其實都是在販賣一種偽科學的騙局。

我親眼見過某些研究最後得出具高度爭議性的結論，這些研究背後的研究方式，竟然是只向極少數人提出帶有誘導性的問題。此外我也觀察到有些設計師是自己測試自己產品的可用性，結果總是偏向正面（請參閱**法則 97**）。這些研究往往花費極高，耗時非常久，而且研究結果備受重視，被認為比直覺和基於經驗的設計決策更重要。

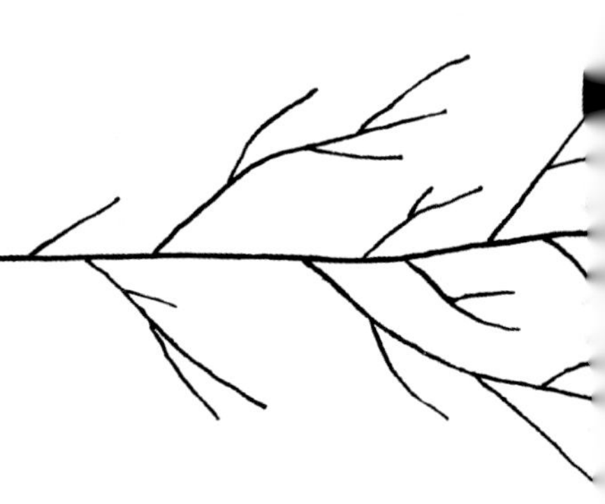

我並不是主張不要做研究——我們工作室也會做研究。但我們不能假裝這些研究具有任何科學性，或者它能產生完全客觀的設計。做研究可以讓設計有實證依據，並減少一些我們設計師自身的偏見，但它並不能提供絕對的真理（請參閱**法則 53**）。指導研究並解讀結果的人仍然是人類，因此無法完全消除人類自身的偏見。

因此，如果過分強調和重視客觀性，會限制我們的視角，會使我們變得不夠自由、不夠開放、不夠有創意，甚至不夠人性化。我非常同意範．托恩的觀點，讓我們歡迎多樣化的個人視角和獨特視角吧！傾聽自己的直覺，承認我們過去的經驗，並將我們作為人類所有的生活經歷融入設計，這是我們作為設計師最大的優勢。

53

設計的科學基礎大多站不住腳

什麼才是優秀的設計？有沒有方法可以衡量、量化、證明它是個好設計呢？有沒有辦法保證設計一定成功？簡短的回答是：有是有但其實不太行。而這種回答往往不是企業喜歡聽到的答案，大多數企業都不想在無法證明的事情上面投入大量資金。因此，為了安撫心存疑慮的反對派，同時讓自己的作品獲得批准，有些設計師就會想出黑心推銷員式的研究方法，試圖用數據來說服對方。

經濟學家海耶克（F . A . Hayek）把這種方法稱為「科學主義」，哲學家卡爾．波普爾（Karl Popper）則把它喚作「對於被廣泛誤解為科學方法的模仿行為」。只要加上一句「根據研究顯示……」，就能取信客戶，這句話是在利用企業對具體數據的極度推崇。由於研究結果通常是賣給無法正確評估研究的人，所以這是阻斷任何批評聲浪的最快方法！

那麼，我們是不是應該完全不做任何研究？不是這樣的，我們仍然需要研究。如果我們不了解終端使用者，我們就不一定知道該設計什麼東西。我們要了解終端使用者以及他們的使用環境，這樣可以幫助我們聚焦並驗證設計決策。但是，這永遠不會成為一門精確的科學，它也不會直接告訴我們該怎麼做或如何領導設計方向。

在我們工作室，要展開所有專案時，我們都會問自己、潛在使用者和利害關係人一大堆問題。老實說；因為我們會根據自己的假設和直覺，制定出有偏見的決策，所以設計研究並不是一門科學，它是一個高度主觀的探索過程。我們正在發現新事物以拓展我們的理解，這沒什麼不好。即使無法量化，也不會抹煞這項工作的價值。

設計需要客戶方和設計師方的勇氣。好的設計可能是由才華洋溢、富有同理心的設計師，投入一場付出和結果不成正比、需要直覺且無法複製（甚至可以說是「神奇的」）的過程而誕生的，要接受這點非常需要勇氣（請參閱**法則 52**）。身為設計師，當我們對某些事物有強烈直覺且充滿信心，與其躲在「根據研究……」的話術背後，不如學會清楚地表達並辯護自己的觀點，這對專案的成功會更有幫助。

身為設計師，我們必須更誠實地揭露事實：**優秀的設計背後都有其複雜性、創造性以及不確定性**。如果我們要對客戶假裝優秀設計是一種可以量化的硬科學——那就代表每個擁有相同數據的人都可以重現和複製這個設計——這實際上抹煞了設計師的角色，以及我們打造出優秀設計的過程中所付出的心血。

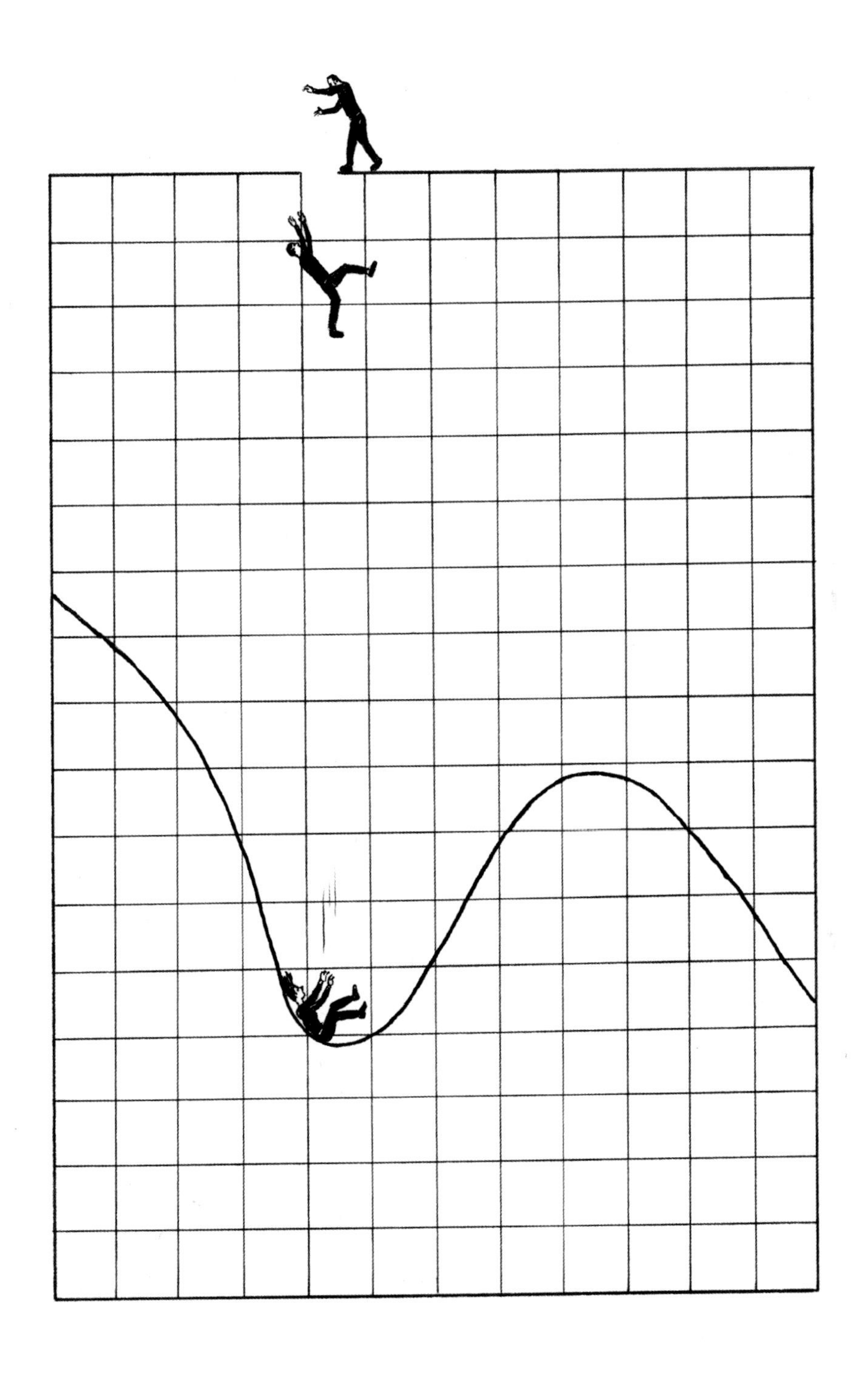

54

只做適量的研究

面對每個專案時，你是否了解需要做多少研究以及應該何時去做？實際上它取決於專案的性質。一個極端的做法是完全不做任何研究這種想法萬萬行不通，因為你可能根本無法確定要解決什麼問題；而另一個極端做法是對每一種顏色、語句、圖片以及設計決策全都進行可用性測試，這會耗費無數時間，而且當你把每個項目都拿去做測試，就沒有空間來發展直覺的設計決策。

我在寫這本書的同時，還在泰國曼谷教書，指導碩士生互動設計。在這個課程中，我把全班分成幾個小組，並提供完全相同的簡報給每個小組，目標是讓學生學習透過適量的研究來提出解決方案。

我要求他們構思一款原創的 iOS app，這個 app 的目標是讓來泰國的背包客旅行更方便。設計簡報中指出，該 app 應該要能解決一個具體的痛點，而且不會影響使用者的旅行體驗。目標受眾是介於 18 到 24 歲之間的背包客，他可能是單獨旅行，也可能會找朋友揪團；每日預算低於 25 美元，旅程時間為兩個月或更長。

在開始之前，學生們會拿到以下這份痛點清單，我要求他們在稍後與潛在的終端使用者交談時，必須針對這些痛點來做驗證和補充：

1. 如果要自己一個人旅遊，覺得費用可能會太高。
2. 缺乏簡單的方法能找到安全、健康而且便宜的餐飲選擇。
3. 與朋友一起旅行時，很難讓所有人對要做的事取得共識。
4. 很難跟泰國當地人接觸。
5. 很難去探索人跡罕至的路線。

本章的以下幾個單元，都會圍繞著這個泰國旅遊 app 的實例，說明在一個數位專案中，我們會去做哪些適量的研究。以我學生為例，當他們收到這份設計簡報，問題也得到解答之後，接下來的第一個練習就是查看向他們發送簡報的公司目前的生態系統，包括現有的產品、服務、流程、資源、以及與使用者或與市場互動的關係（請參閱**法則 55**）。

55

繪製
生態系統地圖

數位產品可以單獨存在，但它們通常是更大的生態系統中的一環。在我的學生開發的背包客 app（請參閱**法則 54**）中，我們假設客戶的生態系統還包括了實體導覽書和地圖、網站、各種社群媒體頻道、一款常用泰語短句的 app，以及一個行程規劃 app。

首先分析公司現有的所有產品以及它們之間的關聯，這點非常重要。如此一來，我們就可以深入了解這些事：

- 如何充分利用新的和現有的資源？
- 是否在所有產品之間有一致的策略？
- 當新產品加入時，生態系統的哪個部分會受到影響？

人們會使用不同的產品來實現不同的目標。我們可藉此觀察在這個生態系統中，使用者會用自己的行動裝置去看哪些產品？他們什麼時候會轉向社群媒體？他們會用網站做什麼？實體產品或生態系統中的其他 app 呢？它們何時發揮作用？

繪製生態系統地圖的最大優點是，它可以用俯瞰的視角來展示所有事物如何相互關聯。對客戶來說，它就像是一面鏡子，反映出客戶的整體產品策略（或者說，缺乏整體策略）。在我們設計師提出建議之前，理解這些元素如何整合是非常重要的，否則我們可能會重複已有的功能，更糟的是，可能會削弱生態系統中現有的重要產品。

分析客戶的生態系統並繪製成地圖，是研究時很好的起點，因為它涵蓋了客戶數位策略的全貌。當我們以後需要做競爭者分析、確定使用者人物誌、確定每個功能的優先順序，甚至需要更清楚詳細地描繪使用者旅程時，都可以隨時回過頭來檢視這張生態系統地圖。

在我們深入理解客戶的生態系統之後，下一步就是查看客戶能提供的現有數據、統計資訊或是分析資料（請參閱**法則 56**），以進一步加深我們的理解。

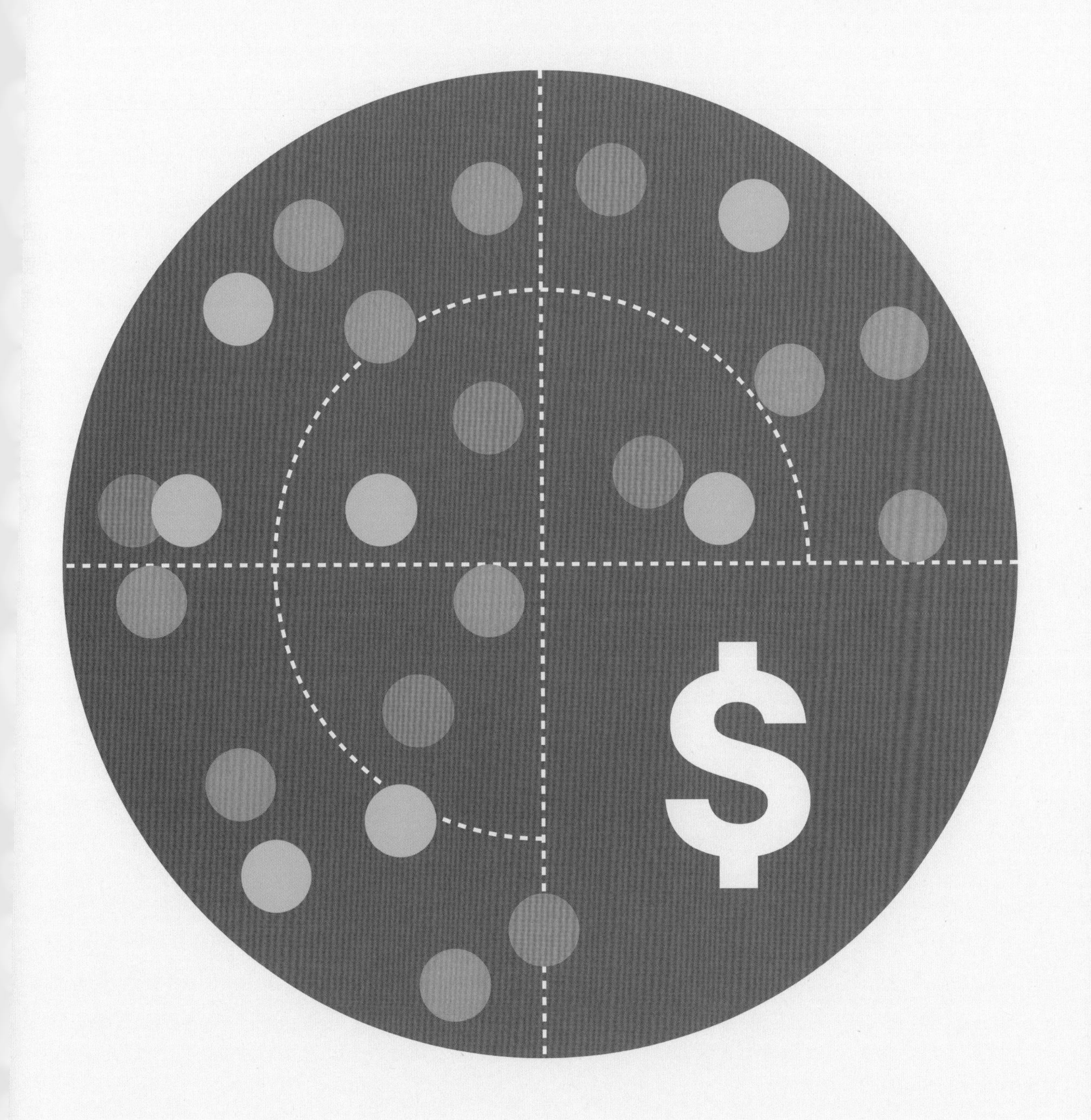

56

分析
現有數據

在生態系統地圖（請參閱**法則 55**）繪製完成後，接下來便是檢視現有的數據，並與客戶的行銷部門——那些行銷專家們——建立合作關係。並非所有公司都會擁有可靠的數據，因為要獲得可靠的數據，通常需要讓穩定的產品在市場上運行至少數年。比方說，剛剛推出第一款產品的初創公司，他們可能沒有額外的資金能燒那麼多錢去做使用者行為分析，也可能因為使用者基數不足而無法深入分析。

如果我們運氣夠好，客戶的行銷部門可能已經有妥善記錄每個產品的數據可供參考。他們能告訴我們，過去做過哪些事客戶覺得有效，哪些事效果不好，以及他們計畫如何實現業務目標。如果不幸客戶給的資料無法使用，可能來源混亂、不完整或是根本不存在，變成這種局面也不是世界末日。我們可以靠自己研究來彌補這些不足。

我們會需要哪些數據？我們通常會要求客戶提供「一切相關資訊」並建立一個線上資料庫，讓客戶將所有可用資訊或報告匯入資料庫。這些資訊中可能會包含：轉化率、參與度、使用者在產品中停留的時間、功能使用率、淨推薦值（Net Promoter Score, NPS）、過往的行銷活動成果、網站流量、新用戶與回訪用戶的比例、品牌知名度、搜尋引擎最佳化（SEO）、Google Analytics 數據、數位行銷計畫、裝置使用情況、單次獲取成本（cost per acquisition, CPA）、投資報酬率（ROI）……等。

雖然我並沒有自稱是行銷專家，而且其中大部分內容跟我們的專案並沒有太大關係，但至少了解行銷方面動態也十分重要。這並不是因為我們需要去優化行銷部門的指標，而是因為這些報告和數據能幫助我們刻劃出更全面的客戶和使用者行為。

除了閱讀所有的報告之外，我還會做一些線上調查，透過生態系統地圖，我會檢視每個產品的評論和使用者的意見。通常，這個部分是最常讓我獲得「靈光一閃」、「頓悟」的地方。光是花一小時瀏覽幾條評論，往往就能發現許多很有價值的見解。

這個階段要注意的是，數據本身其實並沒有太大意義。重點並不是收集越多數據越好，也不是要將數據當作「不可違背的真理」並據此制定所有未來決策。數據的真正價值，是為了幫助我們在進行任何使用者研究之前，從整體層面上理解使用者需求。

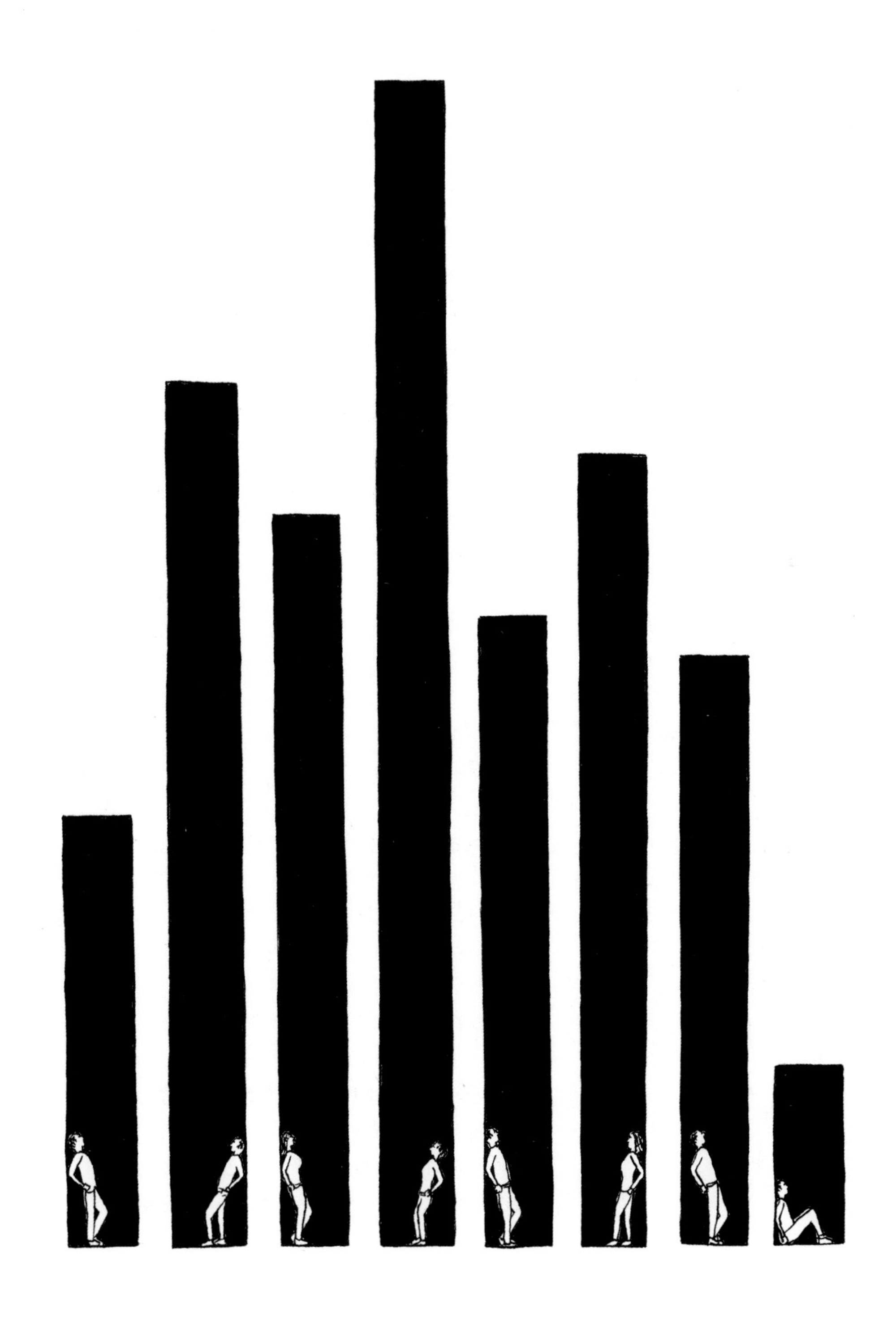

57

並非所有事情都可以量化

威廉・布魯斯・卡梅倫（William Bruce Cameron）在他 1963 年的著作《非正式社會學：社會學思維的隨性導論》中寫道：「如果社會學家所需的數據都能被量化，那就太好了！那樣我們就可以像經濟學家一樣，用 IBM 機器處理數據並繪製成圖表。然而，並非所有能被量化的事情都重要，也並非所有重要的事情都能被量化。」

在進行使用者研究時，有兩種主要的方法，第一種方法是無法量化的**質性研究（Qualitative Research）**，例如通過民族誌研究和訪談來觀察行為；另一種則是可以量化的**量化研究（Quantitative Research）**，例如問卷調查、A/B 測試和投票。在 UX 領域中，要向我們講述故事的是人類而非數字，因此質性研究更為重要。讓我們從這裡開始說起。

前面提到我請學生設計一款能幫助背包客在泰國旅行的 app（參閱**法則 54**），以這個專案為例，他們需要「走進現場」，觀察背包客的真實行為，與背包客互動，並融入他們所處的環境中，進行訪談。這種方法可以讓學生了解背包客的實際需求和痛點，而不會僅止於假設或遠離現實的想像。

首先，我的學生們必須在曼谷背包客集中地的考山路（Khao San Road，又稱為曼谷背包客天堂）找到一個地方進行觀察，地點可能是在旅館裡、繁忙的街角，或是在咖啡館裡。他們必須攜帶紙筆，隨時寫下自己觀察到的內容，例如：

「所有的行李好像都被隨意堆在旁邊。是不是因為沒有地方放？這樣安全嗎？這樣方便嗎？」
「人們似乎花更多時間社交，而沒有花太多時間在電子設備上。」
「街上唯一的資訊亭前面排了很長的隊。」

這種民族誌研究※源於人類學，如今已被 UX 設計師應用於使用者研究和產品開發的領域。就像大多數 UX 研究的具體成果，執行研究的方法沒有對錯之分，只要我們能透過分析使用者在真實生活環境中的行為來理解他們，那就是對的方法。

當我的學生在觀察中發現了痛點，他們就要設計訪談問題（必須是開放式的問題，讓受訪者自由回答）。先找到適合的訪談對象（盡量選擇看起來不忙的人），並尋覓合適的訪談地點（可讓受訪者坐下、安靜且方便溝通的地方）。每次訪談大約進行 30 分鐘，由一名學生負責提問，另一名負責記錄。

做完大約 15 次使用者訪談後，學生必須確認背包客的需求、習慣和態度，總結與記錄他們的發現，並且提出假設。接下來，他們必須決定自己想要透過量化研究來驗證哪些內容（請參閱**法則 58**）。

※
編註：「民族誌」（ethnographic research）又稱為人種誌、種族誌，是種以觀察和記錄人們在日常生活中的行為、互動和文化背景為主的研究方法。這種方法起源於人類學，最初是用於研究不同文化和社會中的人類行為和習俗，後來慢慢被廣泛應用於使用者研究和產品開發領域。

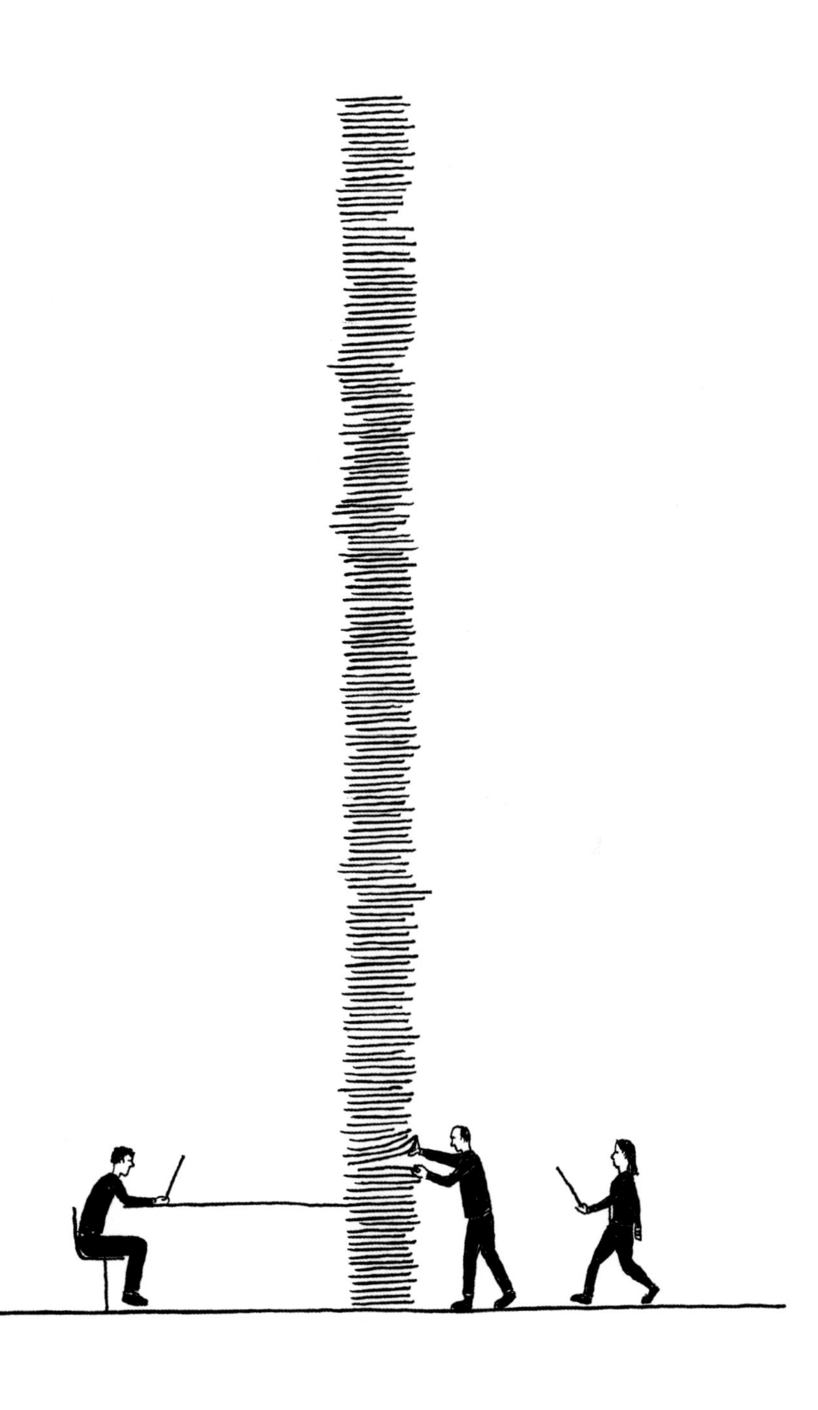

58

為統計的普遍性進行測試

量化研究通常是在已有設計或產品的情況下進行的，目的是測試其可用性。例如，A/B 測試可以用來比較不同設計佈局，看看哪一種表現更好；或者，我們可以透過量化的方法，來了解有多少比例的參與者能成功找到網站上的某個資訊，以及有多少比例無法找到。在這兩個例子中，目標都是提高現有產品或設計的可用性。

量化研究可在專案的早期階段進行，甚至在開始設計前，或是產品存在之前就可以做。量化研究可以用來驗證或推翻在質性研究階段（請參閱**法則 57**）所收集到的見解、檢驗假設，或是透過產生可轉化為統計數據的數值來找到機會。

在專案的早期進行量化研究時，通常會邀請 25 到 100 名符合目標族群的參與者來參與調查或是投票。這是因為如果人數少於 25 人，會導致結果缺乏統計上的意義；而如果人數多於 100 人，執行時可能會耗費太多時間和資金。在調查或投票期間，會向參與者提出一些具體問題，目的是釐清在使用者訪談中出現過的某些關鍵主題。

我們再回來看我請學生做的 app 案例吧（請參閱**法則 54**）。在專案的這個階段，他們已經藉由觀察和使用者訪談，把背包客的需求、習慣和態度都弄清楚了，接下來則是要找到 50 名背包客參與調查來測試他們的發現或假設是否具有統計上的普遍性。

為了獲得量化數據，調查問題必須採用封閉式的選擇題答案。例如：「在選擇青年旅館時，安全性有多重要？」（高 / 中 / 低 / 不考慮）、「認識其他旅客對你有多重要？」（高 / 中 / 低 / 不考慮）。當所有的參與者都完成調查之後，學生可以統計所有的答案，看看這些統計數據是否與他們從使用者訪談中收集到的見解吻合，或者根本不同，揭示出不同的故事。

量化研究的核心在於收集數據、正確分析和有效呈現結果。它可以幫我們區分合理與可疑的結論，提供深入的理解，並說服那些習慣用證據確鑿的數據做決策的業務利益相關者。然而，最重要的是，永遠不要把數據當作鐵則，而只能將它當作視支持我們設計決策的工具。讓人拍案叫絕的精彩設計絕對不是來自數據，而是來自我們設計師的直覺！

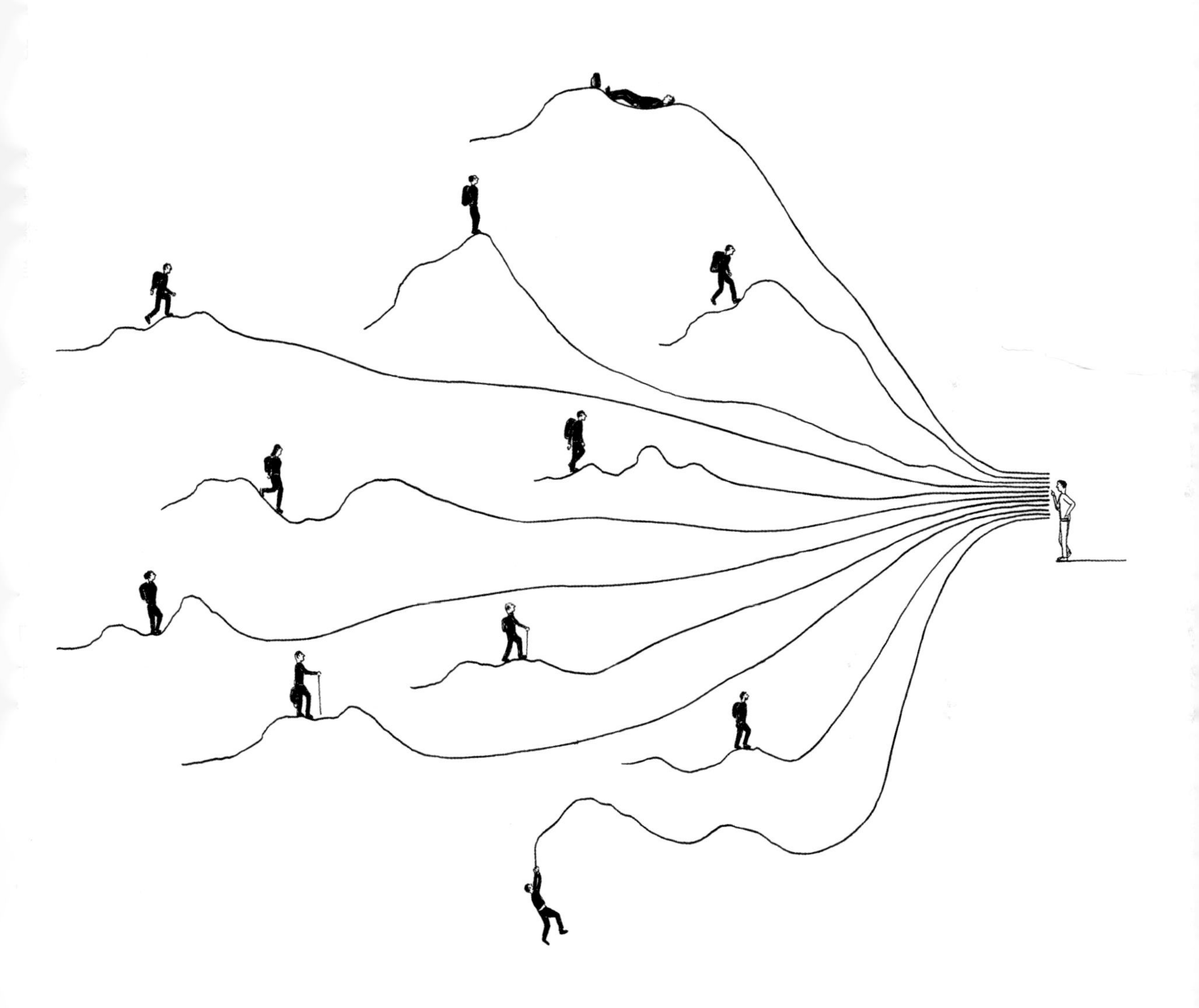

59

不要將人物誌建立在假設上

※
編註：Archetype（原型）和 Persona（人物誌）都是用來幫助理解和推估目標使用者的工具，但它們有不同的側重點和應用方式。原型是個抽象的概念，用來描述一個使用者群體的共同特徵或行為模式。人物誌則是基於實際研究和數據而創的虛構人物，會詳細描述某一位使用者的生活、需求、行為模式和目標，可幫助設計團隊聚焦於某一類使用者的需求與痛點。

「18 歲的夏麗 (Charlie) 正要開始人生首次長達一個月的背包旅行她和兩位來自阿姆斯特丹的閨蜜要一起去泰國玩。她想盡可能多多體驗旅途中各種景點和活動，但**她不是那種會做計畫的人**，通常是朋友想做什麼，她就做什麼。不過，**她非常討厭浪費時間**，因為她通常會比朋友們更早起，因此她希望早上能**獨自去做一些事情**。」

這是一段虛構的描述，我們稱為 **Archetype（原型）**或 **Persona（人物誌）**※，它是以先前完成的研究和真實數據為基礎而建立的。這個原型或人物誌，代表了更多真實人群的需求、目標、行為模式痛點和態度。如果描述得正確，可以協助我們制定出高品質的設計決策，並幫助團隊去思考特定人物會發生的可能情景。比方說：「在已知的情境下，與人物 X 有關時，夏麗會如何進行體驗、提出反應和展開行動？」

上述對使用者做行為概述 (behavior snapshots, 又譯為行為快照) 的方式，首次出現是在 1990 年代的軟體開發界，直到阿蘭・庫珀 (Alan Cooper) 於 1999 年出版的《囚犯正在管理精神病院》(The Inmates Are Running the Asylum) 一書中，才正式定義「人物誌」這個術語及其背後的方法論。從那之後，每個人（真的，每個人喔）突然都開始建立人物誌了，不過問題也跟著來了，因為並非每個人都知道該怎麼做人物誌。

在我的職業生涯中，看過不少令人尷尬的人物誌，這些人物誌純粹是根據猜測或非常淺薄的研究而建立的，裡面充滿了許多無關緊要的資訊，比如他們的興趣愛好、喜歡的電影、愛吃的食物以及感情狀況。誰會在乎這些？這又不是什麼創意寫作練習！每次被迫讀完一份長達 1,500 字的冗長傳記，卻發現與實際產品完全不相干時，我都會忍不住翻白眼。

另一方面，如果這份人物誌是根據民族誌觀察、使用者訪談、調查、投票、行銷數據和使用數據時，就能揭露出以前鮮為人知的痛點、目標、需求、行為模式，並了解使用者對產品的態度。人物誌能讓枯燥的研究變得生動，讓那些習慣把顧客當作數字的客戶也能更加理解那些會使用他們產品的真實人類（請參閱**法則 1**）。

在最好的情況下，人物誌是 UX 團隊的一種探索工具，也是種提醒其他產品開發人員的好方法，讓他們了解我們所做的一切都是為了真實的人。然而，我們必須始終記住，人物誌的目的是為設計決策提供參考，而不是要主導決策。人物誌能幫助我們指引正確方向，但它們無法告訴我們如何引導使用者。

60

研究你的競爭對手

無論我們提出什麼產品或想法，都很可能已有人做過類似的東西。除非它稀奇古怪到了極點，否則我們幾乎不太可能創造出史上完全沒有類似產品或概念的事物。如果想讓自己的產品優於其他競品第一步就是仔細審視競爭環境。

首先，我們需要弄清楚自己要比較的重點是什麼。重點是可用性嗎？整體的使用者體驗是什麼？或是特定功能？無論是哪一點，都要先訂定主要的比較標準，確定是「同類比較」，也就是把兩個很相似的東西拿來做比較，才能真正了解我們的產品跟競品的差異。

我建議選擇四到七個競品來做比較——其實並沒有規定要多少數量才可以掛保證，重點是競品數量不要太少而使結果太過偏頗，同時也不要找太多競品而讓數據變得太過龐大雜亂。

我們再回到我學生做的 app 範例（參見**法則 54**）。假設他們在開發一個 app，可讓背包客輕鬆地規劃他們想從事的團體活動。在這種情況下，他們應該先找出旅遊領域中所有直接競爭者（專門為團體旅遊做規劃的 app），同時也要研究間接競爭者（例如那些可以用來幫同行旅客分攤帳單的 app），因為這些也與群體決策有關。

在確定評估標準以及直接和間接的競爭對手後，就可以評估各競品的獨特之處、這個產業的標準、所有競爭對手的共同點，以及他們在哪些方面可能有創新的空間。透過這個練習，我們可以了解如何取得競爭優勢，並製作出更勝一籌的產品。

然而，所有數據的價值其實都是取決於分析數據的人。如果 UX 團隊過度專注於研究競爭對手，就可能不小心做出只是稍微優於對手但並不真正創新的產品（請參閱**法則 41**）。競爭分析可以讓我們了解該如何做才能趕上競爭對手，但無法告訴我們如何創新與領先。這種需要發揮創意的時候，設計師的直覺就能派上用場了。

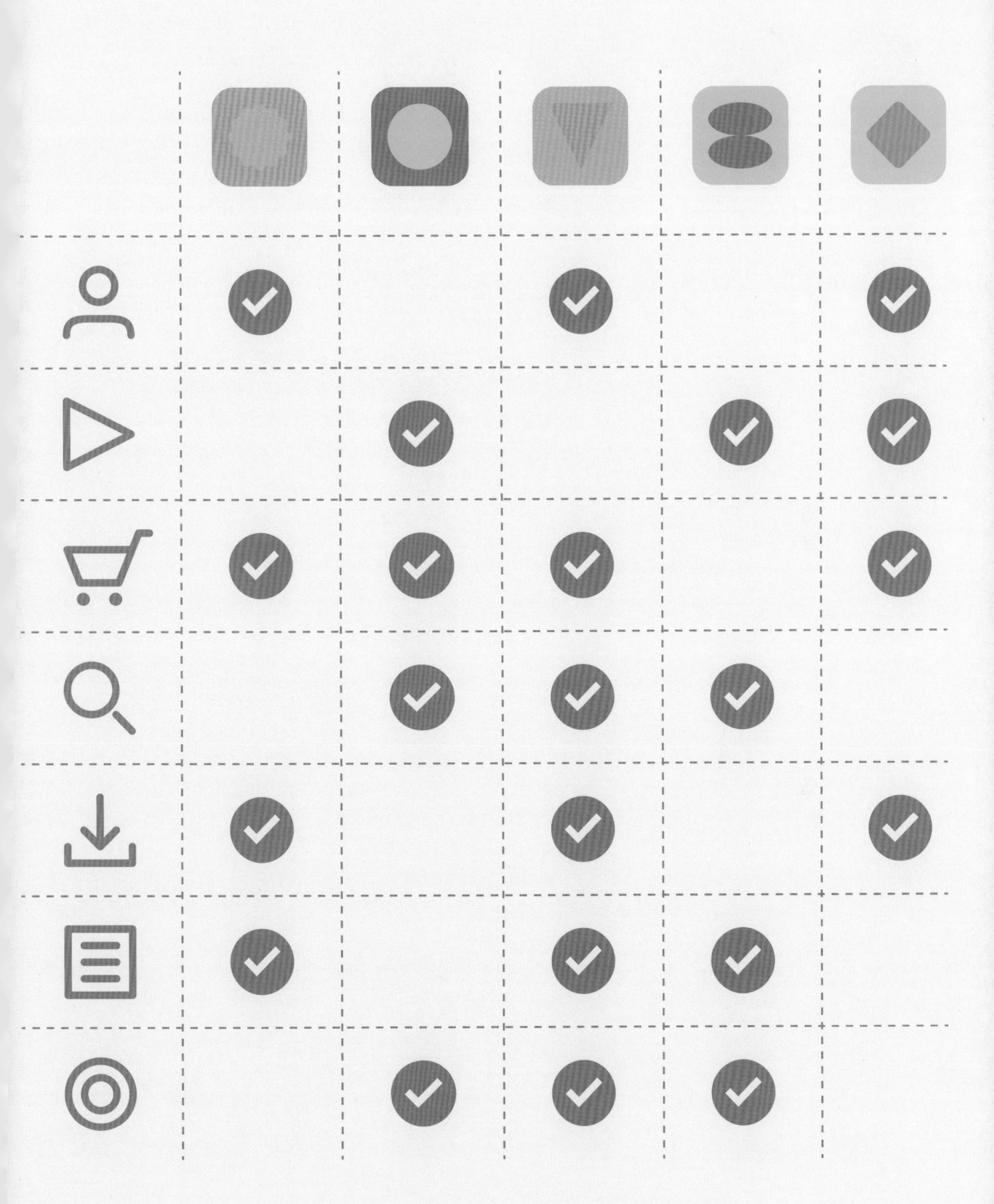

61

爛產品也有值得學習之處

即使某個產品很難用，甚至把你氣炸了，其中應該有值得我們學習的地方。如果把這點應用到競品研究上，我們可以再深入一步，對整個流程做**「啟發式分析」(heuristic analysis)**，或許會有幫助。(Heuristic 一詞源自古希臘語，意思是「發現」；啟發式分析是使用規則或有根據的推測，憑藉直覺判斷來為特定問題尋找解決方案。)

啟發式評估 (Heuristic evaluation) 和可用性評估並不同。可用性評估會測試該設計對目標族群中的各種人來說是否友善，而啟發式評估則是由一位（或多位）UX 設計師對整個流程的可用性進行評估，通常會在設計之前進行。

每當我在進行啟發式評估時，我會先記錄我是使用哪一種設備或是瀏覽器來評估（因為不同裝置或瀏覽器呈現資訊的方式可能不同），以及我想要完成的任務（例如退貨、叫車服務或兌換積分）。接下來，我就會進入競爭對手的 app 或網站，並嘗試完成我的任務。

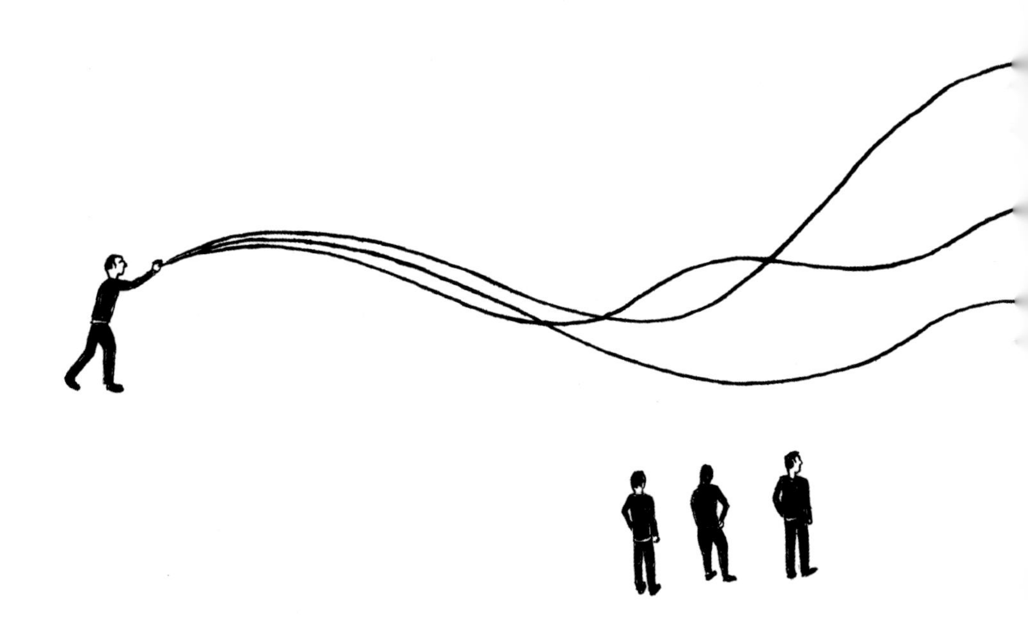

在啟發式評估中，我只會特別關注那些無法運作、令人煩躁、耗時太久、干擾我操作、讓我一頭霧水或阻止我繼續操作的地方。如果它運作得很順暢，那我就不會太留意；如果遇到可用性失誤，我會截圖下來，並且把那張截圖放進我的 Keynote 簡報中，並根據下列標準為每個可用性問題評分：

- 只是視覺設計問題（例如：按鈕看起來不像是可以點擊的物件）
- 輕微的可用性問題（例如：按鈕沒有放在最合理的位置）
- 嚴重的可用性問題（例如：有太多不同的按鈕而且標示不清楚）
- 可用性災難（例如：無法從錯誤狀態中復原）

完成評估後，我可能會繼續分析下一個我想學習的任務，或是轉向下一個競爭者，以比較他們在相同任務下的表現。雖然我通常不會與其他團隊成員或客戶分享最終的結果，但我會確保將所有內容都記錄下來並存檔，以便日後查閱。

像這樣去體驗和檢視競爭對手的流程，是一種快速而簡單的方法，可以避免我們自己的設計中出現類似的摩擦點或可用性問題。解析競爭對手究竟在哪些地方表現不佳，我們就能設計出更優秀的流程或體驗（請參閱**法則 60**）。至少我們不會再重蹈別人的覆轍。

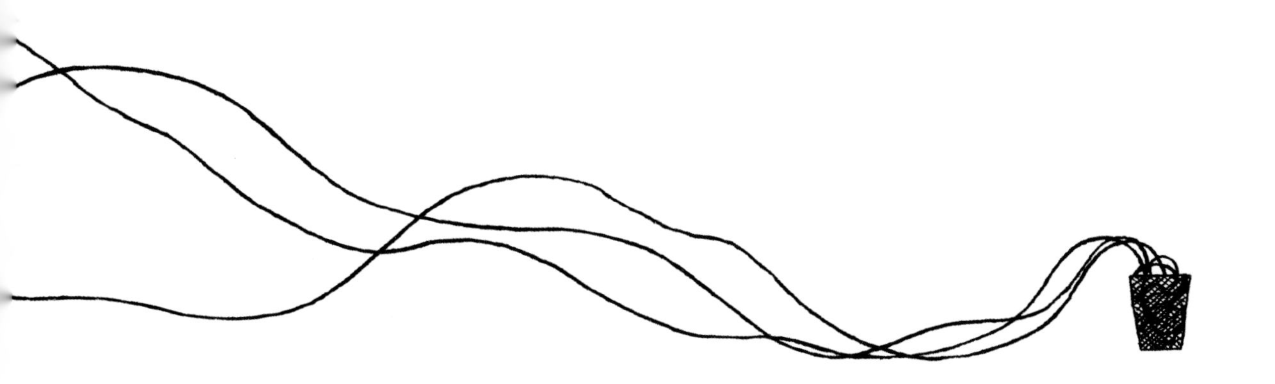

62

讓設計符合使用者的期望

1943 年時，蘇格蘭心理學家肯尼斯．克雷克（Kenneth Craik）指出，在人的腦海中，存在一個關於世界如何運作的小規模的模型用來預測事件並對其成因進行解釋。這些**「心理模型」（mental models）**是根據個人的生活經驗、感知以及對世界的理解而建構的能幫助我們過濾並儲存新資訊，並據此預測未來類似的情境。這種對現實的認知，對 UX（使用者體驗）和 HCI（人機互動）領域來說都很重要。

為什麼「心理模型」對 UX 和 HCI 領域很重要？因為人們會套用現有的心理模型去跟介面互動。而且這些心理模型不僅基於人們在現實世界中的過往經驗，也來自人們與每一種數位介面互動時所累積的經驗。因此，如果想創造一個令人們感覺流暢自然的體驗，就必須先了解使用者在體驗過程中可能會如何認知、分類，以及可能如何對周遭的實體與數位世界作出反應。

我們在為紐約大都會藝術博物館（Met Museum）設計網站時，想要了解很多事，包括人們如何對藝術品分類，以及人們面對博物館在同一時間內舉辦的多種活動時會如何分類。我們想要確保我們設計的系統（尤其是主選單／全區導覽系統）能符合人們既有的認知架構和先入為主的概念與預期，而不是強迫使用者去學習新的分類方式。

但是，要了解人們的心理模型並不容易。因為我們設計師通常不是預期的目標客群，我們不能根據自己的心理模型擅自做決策。此外，我們也不能簡單地光憑詢問使用者就以為了解他們內心的世界觀。因為根據阿吉里斯（Argyris）和肖恩（Schön）1974 年發表的《行動理論》（theories of action）研究指出，人們所說的與他們實際上的行為可能並不相同。

想要揭露人們的心理模型，可以運用各種 UX 研究工具，這些工具能幫助你發掘人們如何建構他們對周遭真實世界與數位世界的理解。其中我最喜歡的方法就是**「卡片分類法」（Card Sorting）**（請參閱**法則 63**），這是最快速而且最簡單的方法。

63

發現共識與模糊地帶

卡片分類法（Card Sort）是一種研究方法，可以幫助我們揭露人們既有的心理模型，以便協助設計或評估網站的資訊架構。卡片分類是指製作一組卡片，每張卡片代表一個概念或項目，然後請參與者以對他們來說合理、有意義的方式將卡片分組。

在開始進行卡片分類之前，我們必須先訂定計劃：要找多少人參與？我們要做一對一的個別測試，還是小組測試？地點在哪裡？我們想從這個研究中學到什麼？

我們幫大都會博物館設計網站時，他們正在全面檢討現有資訊架構，因此我們的目標是了解人們如何對在博物館內任何特定時間發生的任何事情進行分類（請參閱**法則 62**）。為了取得不同心理模型的各種樣本，我們總共招募了 25 位受試者，包括獨自造訪博物館的訪客與團體訪客，涵蓋不同年齡層與能力範圍。

我們將關於博物館的 85 個主題分別寫在索引卡片上，並要求參與者將所有卡片分類、組織成對他們來說有意義的群組。如果有些群組的卡片過多或過少，我們會鼓勵他們細分成更小群組或合併成更大群組。完成後，他們會拿到一支麥克筆和一張空白索引卡，為他們的分組命名。

在整個練習過程中，我們提醒他們大聲分享自己的思考過程，這樣一來，我們就能了解他們對自己的決定是否有信心。同時我們也能聽到他們如何稱呼這些事物、分享哪些群組難以形成，或哪些主題不容易歸類。

完成所有的卡片分類作業後，我們將所有分類結果放入試算表中，並且特別標示出共識（多數人都有建立的標籤與群組）與模糊地帶（不同人將同一張卡片放入不同群組的情況）。接著，我們就能利用這些洞察，為博物館設計出全新的導覽系統。

透過觀察和聆聽人們如何組織資訊，我們才能跳脫自身的心理模型去思考。這也有助於我們理解使用者對系統應該如何運作的期待。卡片分類法不需要投入太多精力，但如果操作得當，我們就能透過這項行為概述來設計出一個不僅符合使用者預期，甚至還可能超出他們期望的導覽系統。

→
右頁是大都會藝術博物館使用者介面導覽系統的主要畫面。它是以資訊架構為基礎，該資訊架構的基礎是我們在博物館內找來實際訪客進行卡片分類作業之後所得到的洞察。

ENGLISH
MYMET LOGIN
SEARCH
THE MET
Visit
Exhibitions
Events
Art
Learn
Give & Join
Shop
New Exhibition
KONGO
POWER& MAJESTY
The Met Fifth Avenue
Nearly two million works of art spanning more than 5,000 years all in one place.
Open Today 10AM - 5:30PM
The Met Breuer
Explore the Met's unparalleled art collection of the 20th and 21st centuries.
Open Today 10AM - 5:15PM
The Met Cloisters
An extensive collection of art, architecture and artifacts from Medieval Europe.
Open Today 10AM - 5:00PM

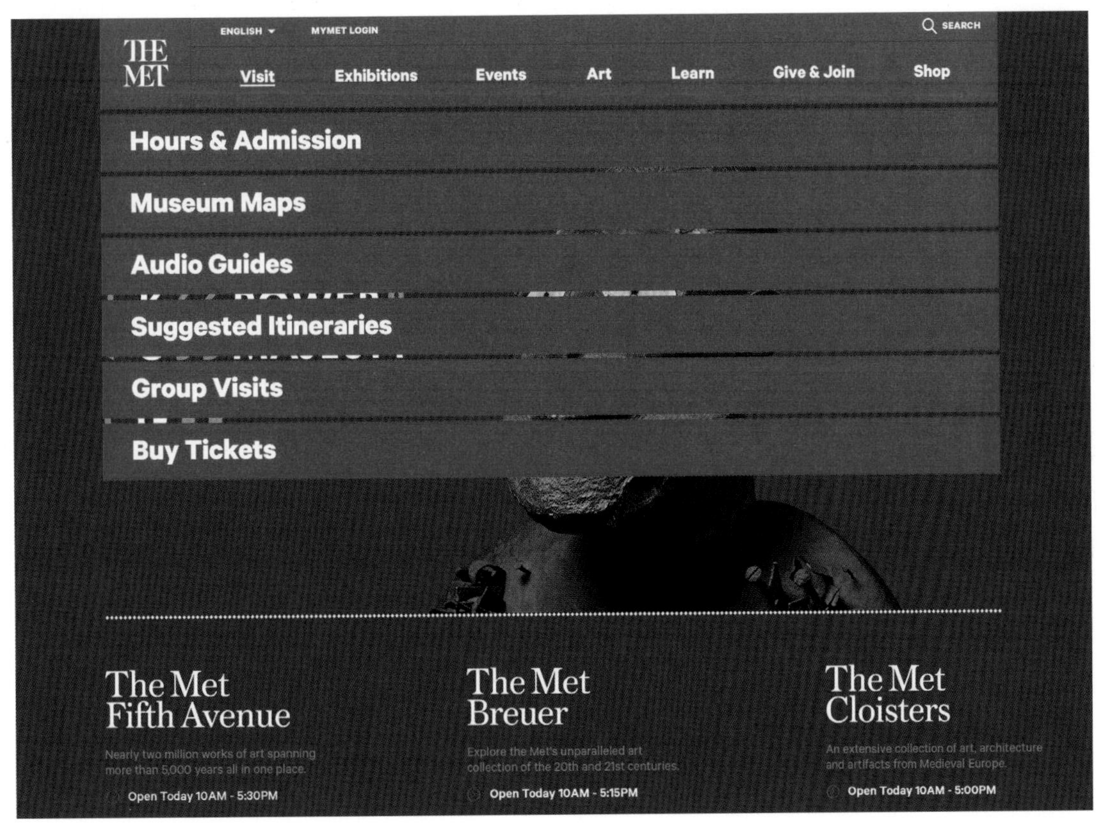
ENGLISH
MYMET LOGIN
SEARCH
THE MET
Visit
Exhibitions
Events
Art
Learn
Give & Join
Shop
Hours & Admission
Museum Maps
Audio Guides
Suggested Itineraries
Group Visits
Buy Tickets
The Met Fifth Avenue
Nearly two million works of art spanning more than 5,000 years all in one place.
Open Today 10AM - 5:30PM
The Met Breuer
Explore the Met's unparalleled art collection of the 20th and 21st centuries.
Open Today 10AM - 5:15PM
The Met Cloisters
An extensive collection of art, architecture and artifacts from Medieval Europe.
Open Today 10AM - 5:00PM

品牌形象再好，
也會被糟糕的體
不恰當的使用者
會讓人轉頭就走

臉瓦解；
個面
！

64

腦力激盪要有效率

廣告業主管亞歷克斯・奧斯本（Alex Osborn）在他 1948 年出版的著作《你的創造力》（Your Creative Power）一書中，重新定義了**「腦力激盪／頭腦風暴（brainstorming）」**這個名詞。在此之前「brainstorming」這個字原本的意思是指「突然的精神干擾」。他們當時甚至差點要將這種方法稱為「thoughtshowering（浴中哲思／思緒清洗）」！顯然他們放棄了，可能是因為他們發覺到，「讓我們大家去會議室裡『清洗思緒』吧！」聽起來好像是要清洗自己汙穢的思想，而不像是能在短時間內集思廣益產出許多好點子的方法。

自從《你的創造力》出版後，腦力激盪／頭腦風暴這個方法便風靡了全球（此風非彼風，不是雙關語），甚至在廣告業之外也大受歡迎。每個行業和組織都想透過腦力激盪來產生創意，無論是政治策略、援助計畫或新商業點子的產生，如今都從腦力激盪開始。

然而，任何曾經參加過冗長、低產出的腦力激盪會議的人都知道，這可能只是在浪費時間。因為讓一群毫無準備的人花上好幾天時間一起「激盪」，其實毫無進展。雖然最後牆上可能貼滿便利貼（因為「每個點子都可能是好點子」），但我們其實沒有提出任何解決方案。

如何讓腦力激盪更有效率呢？我們只需要三樣東西：一小時的獨立思考時間、一小時的團體思考時間，以及一本素描本，就這麼簡單。

在我們工作室，每當開始一個專案時，安東和我會先單獨閱讀專案簡報。我會嘗試先提出一個初步的問題陳述，並以此為思考的基礎（請參閱**法則 41**），我們兩人也會在跟對方討論解決方案前，先各自想出一些點子。這樣做的原因是，在進行腦力激盪之前，最好至少準備好一些想法。

接下來，我們用一小時的時間，一邊畫草圖，同時在彼此的想法上激盪——安東說的某些話可能會激發我的靈感，我說的某些話也可能讓安東想到別的點子。我們這樣做已經很多年了，而在我為這本書進行研究時，我發現這個方法確實有其科學根據。有研究顯示，為了產生更有創意的解決方案，我們應該一邊說話一邊動手畫草圖，這樣會刺激大腦中專門用於視覺處理的部分，為我們提升創造力！

一個小時結束後，我們會總結剛才討論過、以及畫成草圖的內容，找出其中有潛力的部分，然後回到電腦前工作，試著讓它們成形。在一天結束時，我們會互相查看各自的進展，並為隔天開始的設計製作制定具體決策和計畫。我們工作室許多設計就是這樣誕生的，其實沒有什麼神奇或複雜之處。

65

凝聚共識

如果你詢問 100 間工作室如何向客戶展示他們的設計流程，你會得到 100 種不同的答案。有些認為應該在一開始的腦力激盪階段就讓客戶參與，及早爭取認同，甚至邀請客戶共同創作；也有人會建議只在接近完成的 UI 設計階段再讓客戶參與，因為客戶無法根據不夠「真實」的東西做決策。不過，這兩種方式其實都很糟。原因如下。

我們先來談談那些找客戶來參與神奇的腦力激盪工作坊的公司吧。他們會讓客戶花上好幾天時間，一邊在牆壁上貼便利貼，一邊窩在懶骨頭沙發上享用美食。結果顯而易見：這樣做沒有什麼實質效果。不過他們的想法是，花上一兩週玩這種「假裝」工作坊的遊戲，就能提早吸引客戶、和客戶打好關係，希望這樣可以讓創意團隊在日後制定決策時，擁有更多自主權。

另一個極端是，有些公司會秘密工作好幾週甚至好幾個月，最後辦一場盛大的發表會。直到這場發表會，他們才首次向客戶展示整套完整 UI 設計流程。這種方法同樣不可行，因為在沒有事先獲得認同或建立共識的情況下，設計很可能會馬上被客戶否決。

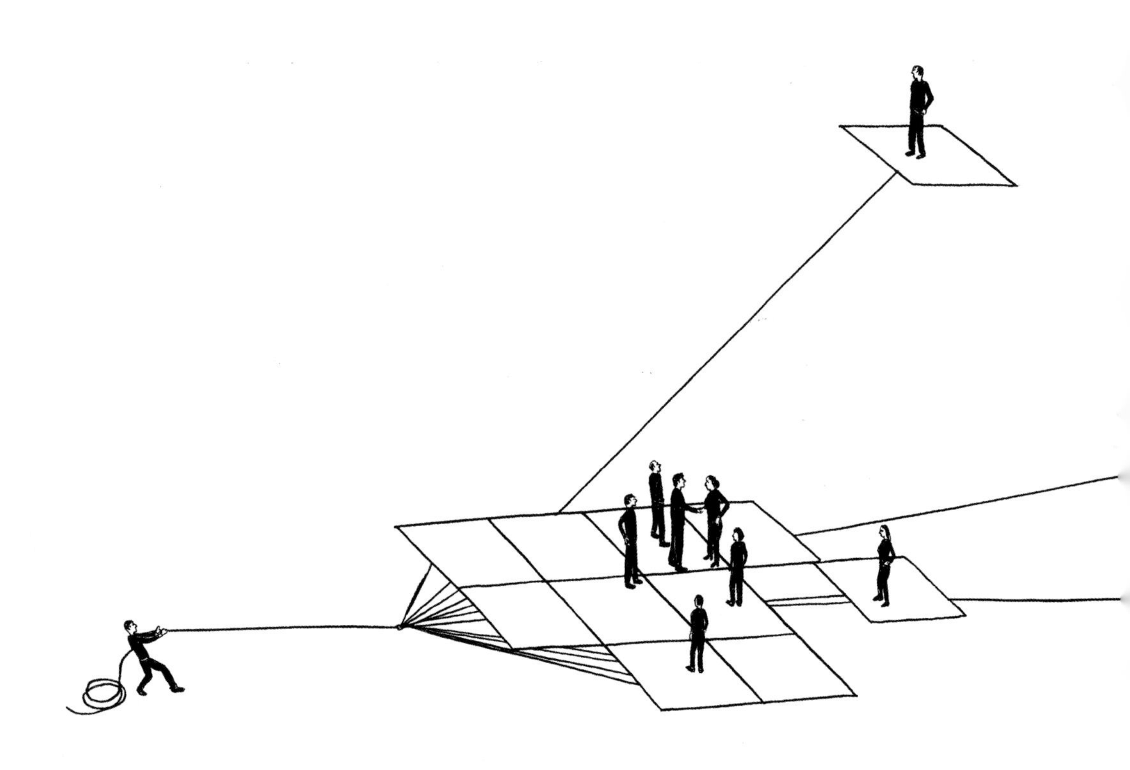

在我的經驗中，想獲得客戶認同，其實沒那麼難。它所需要的只是清楚地向客戶說明我們的設計流程，明確指出我們在哪些方面需要客戶的意見和原因，並儘快展示出修改風險最高的可交付成果——例如資訊架構和完整 UI 設計中的五個關鍵頁面，這樣就夠了。只要在這個階段能獲得確認、並拍板定案，彼此的信任就建立了，專案的其餘部分也將會順利推進。

接下來，在第一次的審查會議上，我會展示品牌將如何應用，可讓客戶光是看線框圖 (wireframes)※ 就能想像出最終 UI 的樣子，這樣能讓客戶更願意只根據線框圖就點頭批准。這就是關鍵所在：要讓客戶在剩餘的製作時間中，對線框圖表示同意，而非視覺化的 UI。

※編註：線框圖（Wireframes）是指 UI 或網站的設計草圖，通常只會用黑白色調和簡單的線條，標出各區塊的位置、大小和排列方式。在本書的 13 有 UI 的線框圖與完成圖實例可供參考。

為什麼要這樣做？這是因為我們要讓客戶習慣用黑白線框圖來討論功能（因為線框圖比較容易修改），而不是拿已經做好的 UI 介面來討論，那可能會修改到沒完沒了！這樣一來我們就能節省時間，並將省下來的時間用於提升 UI 介面的設計品質（**參見原則 72**）。

看起來我們只是節省一些時間，結果卻大不同。有了額外的時間來打磨視覺細節，不僅能讓客戶驚艷，還能讓終端使用者——也就是我們真正要服務的對象——留下深刻印象，這才是我們真正要做的事情！只要我們能為自己爭取到足夠的時間，就能做得更好。

66

向真實世界的導覽學習

我們應該都有用過真實世界中的導覽系統，像是在高速公路上開車在商場中找路、在機場找到登機門等，我們的生活其實被各種導覽系統包圍。雖然 UX 設計師創造的導覽系統通常只會呈現在螢幕上但透過觀察真實世界中的導覽運作（或失敗）方式，也能學到很多。

舉例來說，東京的地鐵系統乍看似乎令人眼花撩亂，不過，只要你找到各種指標、圖例等導覽輔助工具，其實就不會迷路了。除了用顏色和編號標識出各條線路，在地面上也有對應顏色的路線標示只要沿著指示走就能到達車站。走進車廂內，還會有一張圖告訴你抵達車站之後，樓梯、手扶梯、電梯和出口的位置。

阿姆斯特丹的史基浦機場 (Schiphol) 也是個設計極佳的範例。我最喜歡的一點是，他們不用字母和數字標示停車場區域，而是用荷蘭的特色物品（風車、木鞋、起司、鬱金香）來標記，讓你不僅更容易記住你的車停在哪裡，也會在停車時就感受到：「我到荷蘭了！」

另一方面，我們也能從失敗的導覽系統中學到教訓。當你要開車離開法國小鎮時，就會看到兩個指向相反方向的路標：「Toutes Directions（所有方向）」和「Autres Directions（其他方向）」。這是什麼意思？法國人都知道「所有方向」就是高速公路，「其他方向」就是次要道路，然而，外國人並不知道。

紐澤西收費高速公路 (New Jersey Turnpike) 也有個奇怪的選擇：到底要選「付費快速車道 (express lane)」還是「本地車道 (local lane)」？而且你要快點決定，因為中途不能換車道！其實本地車道才有通往小鎮的出口，如果你不小心選了快速車道，卻想要去通往小鎮的出口，你只能開到下個快速出口，換到本地車道再開回來。

當我們待在公共場所，尤其是在陌生環境或是異國時，就是很好的機會，可以觀察什麼樣的導覽系統有效，什麼樣的導覽系統失敗。這些經驗多半可以應用於介面導覽系統的設計（請參閱**法則 67**）。

67

建立合理的資訊架構

在 UX 設計的領域中，當我們談到**結構**，通常是在講「**資訊架構（Information Architecture, IA）**」。IA 這個詞最早是由建築師暨 TED 大會創辦人理查．沃爾曼（Richard Saul Wurman）在 1976 年提出。他認為將「資訊設計」改稱為「資訊架構」，可更清楚地表達重點在於系統如何運作和執行，而非系統的外觀。

在數位領域中，資訊架構就是網站或 UI 最基本的結構組織，它能讓使用者明白自己身在何處、能走到哪裡、如何找到所需資訊，以及他們可以期待些什麼（請參閱**法則 68**）。這個領域結合了圖書館學（研究如何分類、編目、定位書籍和文件）、認知心理學（研究大腦思維運作及心理過程）和建築學（規劃、設計與建造結構的過程）。最終會產出網站地圖、階層結構、分類與導覽等，構成系統的基礎。

有效的資訊架構能透過清晰的資訊層級、標籤、分類及分組（合稱為「分類學」）讓所有使用者都能輕鬆達成不同的目標。由於至少有一半的使用者會從非首頁的入口進入（例如透過 Google 搜尋而直接進入某個網頁），而且內容未來可能會不斷增加，因此必須確保結構有多種入口，且具有可擴充、模組化和可擴展性。

為什麼這一切都很重要？因為如果人們無法輕易找到需要的資訊，他們可能會打電話給客服（這成本有點高），或是乾脆離開，去尋找其他選擇。無論如何，他們不會留下來掙扎並試著理解這個系統。另一方面，就算你一開始就出現在他們的搜尋結果中，由於 Google 或是其他搜尋引擎也會主動懲罰結構不良的網站，未來在搜尋結果中的排名也會降低。

建築物如果沒有堅實的地基就無法矗立，數位產品也是一樣，沒有堅實的資訊架構就無法設計。如今我們生活在資訊時代，看螢幕的時間比睡眠還多，當然要為我們在網路上的家——網站建立穩固的基礎，這點是非常重要的。

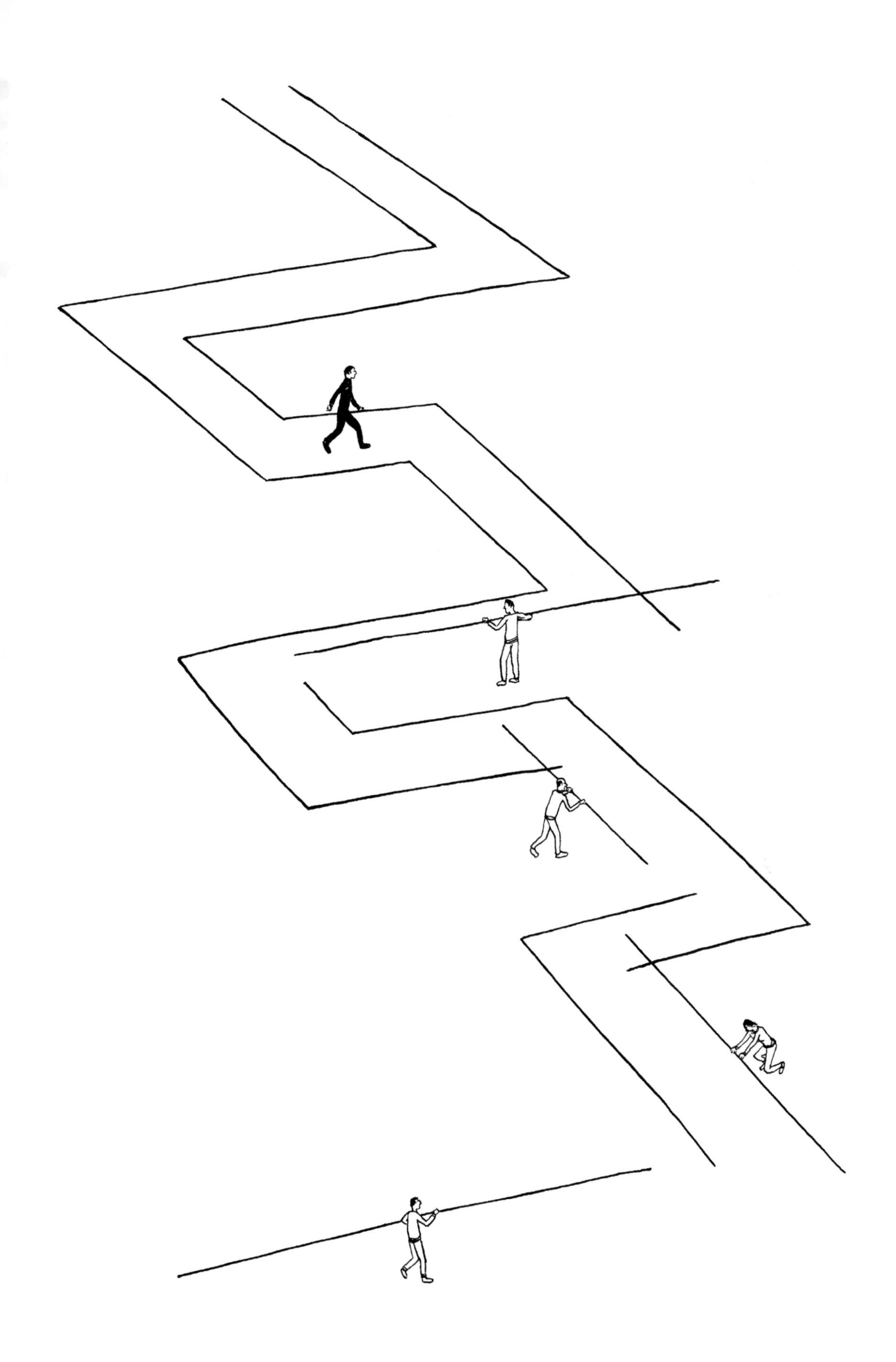

68

將頁面之間的關係視覺化

所有的網站和 app 的結構，其實都像俄羅斯娃娃一樣，是一層套著一層的。舉例來說，假如你在一個網路商城想要找耳機，那最大的套娃（包含其他所有套娃）就是父頁面（首頁）。打開它後，裡面有另一個套娃（電子產品類別頁面）——這是首頁的子頁面。再往下會進去另一個套娃（耳機類別頁面）。進去以後，最後一個套娃則是你要找的某品牌耳機產品頁面，沒有其它套娃了。

上面描述的這種層級結構，我們會用**網站地圖 (site map)** 來呈現。網站地圖是一種圖表，展示網站中不同頁面的彼此關係。它將資訊架構視覺化，並清晰顯示頁面的組織方式，以及哪些區塊包含其他區塊或頁面。網站地圖通常是參考**卡片分類法**（請參閱**法則 63**）和**使用者流程**（請參閱**法則 48**）的研究結果來製作，目的是反映目標族群的心理模型。

網站地圖在網站的設計過程初期就要建立，這是幫助使用者和網站互動的導覽系統的第一步。它能讓我們用俯瞰的視角審視整個網站的資訊架構，並協助我們確認哪些頁面需要刪減或合併，以便簡化結構，讓使用者能更輕鬆地找到他想看的內容。

在網站地圖上，會幫每個頁面加上標籤和參考編號。標籤是對應於最終產品中的頁面標題，而參考編號則是用在我們描繪線框圖時，用來追蹤頁面之間的層級關係。例如耳機的參考編號如下圖所示：

0.0 首頁
  1.0 電子產品
    1.1 耳機
      1.1.1 耳機 A
      1.1.2 耳機 B
      1.1.3 耳機 C

就像這樣，將所有產品頁面的關係以視覺化的方式顯示，有助於 UI 設計師或開發人員理解頁面之間的關係，方便日後評估要如何增加新頁面。它是資訊架構的藍圖，也是一份「活的文件」，當我們之後需要調整資訊架構時，隨時都會再更新和參考這份網站地圖。

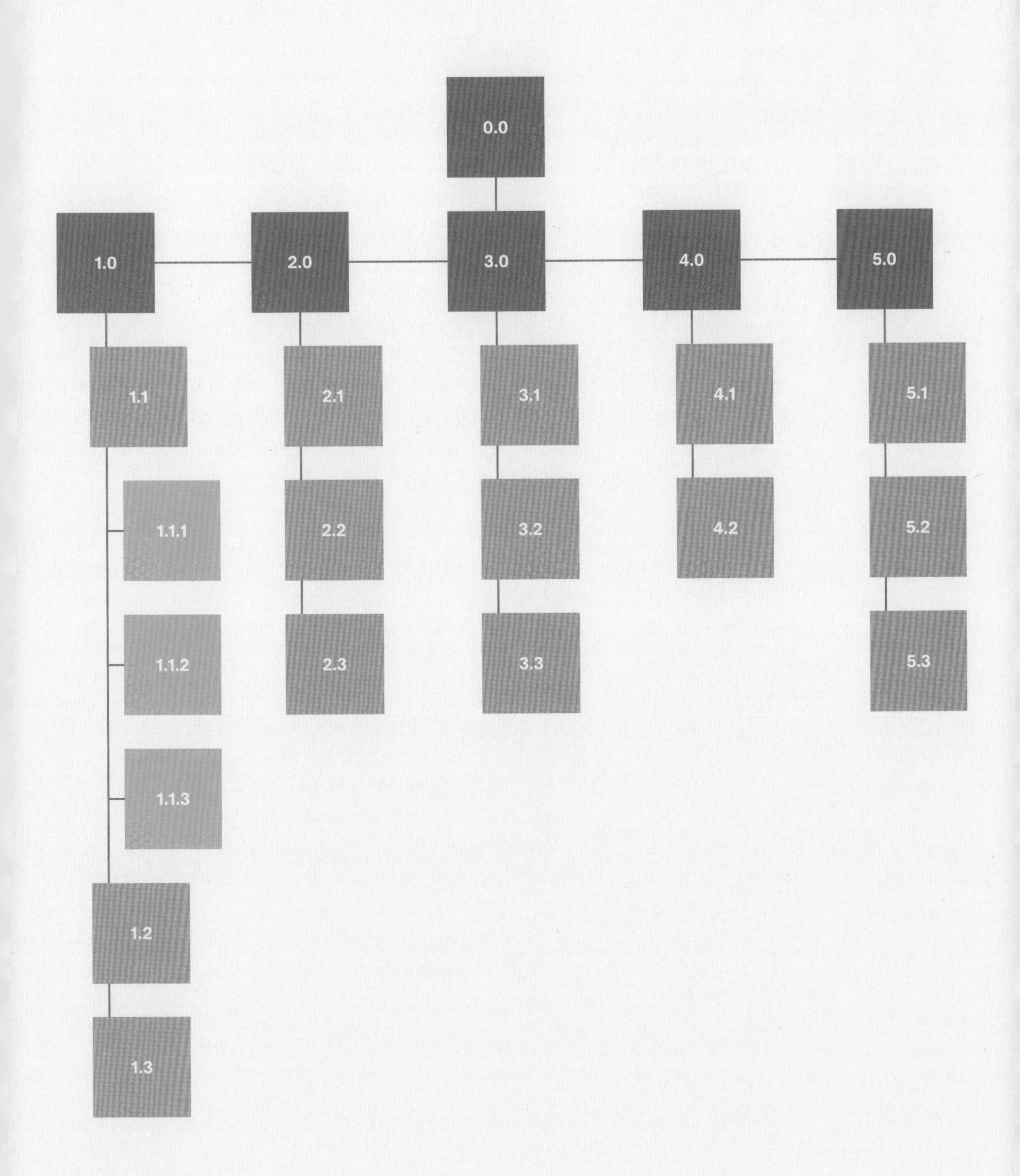
0.0
1.0
2.0
3.0
4.0
5.0
1.1
2.1
3.1
4.1
5.1
1.1.1
2.2
3.2
4.2
5.2
1.1.2
2.3
3.3
5.3
1.1.3
1.2
1.3

69

不要做花俏的導覽系統

許多網站都採取這樣的配置。**全域導覽列（The global navigation）**通常會放在左上方，而工具導覽幾乎都在右上方（裡面通常有登入加入購物車和搜尋等功能）；**頁尾（footer）**在網頁底部（功能可能會和全域導覽重複，或是包含聯絡資訊與訂閱連結）。這不是巧合。這樣設計是因為最初的網站介面是設計成英文的——英文閱讀方向就是從左到右、從上到下。

自 1990 年代初期的網站以來，我們所設計的介面，以及我們習慣和期待的網站雖然改變了很多，但有一件事始終不變：**導覽的位置**。你如果把 1999 年的網站與今天的網站並排，就會發現導覽的位置是唯一不變的。當然，導覽的設計可能會更加精緻，但如果去除設計的外觀，它內部的結構仍然相同。

原因在於，導覽系統並不適合太過「創新」或「炫技」，那樣可能會讓使用者無法理解自己所在的位置、搞不清楚接下來能連去哪裡、不知道操作會發生什麼事，而且最重要的是：找不到想要的東西。如果找不到想要的東西，他們就會馬上離開。因此，我們學會了在導覽系統上採取保守的設計，並遵循慣例。

這些慣例是什麼呢？如下所示。

1. 導覽必須符合使用者的心理模型。
2. 使用符合目標受眾的語言。
3. 使用有意義且一致的標籤／命名。
4. 盡可能使結構扁平化。（將子類別減少到最低程度。）
5. 導覽要易於掃描（能讓使用者一眼看完內容）。
6. 使用顏色或圖示作為記憶輔助工具。
7. 明確標示可以點擊與不可點擊的元素。
8. 允許使用者可以輕鬆自如地退出、返回並了解自己所在的位置。
9. 導覽對有視覺、行動或聽覺障礙者要能夠無障礙使用。
10. 導覽要考慮到使用者可能從側門（非首頁）進入的情況。

導覽是使用者體驗成敗的關鍵。如果人們找不到需要的東西，或是導覽系統不符合使用者的目標與心理模型（請參閱**法則 63**），即使設計得再好都無濟於事，使用者會沮喪地離開。但如果導覽系統是直觀且好用的，使用者或許會更願意包容後續體驗中的各種小問題。

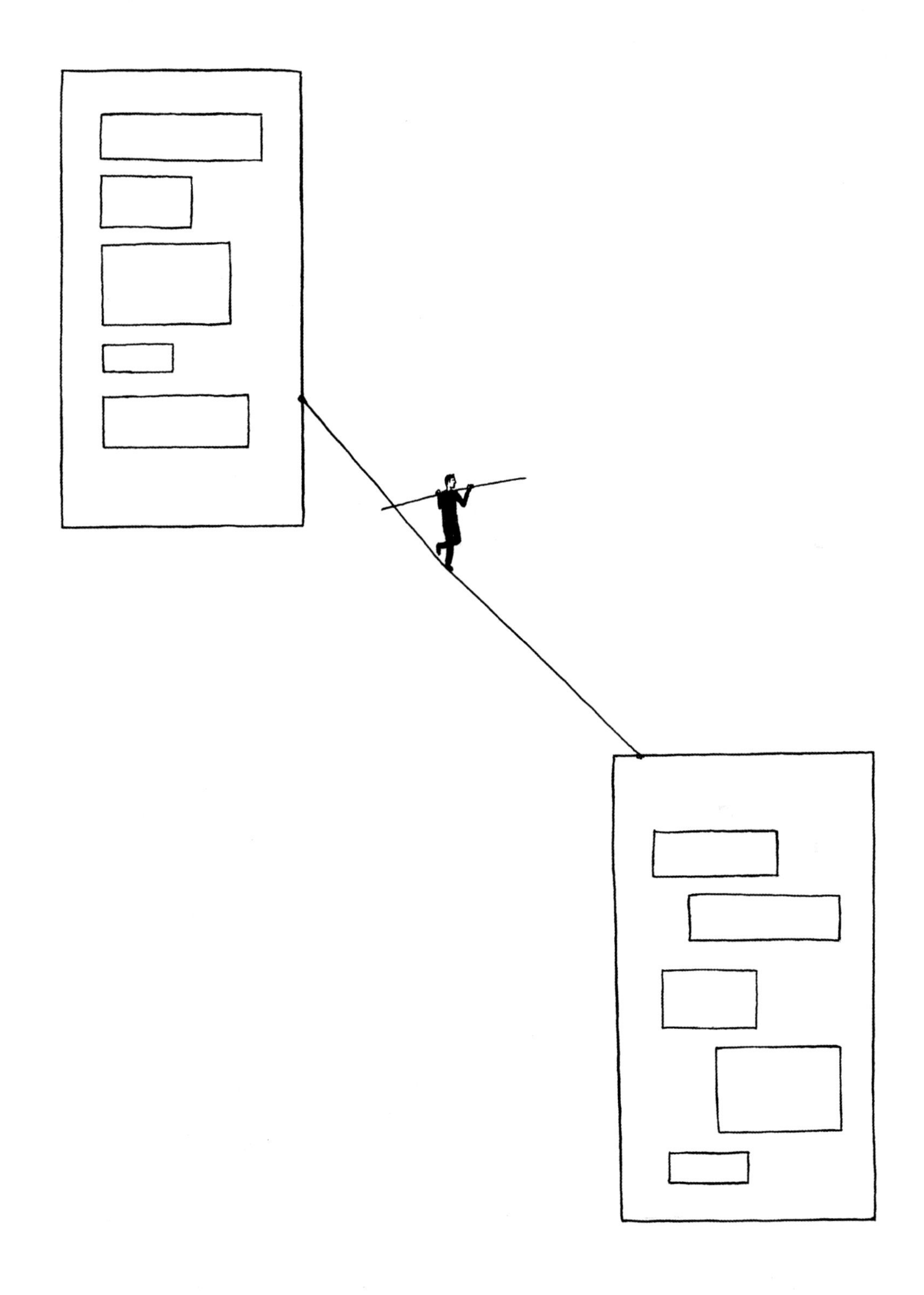

70

沒錯，側門入口很重要

與普遍的觀念相反，首頁並不是瀏覽量最多，也不是使用者體驗中最重要的頁面。以前或許是，但現在不是了，而且不是已經很久了！如今，超過半數的網站訪客首次到達的頁面並不是首頁，而且絕大多數人甚至連看都沒看過首頁。從某種角度來看，首頁反而可能是使用者體驗中最不重要的一頁。

想想你最近一次造訪網站的經驗。你是直接輸入網址，還是透過 Google 搜尋或社群媒體的連結進入？你抵達的頁面是首頁嗎？還是網站的內頁？

我常把首頁比喻成一本書的封面，它同時也像目錄。它的工作是為內容定調，並幫助使用者決定接下來要做什麼。他們接下來的行動才是他們花最多時間停留的地方。因此，我們設計時的重點要放在使用者花最多時間的頁面，這裡更重要，而不是那個他們可能永遠不會看到或只看過一次的首頁（請參閱**法則 15**）。

當我們幫人才管理公司「True Talent Advisory」（已更名為「True」）進行品牌重塑和網站改版的工作時，就發現側門入口（首頁以外的入口）非常重要。True 網站有三種完全不同的產品和三類目標受眾，因此我們必須確保每個產品頁面的設計都和首頁同樣用心製作。

新品牌的目標是讓「True」與視覺上平淡無奇的競爭對手區隔開來。我們最終幫他們的三個產品創造出三種完全不同的獨特環境，分別有各自的品牌特色。如此一來，不論使用者從哪個頁面進入，都能感受到獨特性、辨識度，而且令人難忘。

那我們是否該乾脆移除首頁？不是的！首頁仍然是網站分類的錨點，可以幫助使用者重新定位和重新開始。但我們必須清楚認識，首頁只是使用者的眾多入口之一，甚至不是最重要的那個。除非首頁的內容經常變動，否則我們的目標應該是要讓使用者盡快離開首頁，快速抵達他們真正關心的內容。

→
右頁就是人才管理公司「True」的內部頁面。由於我們知道大多數使用者都會繞過主頁，優先進入內部頁面，因此我們讓網站中的每個產品到達頁（landing page）與主頁一樣有令人印象深刻的體驗，同時還讓這一切感覺上是有所連貫的。

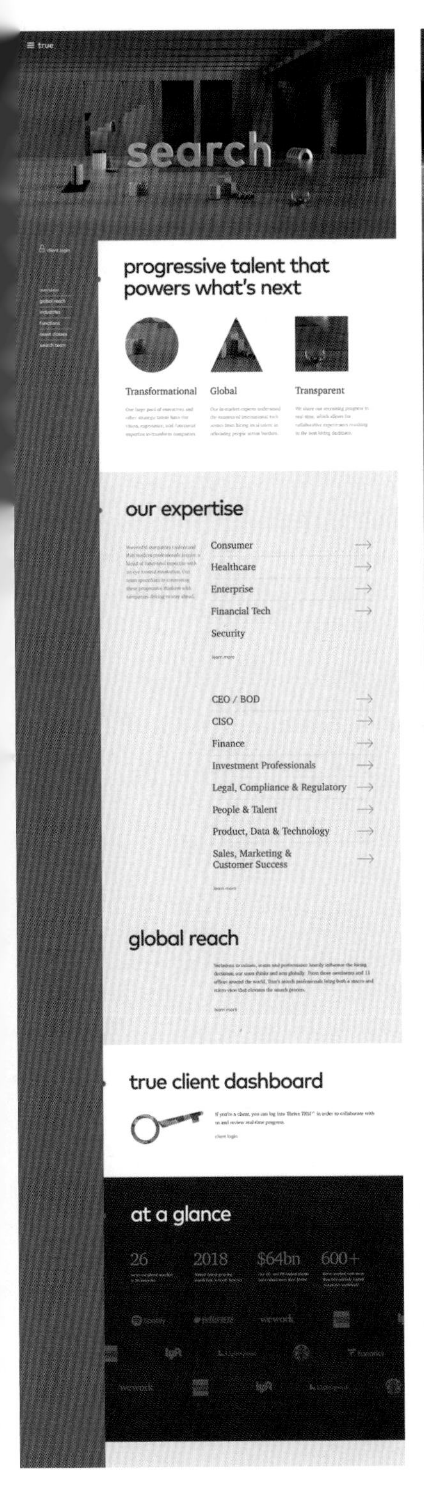
true
search
progressive talent that powers what's next
Transformational
Global
Transparent
our expertise
Consumer
Healthcare
Enterprise
Financial Tech
Security
CEO / BOD
CISO
Finance
Investment Professionals
Legal, Compliance & Regulatory
People & Talent
Product, Data & Technology
Sales, Marketing & Customer Success
global reach
true client dashboard
at a glance
26
2018
$64bn
600+

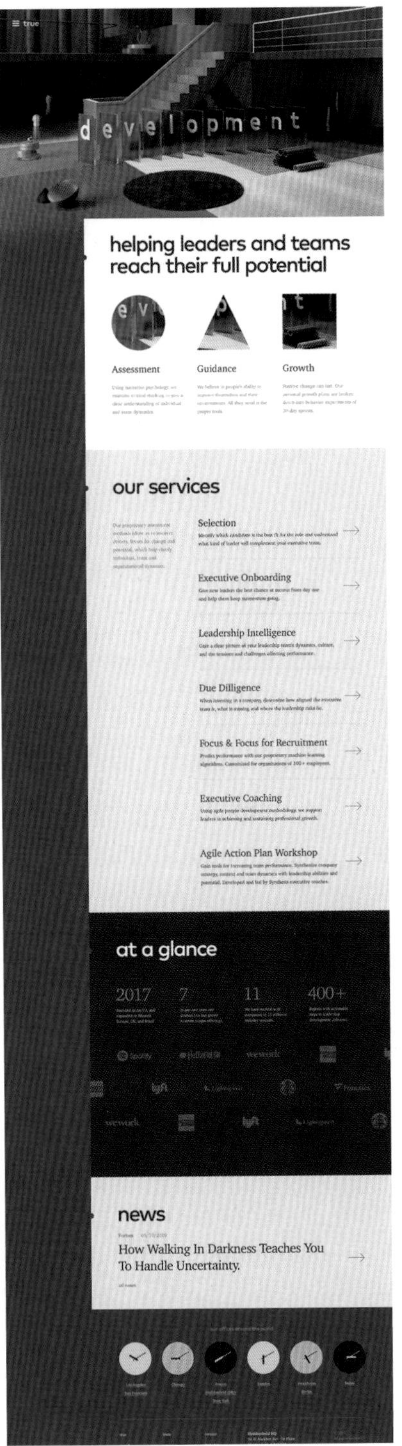
true
development
helping leaders and teams reach their full potential
Assessment
Guidance
Growth
our services
Selection
Executive Onboarding
Leadership Intelligence
Due Dilligence
Focus & Focus for Recruitment
Executive Coaching
Agile Action Plan Workshop
at a glance
2017
7
11
400+
news
How Walking In Darkness Teaches You To Handle Uncertainty.

true
technologies
shifting paradigms within our industry
Identifying Opportunities
Sharing Solutions
Protecting Privacy
a history of innovation
Thrive TRM ®
Synthesis Focus
news
Thrive TRM hires serial entrepreneur Lucinda Duncalfe to help the recruiting ...

71

先溝通再展示

「謝謝各位的參與。下面我們將討論第一輪的線框圖。這些線框圖是最終 UI 中關於內容策略、互動方式以及資訊階層的基本黑白圖像它會出現在最終的 UI 設計中。你可以想像這些線框圖就像是最終 U的『著色畫』版本。除了標籤與導覽項目外，所有你看到的文字都是暫時性的佔位文字，你不用擔心它的內容怪怪的。等我們收到各位針對討論項目的回饋意見，我們就會套用品牌元素，屆時你們就能看到線框圖加上色彩、字體、影像與設計元素之後，變得生動活潑的畫面。在我們開始之前，有人有任何問題或意見嗎？」

雖然自從我開始擔任 UX 設計師以來，我的客戶對線框圖的理解已經有很大的進步，但我仍然會在展示第一輪線框圖之前先講這段話。這是因為會議室裡偶爾會有來自其他部門的人，他們可能不懂數位產品的製作過程，而我要確保現場的每個人都知道自己正在看什麼。

我是曾經嘗過慘痛的教訓，才明白這一點的！大約在 2000 年吧，我們幫某間台灣的智慧型手機製造商（他們當時要開發第一支採用 Android 系統的 Google 裝置）製作網站。所以我們就飛去台北展示第一輪線框圖。沒想到當我展示結束時，有位客戶舉手，猶豫地說：「嗯……Irene……我們希望網站是英文的，而不是拉丁文的。而且我們也希望網站是彩色的。」

我當場傻眼，用我的頭悄悄做了一個「你 ~ 說 ~ 什 ~ 麼 ~」的動作，但是在那個狀況下，我只能趕緊跟客戶解釋，網站最終版本肯定是英文的，他們看到的「Lorem Ipsum」只是暫放的拉丁文佔位文字，因為我們還沒有最終文案，今天也不是來審文案的。而且哈哈……，不用擔心啦，這個只是黑白線框圖，網站當然是彩色的，只是要等後面的階段才會做。

那次真的是一場災難。這是我的錯，因為我沒有想到大多數人根本不熟悉我日常使用的 UX 流程和術語。自從那次會議以後，我每一次展示都會先做簡短的說明，不僅向觀眾介紹他們即將看到什麼內容，還會說明我期待他們提供什麼樣的回饋。也許我這樣做是有點太過「教條式」的做法，但我寧可事先講清楚，也不要冒著讓人看不懂的風險（請參閱**法則 65**）。

Lorem ipsum
dolor sit amet?

Lorem ipsum!

72

從低精確度到高精確度

線框圖（wireframes）要畫到多精確（細節與逼真的程度），取決於一個光譜範圍。光譜的一端是隨手畫的手繪線框圖，示意 UI 可能的運作方式；光譜的另一端則是精確度高的數位線框圖，它會盡可能接近最終 UI 的內容、視覺層級與互動方式。手繪草圖的好處是製作迅速，三兩下就可以畫出來；而精確度高的線框圖則要花更多時間來製作。在這兩種極端之間，還有各種不同程度的精確度，它們都代表需投入不同程度的時間和精力。

低精確度的線框圖適合作為團隊內部的思考工具。徒手畫草圖可以快速定出整體佈局概念，隨著想法逐漸明確，可以即時修改。而且這種方式是將重點放在介面應該「是什麼」上，而不是「長怎樣」。如果太早用電腦來製作精細的線框圖，可能會讓人過度關注外觀。

如果要向使用者或客戶展示，這時候就適合用高精確度的線框圖。因為它們看起來很接近最終 UI，不需要過多解釋，人們就能直觀地給出反應（請參閱**法則 65**）。高精確度的線框圖也是很好的內部溝通工具，因為線框圖越詳細，UI 設計師就能越快上手，而開發者也更容易理解如何實作。

在我們工作室，為了盡可能地提高製作效率，我們並不會從一開始就畫出高精確度的線框圖，而是會在徹底探索並且勾勒出介面草圖來釐清所有細節之後，才會投入時間與精力，將線框圖打磨到接近最終 UI 的程度。我們展示給客戶看的並不是草圖或視覺設計，而是這種高精確度的線框圖。

我們總是希望在線框圖的階段就能收到客戶對最終功能的回饋意見，因為更新視覺 UI 更花時間，如果能在線框圖階段就修改，可以節省很多時間。因此，為了讓客戶可以光看線框圖就能提出回饋意見，我們會盡量做到讓線框圖接近最終 UI，看起來幾乎就像是最終 UI 的「著色畫」版本，這樣客戶會比較容易想像套用品牌元素後的外觀。

→
右頁展示了我們幫日本繪圖板公司 Wacom 所製作的產品頁面草圖、線框圖以及最終 UI。為了盡可能高效率地完成設計，我們會要求客戶只看線框圖而非最終 UI 來決定是否批准設計，因此我們的線框圖看起來必須盡可能接近最終 UI。

WACOM
INTUOS
WIRELESS FEATURE
SPECS LAYER
ACCESSORIES
REVIEWS
NEED SUPPORT?
EVERYDAY PROMO

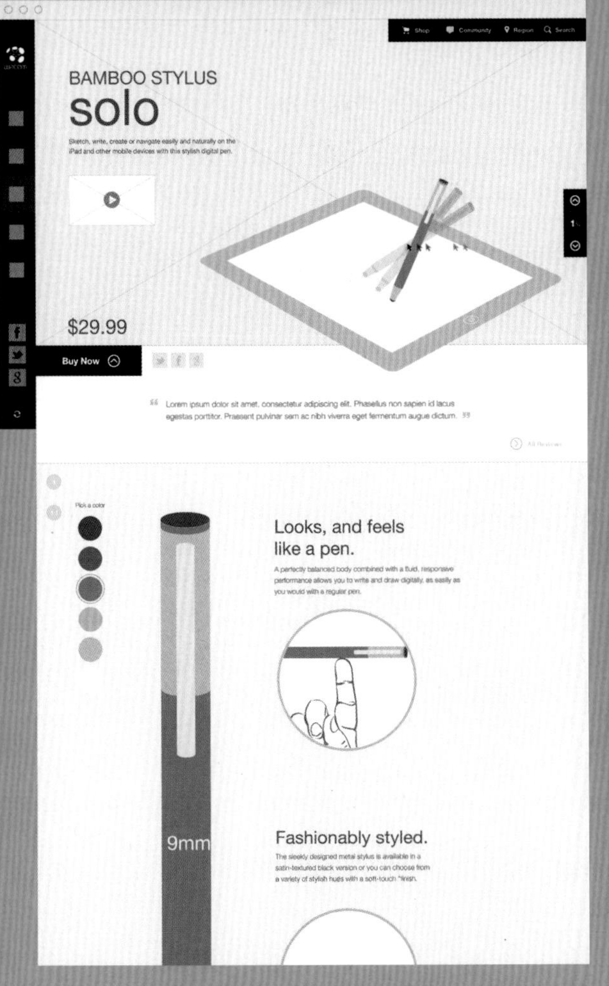
Shop
Community
Region
Search
BAMBOO STYLUS
solo
Sketch, write, create or navigate easily and naturally on the iPad and other mobile devices with this stylish digital pen.
$29.99
Buy Now
Lorem ipsum dolor sit amet, consectetur adipiscing elit. Phasellus non sapien id lacus egestas porttitor. Praesent pulvinar sem ac nibh viverra eget fermentum augue dictum.
Looks, and feels like a pen.
A perfectly balanced body combined with a fluid, responsive performance allows you to write and draw digitally, as easily as you would with a regular pen.
9mm
Fashionably styled.
The sleekly designed metal stylus is available in a satin-textured black version or you can choose from a variety of stylish hues with a soft-touch finish.

BAMBOO STYLUS
solo
Sketch, write, create or navigate easily and naturally on the iPad and other mobile devices with this stylish digital pen.
Hello!
$ 29.99
Buy now
Looks, acts and feels like a pen.
A perfectly balanced body combined with a fluid, responsive performance allows you to write and draw digitally, as easily as you would with a regular pen.
BAMBOO
Fashionably styled.
The sleekly designed metal stylus is available in a satin-textured black version or you can choose from a variety of stylish hues with a soft-touch finish.

73

為線框圖加上註解

※
編註：極端案例 (Edge case) 也稱為邊角案例或邊緣情況，是指在極端操作參數的狀況下可能會發生的問題。

註解 (annotations) 是線框圖中附帶的文字說明，用來描述介面中動態元素的運作方式。例如：「點擊之後，動態選單面板會展開」或「點擊後，使用者將前往對應的詳細資料頁面」。每一條註解會透過編號標籤對應到線框圖上，讓查看線框圖的任何人都能輕鬆地對照和參考每個設計元素的註解。

「任何人」包括哪些人呢？其實有很多人：開發人員會閱讀註解內容來規劃他們的工作流程、並了解要怎麼實作；UI 設計師使用線框圖來創造可立即投入生產的設計；協作者（例如動態設計師、文案或插畫家）也會透過註解，了解哪些地方需要他們出力；至於客戶則會透過附有註解的線框圖來提供回饋意見（請參閱**法則 72**）。

撰寫註解時，我們會用文字描述功能，這也有助於驗證我們對整個介面的思考過程。如果沒有將錯誤狀態、極端案例 ※、非啟用狀態、隱藏內容、工具提示、登入狀態或是動畫等諸多細節寫下來，它們多半會在不知不覺中就被忽略了。假如要查詢幾個月或幾年前所做的專案決策與原由，如果當初沒有註解，就會很困難。大部分專案都曾面臨暫停或是分階段進行，需要回頭參考時，註解就很重要。

儘管如此，幾乎每一位我指導過的年輕 UX 設計師都不喜歡寫註解，他們總是一拖再拖，或是幾乎連寫都不寫，這是個很糟糕的習慣！如果拖到最後一刻才幫所有線框圖寫註解，可能會導致邏輯上出現重大漏洞，這些漏洞如果能早點發現就不會有大問題。我的建議是：先畫一個畫面的線框圖，幫它加上註解後，再繼續畫下一個畫面。

完善的註解能替任何人、在任何地方、任何時間回答所有潛在問題，而無需 UX 設計師親自出面。無論是遠在地球另一端的開發者、不同時區的客戶，都能從中受益。註解也可確保所有功能需求都有想到，並讓我們得以在數週或數月後回顧時仍然能理解當初的思考邏輯。好的註解能使製作流程效率更高，為所有相關人員省下許多麻煩。

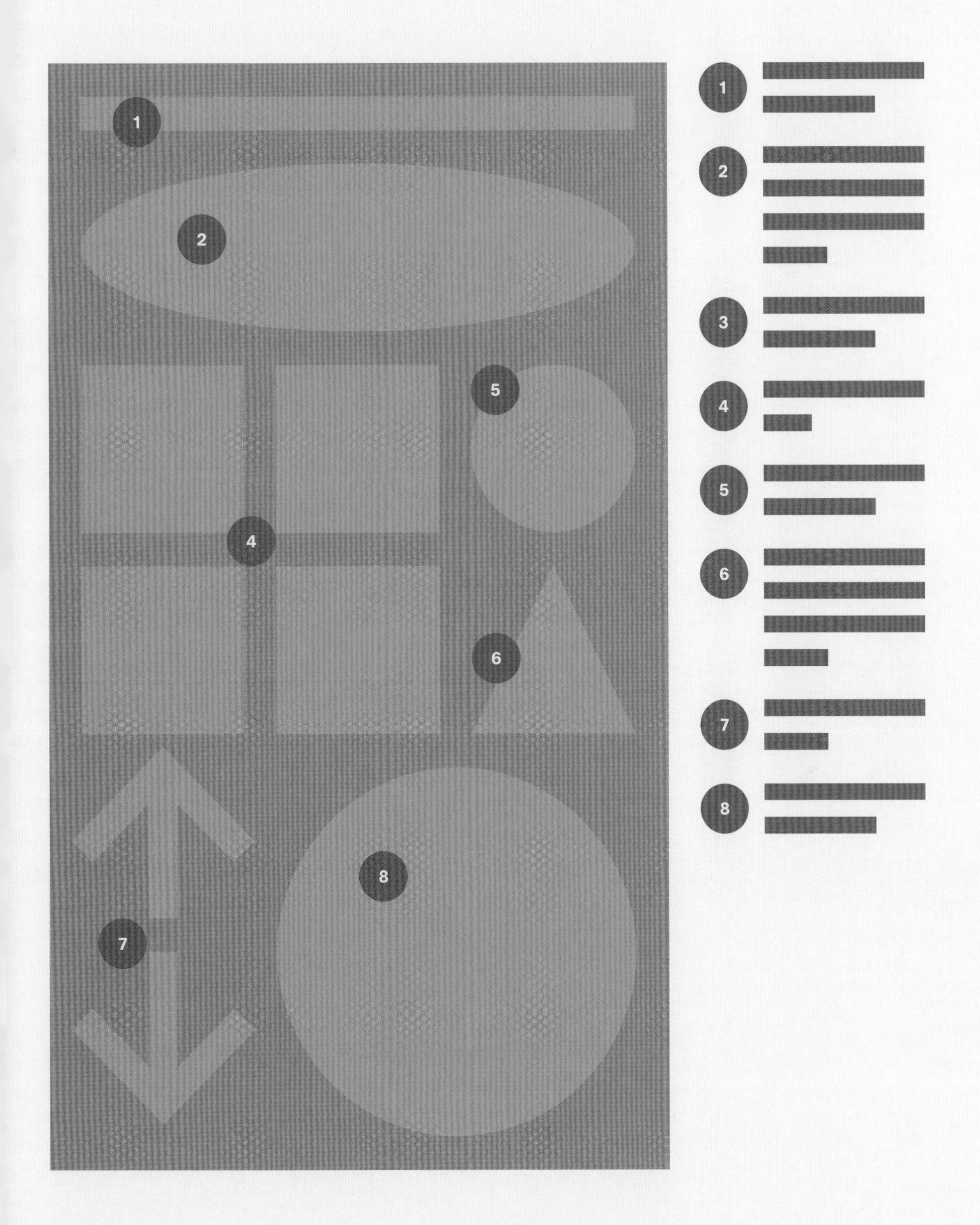
1
2
3
4
5
6
7
8

74

互動設計就是品牌

在我們深入討論 UI 設計之前，我想暫停一下，先聊一聊品牌推廣。我可以把一整本書（甚至是好幾本書）的篇幅全部用來講品牌推廣但我想從 UX 的角度來看待它。如果品牌推廣的工作是創造出一套可提升知名度與識別度的產品特徵，那麼公司網站或是 app 的 UX 和 UI 設計就是影響使用者選擇的最重要載體。

為什麼？因為有 45% 的人第一次接觸品牌時是透過社群媒體，35% 是透過公司網站，而不是像以前那樣需藉由廣告看板、電視廣告或其他傳統媒體來認識品牌。如果使用者第一次跟數位產品互動時就覺得很有吸引力、很好用，這種良好的使用體驗會成為品牌印象（請參閱**法則 8**）。因此，使用者對數位產品的體驗就是品牌的基石。

以我們工作室為例，我們通常透過三種方式協助品牌推廣的工作。第一種情況是客戶已經有一個非常強大而且眾所周知的品牌，比如我們與 Spotify 合作的案例。在這種情況下，我們必須嚴格遵守他們現有的品牌識別規範，並確保使用者體驗與品牌調性一致，感覺是同一個大家庭中的一員。對我們來說，這種合作模式最無趣，因為我們只能專注在做 UX 的部分，做他們的 UI 就像著色畫一樣沒什麼發揮創意的空間。

第二種情況是與傳統品牌代理商合作，從零開始打造新品牌。就像我們與 Mucho 合作，為私募股權公司 Alpine 打造新品牌的案例。當每一個品牌決策都在所有可能的宣傳管道發揮效果時，就會產生最強大的品牌形象。當時的挑戰是，很難讓傳統品牌的客戶理解，比起製作印刷宣傳物，建立網站需要更長的時間，而且造價也更高。

第三種情況也是最常見的情況，那就是還沒有品牌，或是只有過時的品牌形象（例如只有用來印刷的商標等）。例如新創公司通常預算有限，客戶寧願把行銷預算用在製作網站或 app；至於比較傳統的公司，他們的品牌元素可能是以前設計給印刷品用的，比較不適合用螢幕瀏覽。如果是這兩種情況，UX 與 UI 就會成為品牌的代言人。

無論你的品牌形象有多好，如果使用者體驗很糟，再好的印象都會瞬間瓦解；而難用或不恰當的 UI 會讓使用者轉頭就走。在今天的世界中，我們可以說**品牌識別已經是由互動設計（interaction design）主導的**，而不再是傳統的平面設計（例如商標和名片等）。懂得這點的公司將會取得先機，至於搞不懂這點的公司……好吧，希望他們至少有設計幾張看起來很酷的名片。

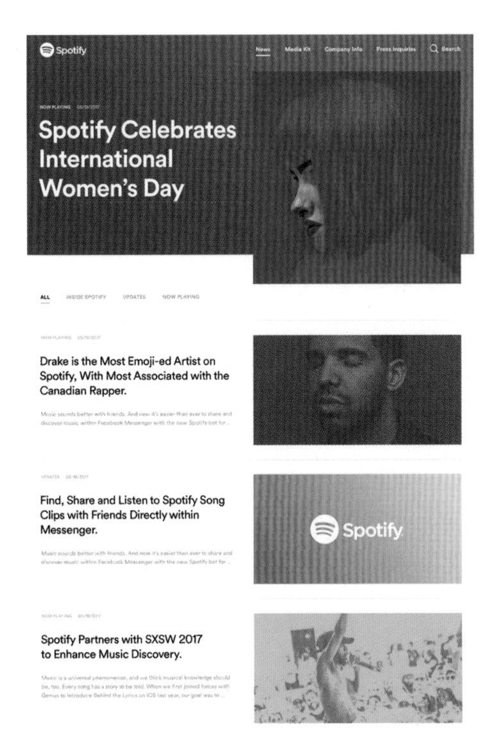

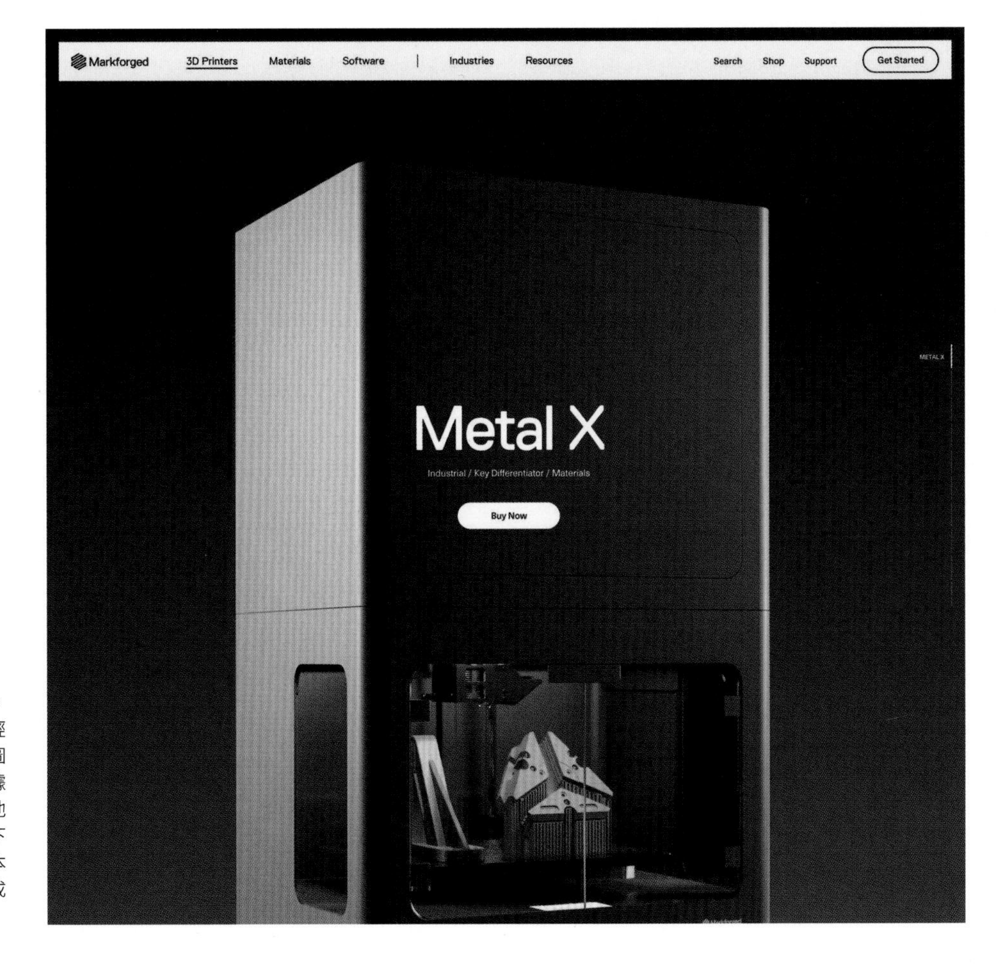

→
本單元三個案例的主要畫面。左上圖是 Spotify（他們已經有非常知名的品牌）；右上圖是 Alpine Investors（我們根據 Mucho 設計的印刷識別，幫他們從零開始打造數位品牌）；下圖則是 Markforged（他們原本沒有品牌，而數位設計最終成為它的品牌）。

75

糟糕的字體排版會帶來糟糕的 UX

我很喜歡的一段話，來自羅伯特．布林赫斯特（Robert Bringhurst）1992 年的著作《排版設計風格的要素》（The Elements of Typographic Style），他強調字體排版（typography）的力量：「字體之於文學就如同音樂演奏之於作曲：這是一種必要的詮釋方式，它有可能讓作品更能啟發人心，或是讓作品看起來顯得愚蠢。有時字體排版要跟文學分開來看，因為語言有許多用途，包括包裝和宣傳。這就像音樂一樣，文字能操縱人的行為和情感，但這還不是字體設計師最厲害的地方，好的字體排版能讓讀者感到滋養和愉悅。」

就像色彩、形狀和音樂能激發不同情緒，字體也能如此。有時光是換個字體，就能讓設計風格從老派變成現代或時尚，因此字體成為 UI 設計中極為重要的品牌元素。然而，在幫螢幕介面挑選字體時，情感並非唯一考量。許多使用者會根據他們的使用環境，面臨各種不同的挑戰，因此，字體編排方面的決策，是影響可用性和無障礙的成敗關鍵（請參閱**法則 18**）。

假設使用者有視力問題，或他們可能試圖在刺眼的陽光下閱讀螢幕上的資訊。無論是哪種情況，我們都必須先確保螢幕上採用的字體是「可用」的，其次才是「美觀」。特別是考慮到行動裝置或桌上型電腦螢幕上，可用空間有限，因此 UI 設計師在字體選擇方面必須比印刷設計師更保守，因為螢幕上有更多限制。

進行字體排版設計時，除了要適用於印刷的標準規範（例如字距、行距）外，還要考量可讀性、可掃描性、可辨識性，這些因素在你為螢幕介面做設計時更為重要，因為這能帶來更好的無障礙設計。因此在字體編排的決策上建議謹慎行事，確保**文字絕不小於 16pt、而且每行的字數在 60 到 80 個字元之間**。

視覺語言與字體設計都屬於 UI 設計師的領域，他們會塑造使用者對介面的感受，而且扮演了舉足輕重的角色。因此 UX 設計師必須在每個階段都與 UI 設計師密切合作，共同完成所有字體決策。否則，若字體選得不好，整體使用者體驗都會被拖垮。但如果雙方合作良好，最終完成的使用者介面易用性會更好，能讓更多人感到好用。

76

誰說使用者不會滾動頁面

※
編註：「UIE」是指 User Interface Engineering，這是美國一家專門研究使用者體驗與可用性研究的顧問公司，由 Jared Spool 創立。

一個常見的 UX 迷思是：使用者不會往下滾動（scroll）頁面。這使我不得不一而再、再而三地說服客戶 N 次，我們真的不需要將所有的內容都塞在首頁上方（進入網站後尚未滾動前的可見區域）。這真的很荒謬，因為早在 1998 年，UIE ※ 的可用性研究就顯示，人們從 90 年代起就不介意往下滾動頁面了。事實上，當人們想看更多內容時，比起點擊互動元素，他們更喜歡透過往下滾動來瀏覽。

往下滾動就代表「我有興趣看更多內容」，而點擊元素則表示「我想移動到別處」。不過，如果是需要不斷往下滾動才能閱讀的長篇靜態文字，也可能會引發使用者的「滾動疲勞」。這時候**「Scrollytelling」（滾動敘事）**的技巧就派上用場了。

「滾動敘述」（Scrollytelling） 這個字是將「滾動」與「故事敘述」這兩個字結合的術語，它的用途是讓使用者在瀏覽長篇的內容或是複雜的資料視覺化圖表中持續關注內容（請參閱**法則 78**）。滾動敘述不需要讓使用者點擊工具提示、影片或圖片庫，而是在使用者上下滾動頁面時，可以用動態的方式顯示內容、動畫、聲音和圖像轉換，打造出更有吸引力的使用者體驗。

《紐約時報》（New York Times）被公認為是發明滾動敘述的先驅，或至少是讓滾動敘述方式普及和大眾化的媒體。2012 年他們發表了一篇榮獲普立茲獎（Pulitzer）和皮博迪獎（Peabody）的報導《雪落：隧道溪的雪崩》（Snow Fall: The Avalanche at Tunnel Creek），他們透過滾動來呈現元素，構成一個流動的、引人入勝的動態故事，不久之後，滾動敘述就常常應用在長篇新聞、品牌首頁、產品頁面和創意作品集（包括我們自己的！），成為用來營造沉浸式瀏覽體驗的常用手法。

良好的滾動敘述手法，能讓使用者自行透過滾動來控制動畫的節奏，使內容和動作環環相扣、緊密連結，甚至能使閱讀過程比最終目的更令人愉悅。但是要小心，如果滾動敘事的設計不良，造成不和諧的偏差和位移，弄得動畫與故事錯位，閱讀體驗反而讓人感到花俏甚至令人煩躁，還有人把這種失敗體驗稱為「scrolljacking」。如果你想要使用這種手法，請確保你懂得如何掌控它。

→
右頁是我們自創推出的、提供紐約市步行遊覽的 UrbanWalks iOS app 宣傳網站。我們使用紐約市計程車的俯視圖，引導使用者瀏覽頁面。使用者只需要向下滾動，即可控制計程車的速度，從而控制整個故事進行的節奏。

So, for less than the price of a dirty
water dog, a toasted everything bagel
with scallion cream cheese or a cup
of coffee from a street cart...
... you'll get a 2.5 hour tour that
not only guides you through the
awesome sights, stories and
landmarks of New York City...
... but also helps you figure out
where you can catch wi-fi, where you
can charge your phone, and where
the best place is to use the bathroom
(and no, it's not always McDonalds!).
As you can see we put a lot of love and care into this app and we hope people will enjoy using it as much as we enjoyed creating it. Thanks a lot to Danil Krivoruchko for bringing everyone together and extra special thanks to the Hyperboloid team for making all this technically possible!

So, for less than the price of a dirty
water dog, a toasted everything bagel
with scallion cream cheese or a cup
of coffee from a street cart...
... you'll get a 2.5 hour tour that
not only guides you through the
awesome sights, stories and
landmarks of New York City...

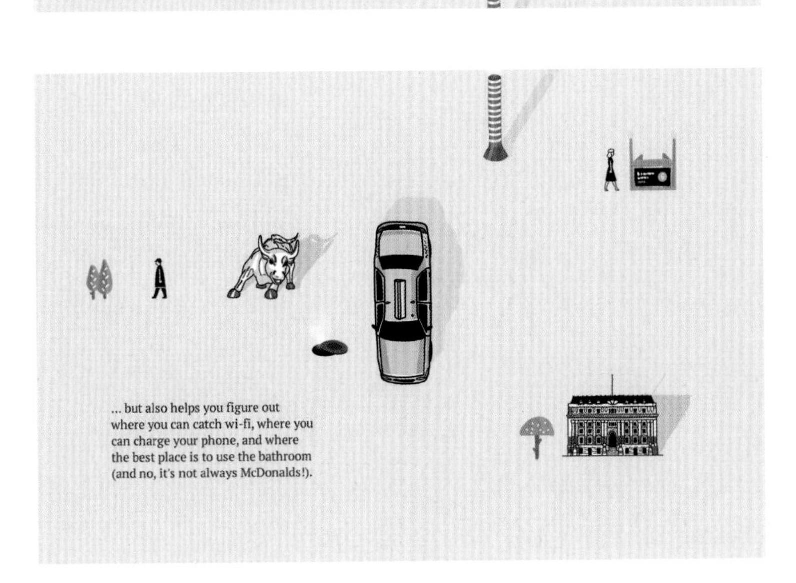
... but also helps you figure out
where you can catch wi-fi, where you
can charge your phone, and where
the best place is to use the bathroom
(and no, it's not always McDonalds!).

77

動畫是為了幫體驗加分

在使用者介面中加入功能性動畫的首例，最早可以追溯至 1985 年當時布萊德．邁爾斯（Brad Myers）發表了一篇有關於「完成進度比例指示器」的論文。該論文發現，當電腦以視覺提示告訴使用者任務執行的進度時，使用者會比較願意等待（更能忍受等待）。這項研究後來促成了進度列（progress bar）和後來許多功能性動畫的誕生。

另一方面，介面上的裝飾性動畫並沒有功能性的目的。如果它做得有效，會吸引使用者的注意力、並講述一個故事；但如果做得不好，它可能就會變成嘩眾取寵的東西，會分散使用者的注意力，並妨礙他們完成任務。

我們在製作自製與自籌資金的互動紀錄片《共享房屋計畫》（One Shared House）（一部關於我在阿姆斯特丹某間公共住宅中的成長經歷的紀錄片）時，我想讓首頁看起來像電影海報。由於這個故事跟我的童年有關，我希望它給人的感覺，就像我在成年後回顧這部影片中的某個關鍵時刻，也就是當共用晚餐不再進行時，就象徵著共居夢想的結束。

我們跑去買了一些芭比娃娃用的家具與無印良品（Muji）的塑膠盒，還用 3D 列印做出一些迷你小家具，並將所有物品噴漆成我們色板中的藍紫色，除了我的那張椅子是噴漆成粉色。然後我們設置燈光、拍攝定格動畫，並設定要透過滑鼠移動來觸發播放定格動畫。我的眼睛會跟著使用者的滑鼠移動，當使用者想開始看紀錄片時，我的椅子就會掉下來。

雖然這些動畫並沒有真正的功能性，但它們在首頁和互動影片之間建立了原先缺乏的連續性，也讓整個介面「活」了起來，增加了獨特的視覺元素，有助於講述一個更完整的故事（請參閱**法則 74**）。人們大多會一直玩我的眼睛跟滑鼠的互動反應，因此他們在首頁所停留的時間比預期更久。

UI 動畫能吸引使用者的注意力，但這也是它們最大的缺點。功能性動畫應該是隱形的、不顯眼的，而裝飾性動畫則正好相反。然而，無論多麼微妙或吸睛，動畫都不應該妨礙可用性。決定將動畫引入介面之前，我們需要先考慮每個動畫給終端使用者帶來的價值，並牢記加入動畫應該能為使用者的體驗加分，而不是反而妨礙他們。

→
右頁是我們自製的互動紀錄片《共享房屋計畫》（One Shared House）的主頁，這些影片講述我在阿姆斯特丹市中心一所公共住宅中成長過程的經歷。我的眼睛會跟隨著使用者的滑鼠游標，當他們選擇「觀看紀錄片」時，我的椅子（粉紅色的椅子）就會掉下來。

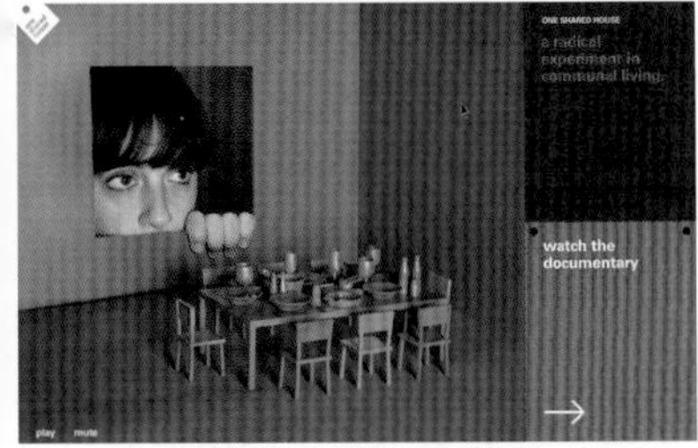

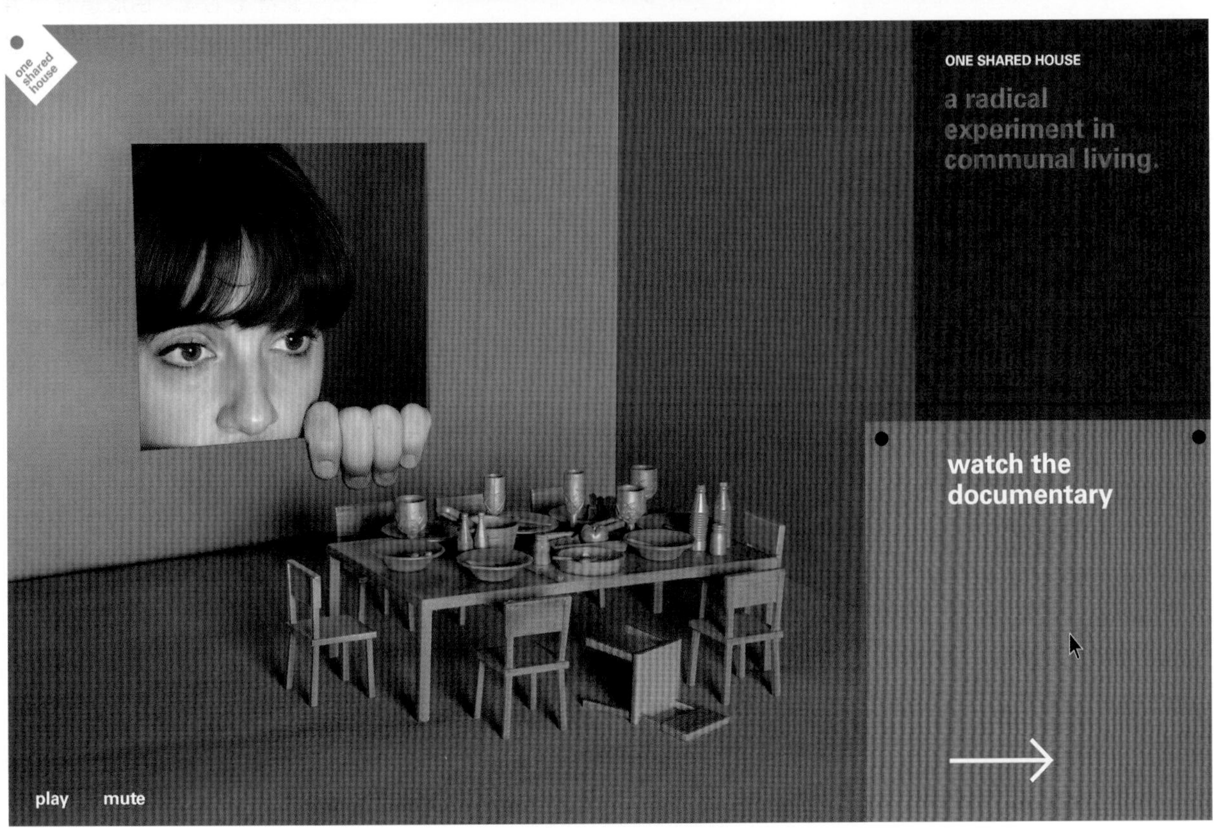
one shared house
ONE SHARED HOUSE
a radical experiment in communal living.
watch the documentary
play
mute

78

讓數據更討喜

當人們聽到「數據」或「資料視覺化」，他們往往想到圖表、報表、試算表，或者一些抽象、乏味、跟統計有關的東西。這些圖表原本是為了讓數據容易理解才做的，但許多數據在視覺化後卻適得其反。

在本書前面的單元中，我們談到視覺隱喻如何運用現有的象徵意義讓觀眾產生共鳴（請參閱**法則 7**）。如果說我們需要什麼東西來幫助我們產生共鳴，那就是大數據和龐大的數字。因此，我們要讓數據變得更討喜一點。

2009 年，我們與廣告公司 Cramer-Krasselt 合作，為保時捷（Porsche）推廣他們在北美市場所推出的第一款四門轎車「Panamera」。當時市面上大多數車廠網站，內容都只是在炫耀功能與細節，但我們想強調一個事實：有史以來生產的所有保時捷中，有 70% 以上至今仍在路上奔馳。（想要表達保時捷就像傳家寶一樣，可以代代相傳。）

我們打造出一個由使用者提供的故事庫，收集數千個保時捷車主和保時捷狂熱粉斯的故事（據說連知名演員傑瑞．史菲德〔Jerry Seinfeld〕也有來投稿），並以互動式族譜（家族樹 / family tree）的形式將它視覺化。美國西岸的故事在左邊，東岸在右邊；比較舊的保時捷車型故事位於底部，而比較新的保時捷車型則位於頂部。

由於族譜（家族樹）的隱喻相當容易理解，人們光憑直覺就知道如何互動，並沉浸在背後的故事中。這種身臨其境的體驗，讓他們感受到自己貢獻的數據使他們成為保持捷大家族的一員。

記住，**並非所有數據都需要視覺化**。我們現在身處大數據的時代，很容易想把一切都變成資料視覺化圖表。但在開始之前，請先確保這些數據真的跟目標受眾相關，而且是他們感興趣的，因為沒有人只對單純的「數字」感興趣，而是背後代表的意義。

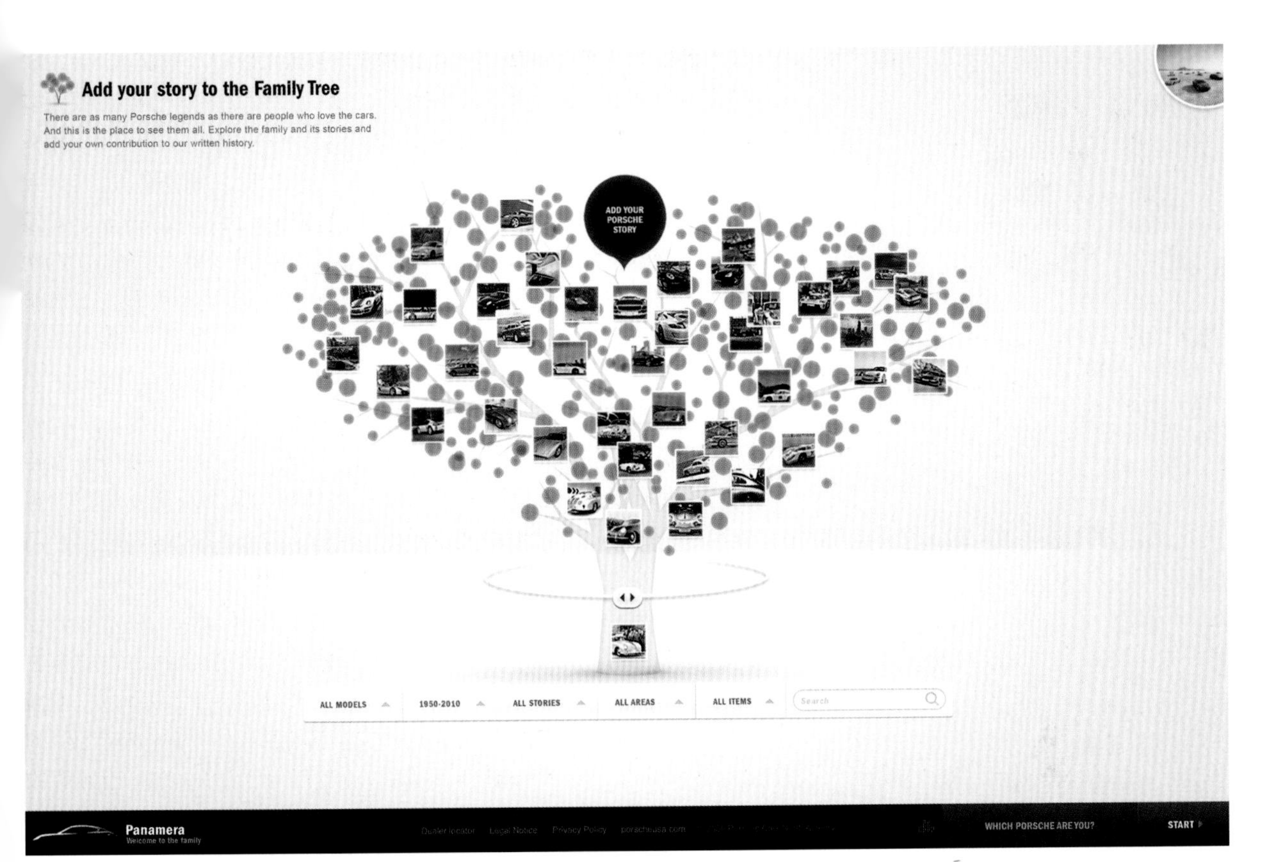

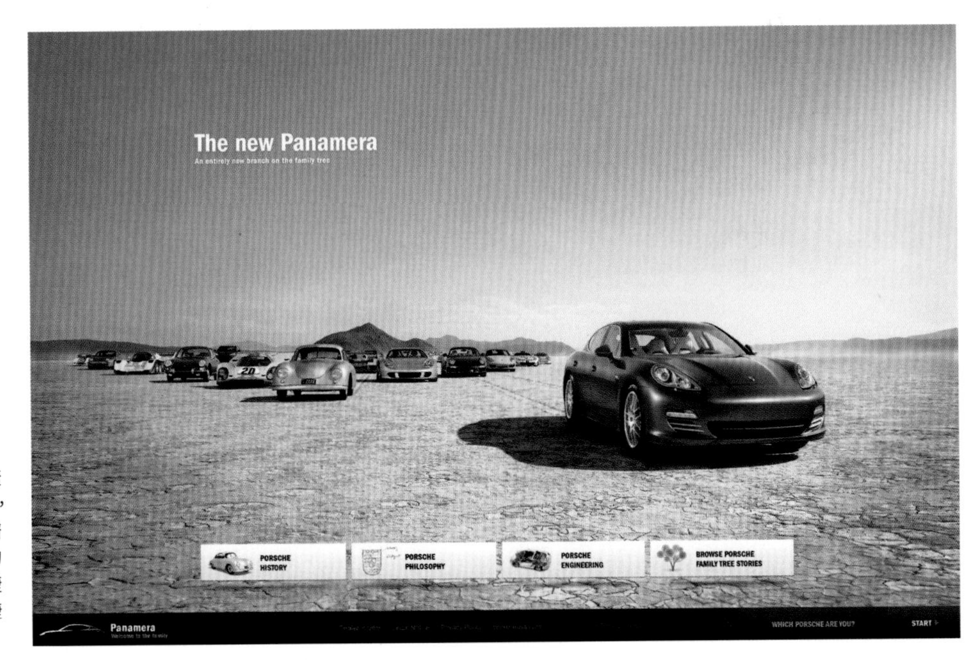

→
我們在 2009 年設計的保時捷 Panamera 網站的主要畫面，來自西岸的故事在互動式族譜（家族樹）的左側，來自東岸的故事在右側。比較舊的保時捷車型故事在底部，新的保時捷車型的故事則位於頂部。

79

深色模式正在崛起

深色模式 (dark mode) 是指淺色文字配深色背景的螢幕顯示方式又稱「負向對比 (negative polarity)」。淺色模式 (light mode) 則是深色文字配淺色背景，即「正向對比 (positive polarity)」。淺色模式在過去三十年來一直都是主流，但近年來深色模式捲土重來，人們宣稱它能延長電池壽命、提高可讀性並減少藍光傷害，而且這模式看起來很酷！那麼，哪種模式更好呢？其實要看情況。不過，深色模式正在崛起！

我所認識的所有開發人員都在深色模式下編寫程式碼。他們認為，當你不得不整天盯著螢幕時，深色模式更能保護眼睛，因為它發出的藍光更少。他們還說，在深色的背景上，程式碼行數更加顯眼，而在黑暗的房間裡工作時，在明亮的顯示器上閱讀大量文字會導致眼睛更加疲勞。他們沒說錯，這些都是事實，並且都有科學根據。

然而，在大多數情境下，大多數人還是偏好淺色模式。先拋開我們的進化偏好（畢竟我們人類不是夜行性動物），閱讀長行文字在淺色模式下其實更容易。因為有**「光暈效應」(halation effect)**，亮色文字配深色背景其實會讓文字邊緣模糊，讓長篇小字更難閱讀。

那我們應該怎麼辦呢？這取決於內容的目的和使用環境。深色模式更適合強調視覺化內容（比方說 Netflix 的封面）以及短文字（例如程式碼），當我們在黑暗的房間裡觀看螢幕上的內容時，深色模式會更適合我們的眼睛。至於淺色模式可以讓我們在白天更輕鬆地閱讀長段落文字、以及查看螢幕上的內容。

如果我們想凸顯視覺內容、引人注目，深色模式是個安全的選擇。不過，假如我們想讓人閱讀，淺色模式是更好的選擇。如果不確定，可以提供兩種模式讓使用者自行選擇。不過，無論如何，務必根據使用情境做決定，而不是因為它看起來比較酷。

Metamorphosis

One morning, when Gregor Samsa woke from troubled dreams, he found himself transformed in his bed into a horrible vermin. He lay on his armour-like back, and if he lifted his head a little he could see his brown belly, slightly domed and divided by arches into stiff sections. The bedding was hardly able to cover it and seemed ready to slide off any moment. His many legs, pitifully thin compared with the size of the rest of him, waved about helplessly as he looked.

"What's happened to me?" he thought. It wasn't a dream. His room, a proper human room although a little too small, lay peacefully between its four familiar walls. A collection of textile samples lay spread out on the table—Samsa was a travelling salesman—and above it there hung a picture that he had recently cut out of an illustrated

14

Metamorphosis

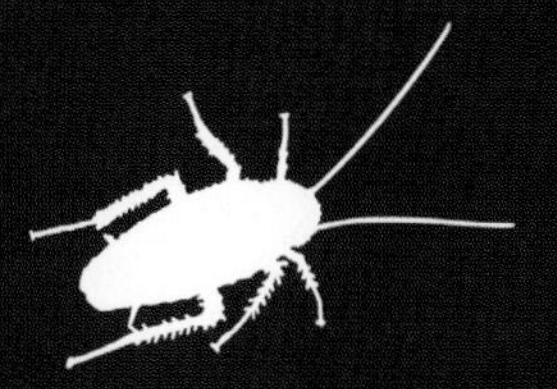

One morning, when Gregor Samsa woke from troubled dreams, he found himself transformed in his bed into a horrible vermin. He lay on his armour-like back, and if he lifted his head a little he could see his brown belly, slightly domed and divided by arches into stiff sections. The bedding was hardly able to cover it and seemed ready to slide off any moment. His many legs, pitifully thin compared with the size of the rest of him, waved about helplessly as he looked.

"What's happened to me?" he thought. It wasn't a dream. His room, a proper human room although a little too small, lay peacefully between its four familiar walls. A collection of textile samples lay spread out on the table—Samsa was a travelling salesman—and above it there hung a picture that he had recently cut out of an illustrated

14

↑
上圖是以卡夫卡（Franz Kafka）的《變形記》（Metamorphosis）一書中的段落為例，對比淺色模式（左）和深色模式（右）。對於大多數情況下的大多數人來說，在閱讀長篇文字段落時，淺色模式還是比較舒適，但深色模式更能凸顯影像。

80

不要給使用者完整的控制權

介面越有彈性，使用者的控制權就越大。但控制權越大，介面就會越複雜。要給予多少控制權，取決於預期的目標受眾。如果你希望產品被廣泛採用，使用者就應該受到一定的限制；但假如這產品是提供給高度專業化的專業人員，那麼最好盡量給對方更多控制權。

允許使用者輕鬆操作基本功能（例如返回、取消、關閉或是復原等）並提供靈活的操作感，應該是任何介面都必備的功能。但不該允許使用者完全自訂他們的體驗，這種事應該只保留給專業人士使用或是根本不要提供。快樂地走中間路線通常是最佳選擇，也就是讓每天都會操作的使用者擁有足夠的靈活性，他們能自行發布或確定自己的偏好，但又不會有太多的控制權，以免工具變得過於複雜（請參閱**法則 46**）。

以我們為 Art Directors Guild（藝術指導工會，簡稱 ADG）製作的新數位平台為例。ADG 的成員有藝術總監、場景設計師、插畫家和平面設計師，協會中的某些成員每天都在用非常複雜和高度客製化的軟體，也有某些成員在日常工作中幾乎不會用到電腦。我們必須確保我們設計的系統能同時適用於這兩種情況（請參閱**法則 19**）。

ADG 工會的網站就像是所有成員在網路上的家，我們唯一讓使用者可以自行掌控的地方，就是他們自己的個人檔案區域，他們可列出自己的技能和聯絡資料，上傳自己的作品集圖片或參與製作的作品劇照。他們也可以決定哪些資訊可以公開、哪些資訊只給成員看。就這樣而已。這就是他們擁有的所有控制權。

我們設計師的工作，就是在操作彈性和控制之間找出最佳平衡點。如果目標客群是技術老手或專業使用者，或許可以給予更多控制權（但絕不是完整的控制權）。另一方面，如果我們設計的介面是要讓任何普通人都可以使用，就應該非常清楚地知道要提供什麼程度的控制權、以及原因是什麼。否則，我們可能會做出過度複雜的工具，它或許塞滿了各種強大又複雜的功能，但是卻沒有人要使用。

→
藝術指導工會（Art Directors Guild）是代表電影和電視專業人員的工會，它的會員可以控制自己的個人主頁是否公開，他們還能編輯自己的個人簡介、聯絡資訊、技能、工作經驗、過去參與過的作品、工作過的地點以及曾經獲得的獎項等，但他們無法控制個人資料頁面的設計。

RYAN GROSSHEIM

ASSISTANT ART DIRECTOR - FILM

SEND E-MAIL
IMDB PROFILE
WWW.RYANGROSSHEIM.COM
TUMBLR.RYANGROSSHEIM.COM
PDF RESUME

AGENT: DAN BROWN
AGENCY: BROWN LLC
AGENCY PHONE: 123-456-6788
AGENCY CELL: 123-456-6788
E-MAIL AGENT

YOUR PROFILE IS SET TO **PUBLIC** CHANGE

CHANGE PASSWORD

Ryan Grossheim is a Production Designer & Art Director for film/television based in southern California. He also works as a scenic designer and concept artist for themed entertainment and theatre with clients including the San Diego Zoo.

SKILLS

Scenic Painting: Theatrical
Computer/Design: Adobe Illustrator
Computer/Design: Adobe InDesign
Computer/Design: Adobe Photoshop
Computer/Design: Vectorworks
Drafting/Models: Foamcore Models
Drafting/Models: Finish Models
Title/Graphics: Logo Design
Title/Graphics: Production Graphics
Computer/Design: AutoCAD (AutoDesk)
Computer/Design: SketchUp

EXPERIENCE

Extensive Experience in Design for Theatre and Themed Entertainment

MFA - Design & Technology - San Diego State Dept. of Theatre, Television and Film

Lorem ipsum dolor sit amet, consectetuer adipiscing elit. Aenean commodo ligula eget dolor. Aenean massa.

Mac and PC proficient

RECOGNITION

Emmy Award for Hairspray Live!
ADG Nomination for Hairspray Live!
Emmy Nomination for The Voice
ADG Nomination for The Voice

LOCATION EXPERIENCE

Los Angeles, Boston, Chicago

CREDITS

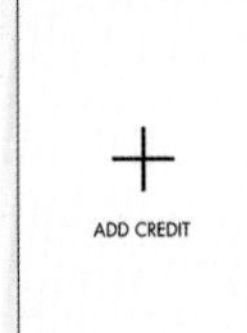

MINDHUNTER

NETFLIX

MINDHUNTER
SEASON 1, 2
ASSISTANT ART DIRECTOR
3

THE GOOD PLACE
SEASON 1, 2
ASSISTANT ART DIRECTOR
4

HAIRSPRAY LIVE!
ASSISTANT ART DIRECTOR

81

個人化推薦不一定有用

如果說「客製化（Customization）」是將控制權交給使用者，那麼「個人化（Personalization）」就是將控制權交給系統，讓系統根據使用者過去的行為，來推測使用者想要什麼。然而，「透過數據了解使用者」和「透過數據追蹤使用者」，這兩件事只有一線之隔，而且系統的推薦「完全準確」和「完全失準」之間也只有一線之隔。

如果在使用者知情的狀況下，請他們自願提供數據（例如透過問卷或表單），再提供個人化內容，這樣做是完全無害的。然而，如果是透過使用者不知道他有被收集的數據（例如偵測位置或裝置數據）來提供個人化內容時，這就變得有點像是非法跟蹤了！如果我們根據使用者並未自覺的行為模式提供推薦，感覺就更令人不適。

每次被 Spotify 推薦到符合自己喜好的音樂，或是被 Netflix 精準地推薦下一部該看什麼影片時，都讓人感覺很神奇。但如果系統根據使用者的搜尋和購買紀錄，自行推斷使用者可能懷孕，就開始大量投放嬰兒用品廣告，即使在那位真實女性流產數月後還拼命投放，這樣不僅離題，甚至會造成精神上的打擊！這種案例真的發生過，這件事也暴露出，從長期收集的大數據所歸納出的「智慧」，並不如我們想像中那麼聰明。

根據客戶互動公司 Twilio 的報告，69% 的人可接受個人化，只要是透過他們直接提供且知情提供的數據。因此，收集數據的道德方式是首先徵得使用者的同意。但問題是，大多數公司都不會主動詢問，即使詢問了，大多數人也不會細讀條款（請參閱**法則 14**）。

真正的問題是，人們過去或當前的行為，是否必然指向未來的某種需求？我們都喜歡探索新發現和驚喜，但如果感覺到被跟蹤，或是感覺到有其他替代方案被系統隱藏起來時，這就有點討厭了！

對我來說，我希望能在適合的時候，讓我自己選擇是否分享數據。舉例來說，我用 Spotify 聽音樂很多年了，因此系統中會有我的收聽數據。可是在寫這本書的期間，就破壞了我的數據（因為我習慣在寫作的時候只能聽背景爵士樂）。因此現在我最喜歡的數位產品——Spotify 的「Discover Weekly」推薦功能——完全被毀掉了，它現在只推薦我更多背景爵士樂，我想它還需要好幾年才能恢復正常吧。

82

一言勝千圖

儘管我寫電子郵件已經超過 25 年了，但我還是有一半的機率會把「附加檔案」圖示和「插入連結」圖示搞混！我也害怕更改洗衣機的設定，因為我看不懂那些圖示代表什麼，又懶得翻找說明書。如果我的汽車儀表板上有一個圖示開始閃爍，我都不知道會有多擔心，因為我也不知道它是什麼意思！因此我的感觸是：一言勝千圖！

我想應該不只我有這種困擾。為了充分了解人們與圖示之間的關係，UIE※ 進行了兩項實驗，他們改變了圖示的外觀，但將它們放在相同的位置，結果使用者能馬上適應並且完成任務。但是，如果圖示的外觀不變，但是位置改變了，使用者就困惑了，有些人甚至連基本的任務都無法完成。這件事讓我們知道，**人們會記得圖示的位置，而不是它們的外觀。**

※
編註：「UIE」是指 User Interface Engineering，這是美國一家專門研究使用者體驗與可用性研究的顧問公司，由 Jared Spool 創立。

圖示的問題在於，**很少有圖示能通用到不用文字說明就能懂**。這種圖示非常少，少到我現在就可以把它們列舉出來：首頁 (小房子)、列印 (印表機)、搜尋 (放大鏡)、設定 (齒輪)、喜歡 (愛心)、檔案 (資料夾)、信件 (信封)、聊天 (對話框氣泡)、編輯 (鉛筆)、載入中 (轉圈)、通知 (鈴鐺)、刪除 (垃圾桶)、加入購物車 (購物車)、照片 (相機)、定位 (圖釘)、安全 (鎖頭)、播放 (箭頭)、使用者 (人形剪影)。

除這些例子之外，幾乎所有圖示（包括看起來像三條線的漢堡選單）對某些使用者來說都可能看成不同的意思。這不是因為缺乏隱喻，而是因為在不同介面中意義不同。例如星星圖示，有時代表「收藏」，有時卻會代表「星級評分」。由此可知，圖示的意義會視情況而定。這種缺乏標準化的情況，就像試圖學習一門語言一樣，字詞的含義會因為說話者的身分不同，而一直變來變去！

使用圖示的優點，是它們易於識別、不佔空間、美觀、還可以當作良好的觸控目標（按鈕），也能讓系統看起來設計風格一致，不需要言語就能懂（前提是通用性高）。但是，如果在最糟的狀況下，圖示反而顯得多餘、令人難以解讀，反而會破壞整體使用者體驗。因此，假如有疑問，最好在圖示旁加上文字；如果無法加文字，至少也要將圖示放在預期的位置。這樣一來使用者光憑肌肉記憶，也會知道該去哪裡找到圖示。

83

理解銷售漏斗

一般人購買產品的行為，稱為 B2C（企業對消費者），而如果是公司向另一個企業購買產品或服務，則稱為 B2B（企業對企業）。在電子商務領域中，區分這兩者很重要，因為消費者與公司的目標不同。消費者可能會在 15 分鐘內就做出購買決策，而公司會先經過漫長的研究、評估與談判過程，才會決定合作夥伴或供應商。

以我們為 Markforged 公司（B2B 領域的工業級 3D 列印機製造商）推出的專案為例。他們的客戶都是企業，因此產品的銷售週期會比生產個人家用 3D 列印機的公司更長。因為對企業來說，採購新的 3D 列印機等於變更產品的製造流程，這是重大決策，風險也很大。這不同於一般消費者的需求，一般人可能是為了做一隻星際大戰的尤達（Yoda）就買一台家用 3D 列印機來玩，並不用承擔什麼風險。

另一個很大的區別是，B2B 電商絕對不是「加入購物車」那麼簡單。事實上，你幾乎看不到直接標價，即使有，那也是約略的參考價。B2B 的標價取決於採購量、技術支援程度或是系統整合需求，幾乎總是可以議價的。大多數 B2B 公司（包括 Markforged）都有完整的銷售團隊，隨時準備好與潛在客戶洽談，且洽談過程仍然以「讓我打個電話給您」這種相當「老派」且高度個人化的方式在進行。

但是，在企業端決定打電話給業務之前，首先會在網路上貨比三家、並評估他們的採購目標。這種研究通常會由基層員工負責，他們會收集白皮書、影片、見證、技術規格和樣品等資料來向上級提案。接下來，經理級的人物會查看各種選項，篩選出最符合需求的解決方案，最後則將名單縮小到少數幾個潛在合作夥伴或供應商。

以 Markforged 這個案子來說，我們設計師的目標就是支援那位基層員工的研究工作。他們的研究做得愈好，Markforged 進入企業採購候選名單的機會就愈大。如果 Markforged 是直接向消費者銷售，那我們的策略就會完全不同，會把目標改成讓使用者儘快完成購買。

雖然策略不同，但構成良好 UX 的所有原則——清晰的資訊架構、高可用性、優質的設計美學與品牌形象、縮短使用者的目標捷徑、組織良好的相關產品資訊——這些仍然很重要（請參閱**法則 74**）。因為企業的採購窗口也是普通人，他們每天都在用 B2C 介面。因此，即使我們的銷售對象是公司，也不能忽略基本功。

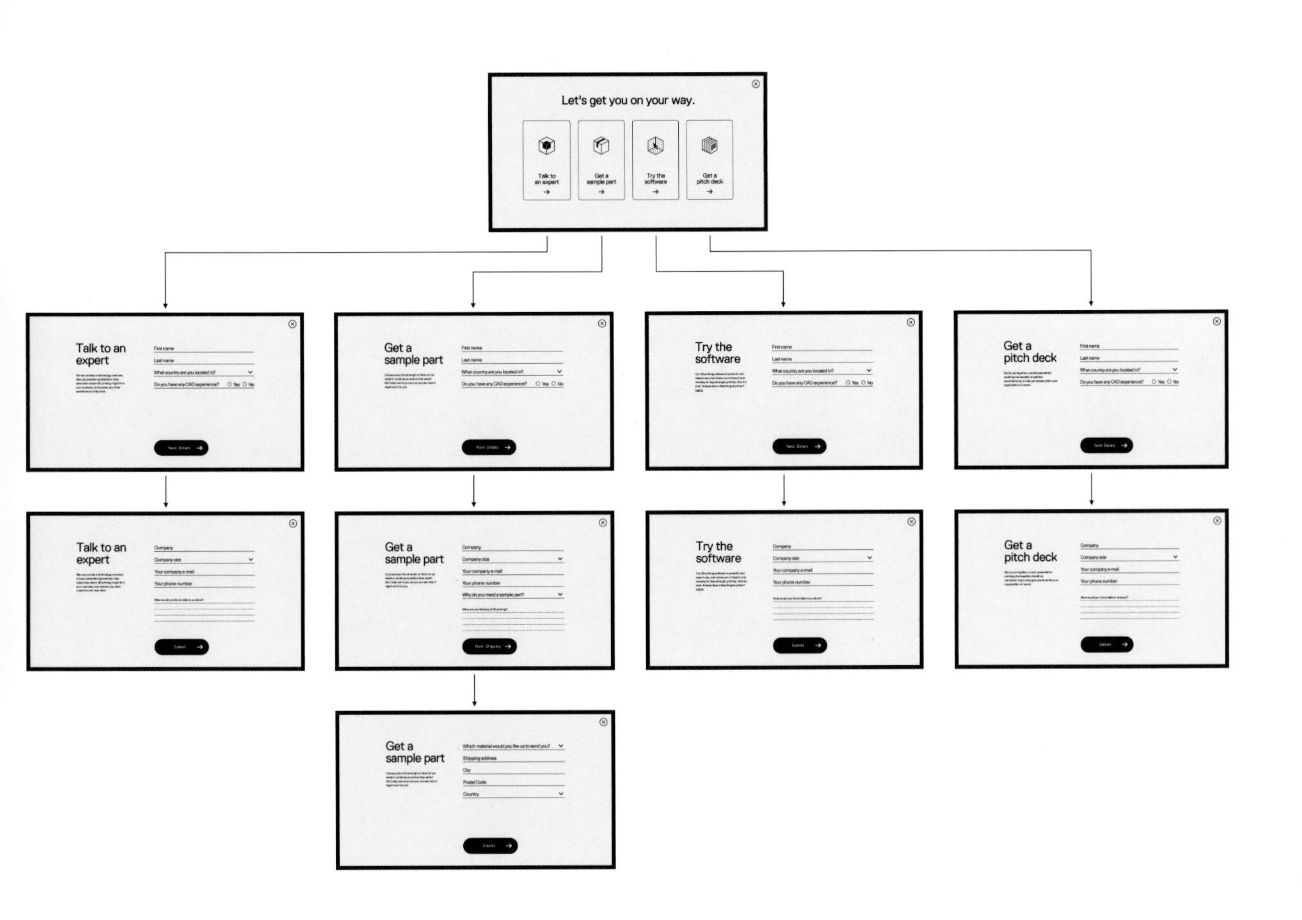

↑
Markforged 的目標不是透過銷售漏斗增加使用者，
而是促使群眾更加充分了解他們公司的產品。

84

設計要符合目標裝置

根據 Statista※ 統計數據，全球只有約一半的家庭擁有桌上型電腦，但有 75% 的人擁有智慧型手機，而且這個差距每年都在擴大。目前智慧型手機佔全球網路流量約 60%，行動介面已經是非做不可了。

這使得行動介面變得極為重要，2009 年時，Google 的產品設計師盧克．弗羅布萊夫斯基（Luke Wroblewski）主張為減少行動介面上的複雜功能，應該將設計方向定為「**行動優先（mobile first）**」，而不是只把桌面版的設計縮小。然而，「行動優先」常常會變成只顧著設計手機用的介面。當市面上出現更小的裝置（例如智慧手錶）時，同樣會面臨介面無法再縮小的問題。

有個重點必須好好牢記，**使用者跟不同裝置的互動方式並不相同**。行動裝置握在我們手中，隨時隨地都在使用，可能是在無聊時拿出來消遣，或是在需要導航時求助。相較之下，桌上型電腦通常用於家中或工作場所，用來處理需要更專注與精準度的工作。

而且，即使世界上大多數人都用智慧型手機上網，並不代表我們的目標使用者也是如此。在設計之前，建議先評估並確認使用者實際會使用此介面的裝置，無論是桌上型電腦、手機、平板或其他，都要一併考慮（請參閱**法則 26**）。這樣我們就能綜合考量各裝置的優勢與缺點，並設計出不僅符合螢幕尺寸，也符合使用情境的介面。

在我們工作室，每次開始設計之前，我們都會確定所有功能並了解使用者最常用的裝置。這些資訊讓我們能夠根據使用者的實際需求和設備的使用情況，制定出針對特定裝置的設計決策，這樣做可以提升設計在所有必要裝置上的表現和成效。

※
編註：Statista 是一個橫跨產業、市場、國家、議題的整合型線上資料庫，創立於 2008 年，總部位於德國漢堡。Statista 資料庫結合全球 22,000 家以上的第三方公開資訊，經 Statista 專業團隊整理分析，發表各種主題的量化資料，提供給全球各大企業或機構訂閱參考。

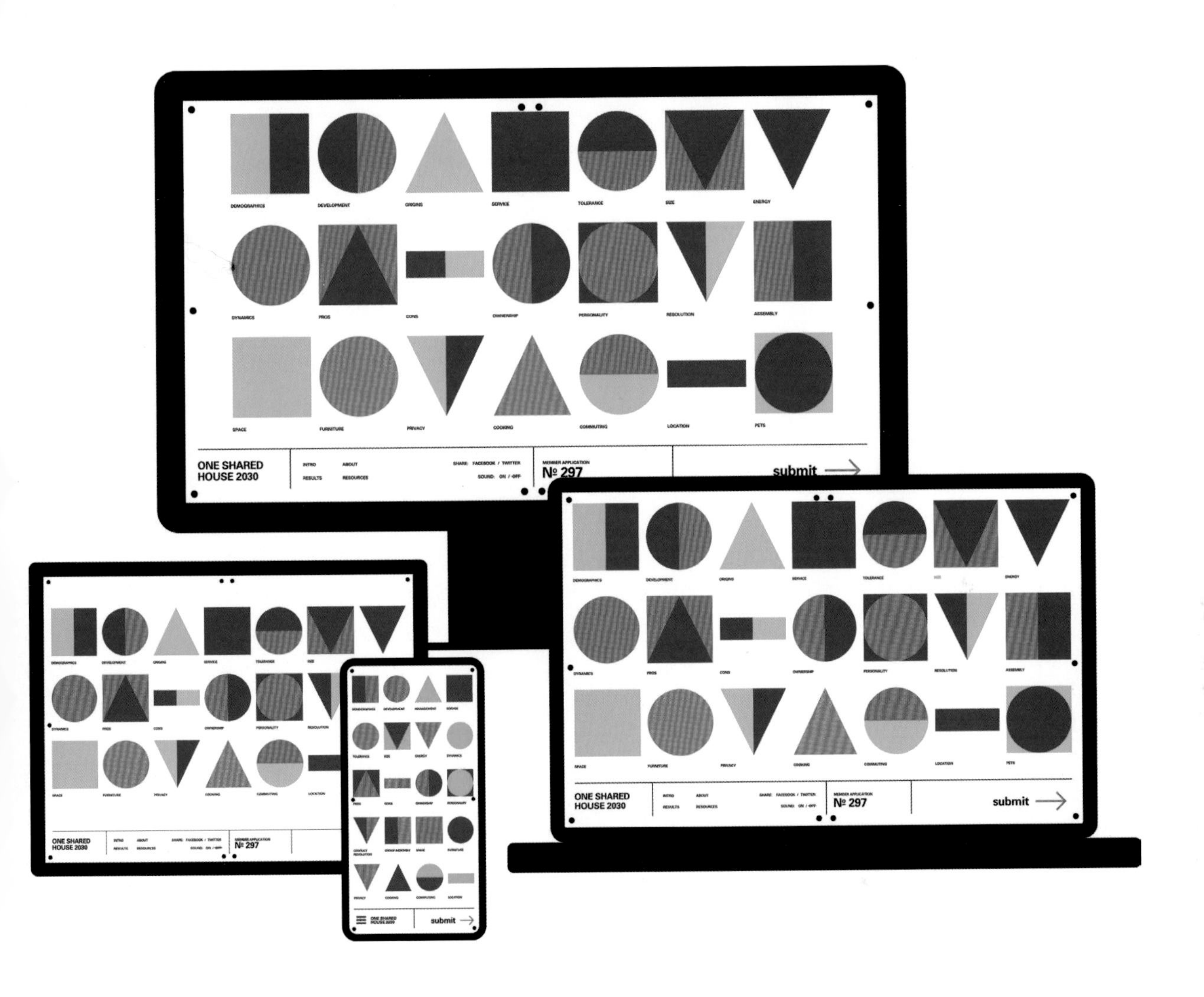

↑
我們與 SPACE10 以及 IKEA 合作的關於未來公共生活的專案《2030 年共用房屋計畫》(One Shared House 2030)。我們設計時就預想大家會透過各種設備觀看，因此在架設網站時，刻意設計出可以符合各種不同螢幕尺寸和使用環境的介面。

85

設計系統對大企業有利

在 2000 年代初，當時有不少看起來超有趣的網站，幾乎都是由小型設計工作室製作，他們使用現在已經被淘汰的 Flash 技術，為客戶量身打造一次性的網站。當時我們不用擔心螢幕尺寸之類的問題，因為 iPhone 還沒問世，沒有手機設計標準，也沒人在乎無障礙設計（請參閱**法則 18**）。當時的動態網站做好之後很難更新（因此大多是一次性網站），就像是開拓時期的蠻荒時代，精彩和糟糕設計並存。

到了上個世紀末，狀況開始改變了。我們在行動螢幕上花費的時間愈來愈多，但這些裝置都不支援 Flash 技術。而且大部分網站設計轉由大型公司承包，而不是小型工作室。由於客製化產品需要投入大量時間做設計，而且無法量產，這些大公司轉而使用**設計系統（Design systems）**來做設計。這種做法有助於讓整個團隊保持風格一致性，即使團隊中有數百名想要展現自我風格的設計師。

設計系統的目的是改善產出與時間。系統會將常用設計元素模組化，並建立一個「可信任圖庫」。這樣一來，即使是新來的設計師，也能快速上手，用重複使用的元件做出符合需求的設計。透過設計系統產出的網頁，即使是換了裝置，或是由不同的設計師設計，都能給使用者一致的體驗。但是，建立設計系統非常耗時，而且很難維護，因此只有在建立規模較大的網站時，採用設計系統才有意義。

因此，設計系統往往只會在大型企業中誕生。微軟在 2010 年推出 Metro Design Language（現已廢止），而 Google 在 2014 年推出 Material Design，Salesforce 與 IBM 都在 2015 年引進設計系統，Airbnb、Uber、Spotify 等公司也陸續跟進。這些大公司的共通點就是規模龐大。如果沒有統一視覺語言，就無法在各種不同的裝置與螢幕尺寸中維持一致的外觀。

對設計師而言，設計系統會讓創意工作變成很無聊的工作。系統會限縮設計師發揮的空間，讓他們覺得自己像生產線的「組裝工人」，而不是發揮創意的設計者。在這類大企業中，即使是資深的設計師也不會真正操刀設計，他們通常只是在做決策。

在設計系統為主的大企業中，客製化設計被大量生產的設計取代，生產速度會加快，成本會降低，產出會增加，而即使頂尖設計師被一般人取代，品質也不至於太差。而且產出一致的外觀與感覺會讓使用者更易上手。只是，這些好處的代價就是用設計師的自由去換。因此，我應該永遠不會去那種大公司當設計師。

→
右頁就是我們幫已有既定形象的大型企業所製作的專案（以 Spotify 為例）。設計時，必須做出在所有垂直領域都保持一致的作品，一致性會比設計師的個人詮釋更為重要。

Spotify Design

Articles Events Team

Spotify Design

Hey, we're a group of music-loving designers, UX writers, researchers and data scientists making meaningful connections between fans and artists. And we make it all happen by understanding and putting people first.

ALL DESIGN INSIGHTS CASE STUDIES CULTURE

CASE STUDIES

What's it like to intern at Spotify as a Designer?

05/19/2017 | 12 min read

CASE STUDIES

Redesigning an entire Spotify icon suite.

05/19/2017 | 12 min read

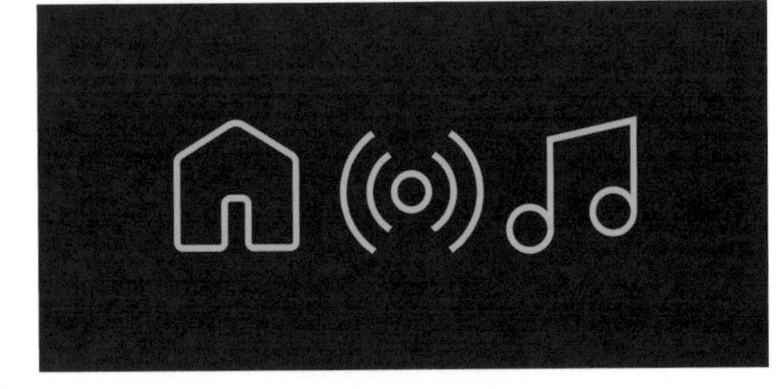

DESIGN

What is good design?

86

模組化對設計師有利

在我們工作室，每次我們把某個專案的關鍵頁面設計出來時，我們就會回頭檢視，看看如何將設計再分解成更小的組件 (modules)，以便我們可以在整個體驗中反覆使用這些組件，換句話說，我們會進行**設計模組化 (design modular)**。

透過將設計分解為較小組件，並在整個介面中重複使用和組合這些模組，我們（以及合作的開發者）就能將那些不有趣但有必要的頁面（例如「常見問題與解答」、「服務條款與條件」）自動化生成，這樣我們就能花更多時間去做這個專案中比較有趣的地方了。

為了將設計模組化，我們首先會根據網站的功能與特色清單，確定需要做多少獨特的範本 (template)。目標是將獨特範本的數量降到最低程度，這樣一來，我們即可節省製作時間，並且建立出使用者只需學習一次的設計模式。

定義出所有的範本後，我們再判斷需要做多少獨特功能，並將這些獨特的功能稱為「樂高積木」（請原諒我的老派用詞，畢竟我們團隊都是六、七年級生）。把這些樂高積木設計並建造出來，就能在整個體驗中重複使用，或組合成更複雜的功能。最後只需在範本中填入必要的模組、文案與圖片，就能馬上完成一個實際頁面。

我分享的這一切其實並不是什麼創新的作法，應該每間設計工作室都有準備類似的模組化系統。只要將自己的設計模組化並且一致地應用，未來即使要針對某些性質做修改，也不會影響到其他部分。這不僅適用於專案的製作期間，也適用於產品發布後數年，模組化可以讓數位產品更持久、更容易維護。

重點是要記住，如果事後才做模組化設計，那並不是容易的事情。因為模組化設計需要前期的周全規劃與考量，必須投入大量時間。但如果願意先投入時間進行模組化，之後團隊中每個人都可以省下大量時間。省下的時間，就能用來提升最重要的體驗部分（請參閱**法則 44**）。

→
右頁展示了一組小型範本，這是我們在製作香港 M+ 博物館的網站時，經常會重複使用和組合的設計元素。我們會先設計出關鍵頁面，接下來將設計分解為更小的組件（也就是「樂高積木」），最後再用這些組件來建立所有的其他頁面。

20 Jan, 2020
28 Feb, 2020

M+ Presents:
The Film Life of Ann Hui

Screenings

18 Jan	20:00	Get Tickets
19 Jan	14:30	Get Tickets
	20:00	Get Tickets
22 Jan	21:30	

814

Zhang Xiaogang
Bloodline Series- Big Family No. 17-1998

→ View Object

Audio Transcript +

M+ and the West Kowloon Cultural District Authority

Overview →
M+ Board →
M+ Board Committees →
Board of M+ Collections Limited →

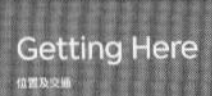

Getting Here

Address:
M+, West Kowloon Cultural District,
38 Museum Drive, Kowloon

By Bus +
By Taxi / Car +
Hourly Parking +
By MTR +
Accessibility +

20 Dec, 2019
12 Apr, 2020

Samson Young: Songs for Disaster Relief World Tour

Zhang Xiaogang
Bloodline Series- Big Family No. 17-1998

20 Dec, 2019
12 Apr, 2020

M+ Sigg Collection: From Revolution to Globalisation

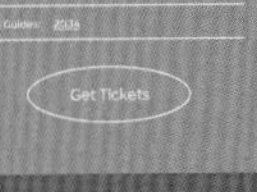

A Look at Globalisation and Language in Contemporary Chinese Art.

Our Collections

Type +
Language +
Audience +
Location +
24 Jan, 2028

Akarit Scarf
Noguchi: A Sculptor's World

Details

Programme: M+ Presents
Dates: 14 Jan, 2020–28 Feb, 2020
Language: Cantonese (with English Subtitles)
Location: Cinema House A

Programme Trailer

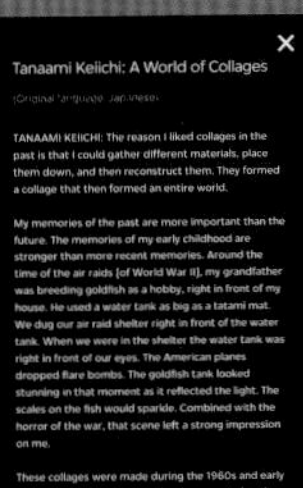

Zhou Tiehai

14 Jan, 2020
24 Mar, 2020

Get Tickets

2004

1,510

1979–2012

Collection Objects

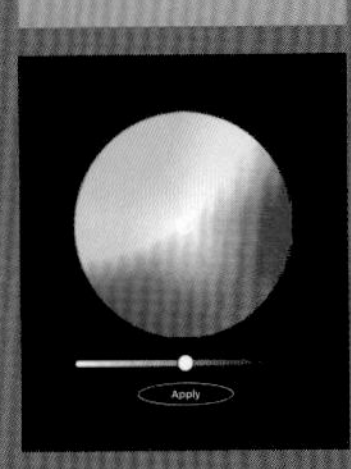

Proceedings: Four Iterations of Hong Kong in Venice

Andrew Lee King Fun
North-east elevation (facing Hoi Bun Road), Pacific Trade Centre, Kwun Tong, Hong Kong

M+ Collection

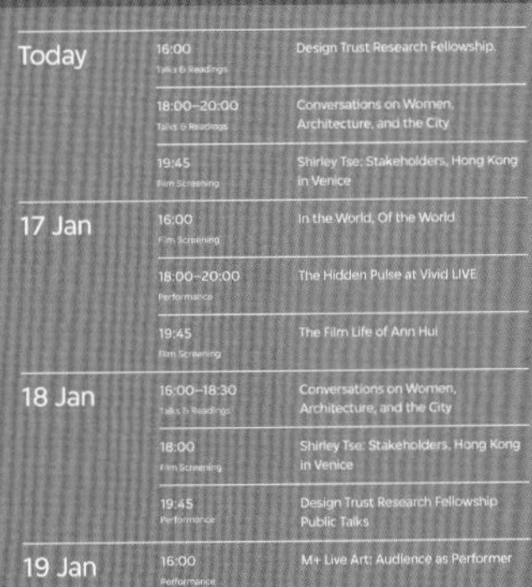

11 Nov, 2021
6 Oct, 2022

M+ Sigg Collection: From Revolution to Globalisation

M+ Rover x Lee Hysan Foundation

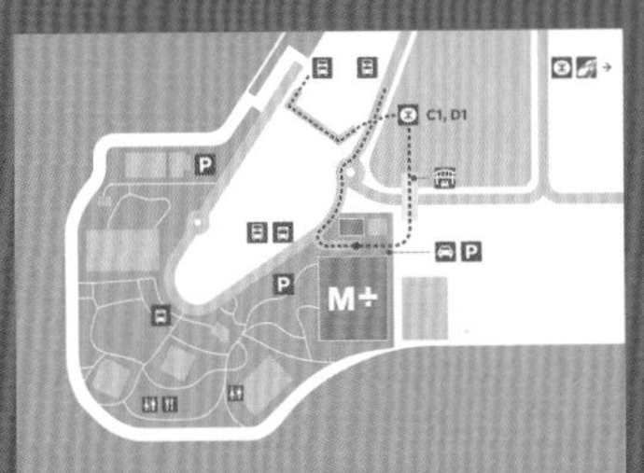

The M+ building designed by Herzog & de Meuron is an iconic presence overlooking Victoria Harbour.

11	M+ Lounge
5	Research Centre
3	
2	Galleries
G	Galleries, Grand Stair, Moving Image Centre, Learning Hub, M+ Shop
B1	Restaurant, Café, M+ Cinema, Mediatheque, The Other Shop
B2	Found Space, The Studio

An Introduction to the M+ Collection Archives

Exploring the Hong Kong Architecture Archives of Wong & Ouyang

Quantity	Ticket Type		
1	Adult	$312	$312
0	Child (ages 6 and below)	$156	$0
0	Child (ages 7–17)	$156	$0
0	Full-time Student	$156	$0
0	Senior (ages 60 and above)	$156	$0
0	Persons with Disabilities	$156	$0
0	Companion for Persons with Disabilities	$156	$0
0	M+ Members / Patron	$276	$0
0	25% Discount Ticket		$0
Total			$312

2012 | 8802 | 3484 | 1212

87

為意外狀況預先準備

我們團隊在 2012 年曾經為《今日美國報》(USA Today) 進行網站的改版，那應該是我們做過最複雜的設計系統。這個系統要讓母公司甘尼特 (Gannett) 旗下的所有報紙都能「白牌化 ※」，還要確保支撐整個體驗的內容管理系統 (CMS) 具有足夠彈性，讓編輯們能在新聞發生的當下，即時改變首頁新聞的優先順序。

我們過去已經很習慣幫客戶打造可以自行發表文章的系統，不過在《今日美國報》的案例中，客戶需要比以往更強大的版面設計選項與自助出版系統。因此，這應該是我們第一次讓客戶有能力自訂他們的首頁，這樣才能完全滿足他們的需求。

在這個自助出版系統中，我們幫「非常重要的新聞」、「有點重要的新聞」，以及「不太重要的新聞」設計出各種模組（請參閱**法則 86**），讓編輯們每天可以自由組合出當天的首頁。此外我們也為延展性的新聞（例如長期追蹤的戰爭報導）、短期持續性的新聞（例如奧運或奧斯卡典禮）以及突發新聞都設計了獨特的樂高模組。

就在這時候，我們接到了一個不尋常的請求……。當我們正在研究新聞快報模組各種不同的實例和組合時，甘尼特的創意總監跑來，要求我們新增一個內部稱為「9/11 開關」的模組。我們為此召開了許多會議，討論如果再次發生類似 9/11 的事件，系統該如何應對。

最後我們決定設計出一種「災難事件版面」，整個首頁會被一篇重要的文章和標題佔滿，當天所有其他的新聞都要靠邊站！這種極端的版面設計只有在出大事時，例如 9/11 級別的事件發生時才能使用，而且只有少數幾位《今日美國報》的內部人員有權力啟動。啟用規範如此嚴格，有人還開玩笑地說，啟動「災難事件版面」說不定比發射核彈還要難。

謝天謝地，這個「災難事件版面」從來沒有機會派上用場。但假如有需要，我們也已經做好了充分的準備。這就是一個優秀設計系統的最終目標：提前思考、並且想像未來會影響設計的所有可能場景，未雨綢繆。只要做好準備，並在系統中建立「如果這樣，就那麼做」(if this, then that) 的邏輯，客戶就不必為了做系統未預期的事情而破壞原本的設計。

※
編註：「白牌化」(whitelabeled) 的意思是在幫公司設計產品或服務時，保留一些編輯的彈性，允許其它公司或子公司可以貼上自己的品牌。也就是說，設計者提供一個「無標 (white label)」的版本，讓客戶能以自己的商標、名稱和外觀來重新包裝，讓最終使用者無法直接分辨其實是由不同公司所提供的設計。

→
這個範例示範了在報導正常新聞的日子、與發生全國或國際災害時，《今日美國報》網站主頁的外觀比較。

USA TODAY
NEWS
SPORTS
LIFE
MONEY
TECH
TRAVEL
OPINION
FIRST FIVE
Voters not enthusiastic about GOP field
Deadline passes for Occupy D.C. camps
Santorum, Romney neck-and-neck nationally
Jets vs. Jiants at 8:30 PM
Public push for Obama budget
MARKETS
POLITICS
Obama proposes home refinancing plan
Read Story
By Brad Heath
USA TODAY
Obama proposes home refinancing plan
Rescue operations resume on ship off Italian coast
Polls: Three-way tossup in Alabama, Mississippi
Syrian rebels withdraw from enclave
Greece faces second day of general strike
Japan marks 1 year since disaster
POLITICS
LIFE
NATION
LIVE FEED
Most Discussed
Perry closes campaign, endorses Gingrich
Most Discussed
Some say Greek debt deal will make things worse
Irene commented:
Chinese New Year celebration in New York City
"I think that one morning, when Gregor Samsa woke from troubled dreams, he found himself transformed in his bed into a horrible vermin ..."
Most Shared
Obama: My budget will help recovery
Jane commented:
Russian drillers reach huge lake below Antarctica
Carpenter's next movie theme?"

USA TODAY
NEWS
SPORTS
LIFE
MONEY
TECH
TRAVEL
OPINION
NATION
Fight against the fire in the World Trade Center
Read Story
Watch latest User Video
9/11 Topic Page
By Brad Heath
USA TODAY
09:09am EST
Fight the Fire in the WTC
09:00am EST
Video from above
08:50am EST
Second Plane Crashes
08:40am EST
The Explosion of the plane
08:25am EST
Smoke all over New York City
08:00am EST
The First Plane Crashes
07:30am EST
Terrorist Attack in NYC
07:20am EST
Big Mess in New York City
07:09am EST
Terrorists attack The WTC

錯誤（或任何形

原因都是系統不

絕對不是使用者

式的誤解）

夠清楚，

的錯！

88

語音助理爛透了

每當我們跟 Alexa、Siri 或任何其他語音助理交談時，我們都是在與人工智慧互動。或者更具體、確切地說，我們是在跟具備自然語言處理能力的機器學習演算法互動，這些演算法會透過龐大的資料集來處理、理解並且回應人類說的話。但是，溝通是我們生物本能中根深蒂固的一部分，因此我們對溝通方式有一定的期望。

語音助理原本應該能大幅改善我們的生活。它可以幫我們節省處理工作、完成任務的時間，還可以輔助行動不便的人，讓他們輕鬆與外界聯繫，甚至可以陪伴老人。然而，儘管語音助理會與時俱進、能提供各種協助，卻常常在最基本的任務上失敗，令人難以信賴。盧普基金股份有限公司 (Loup Funds) 的研究報告中表示，語音助理出錯的比例大概佔了 10% 到 40%。

語音助理在理解簡單的口語指令（例如跳過歌曲、查詢天氣、搜尋小知識）還算不錯（除非發問者有語言障礙或是口音很重）。但它們無法理解人類語言的複雜性與微妙之處。它們無法自行補足缺失的資訊，不懂語帶諷刺、成語俚語、上下文和隱喻，也無法對未來的事件或替代方案做出假設。

此外，語音助理有時也未必能幫我們節省時間。因為你對語音助理的指令必須講得非常具體明確，然後它們為了清楚表達已經接收了指令，常常會以過於謹慎而且囉嗦的方式來回應。我來舉個例子。當我說「嘿 Siri，把 Bjork 的『Venus as a Boy』加入我的星期天早晨音樂播放清單。」「好的，已將 Bjork 的『Venus as a Boy』加入你的星期天早晨播放清單。」其實在等待 Siri 說話的時間裡，我可以自己把那首歌加進去！

即使不久的將來語音助理會有更大的進步，我想大部分進展也都是集中在英文上。比方說，像斯拉夫語 (Slavic) 這類詞形豐富、語序自由的語言，就很難訓練機器學習模型，花費也很高昂。為了開發語音助理，每一種語言都需要建立自己的豐富資料集，如果是小型或貧困的國家，在短期內應該不太可能看到這方面的投資。

可以跟電腦像真人一樣對話或許很棒，但是必須 100% 精準、100% 可靠，否則會讓人感覺非常煩躁！溝通是雙向的，只要有一方失敗感覺就會像雙方都失敗了。因此，如果我們跟語音助理對話時感到難以溝通、講不下去時，往往會想起那些令人不愉快的人際對話，而且還會覺得心情很糟！

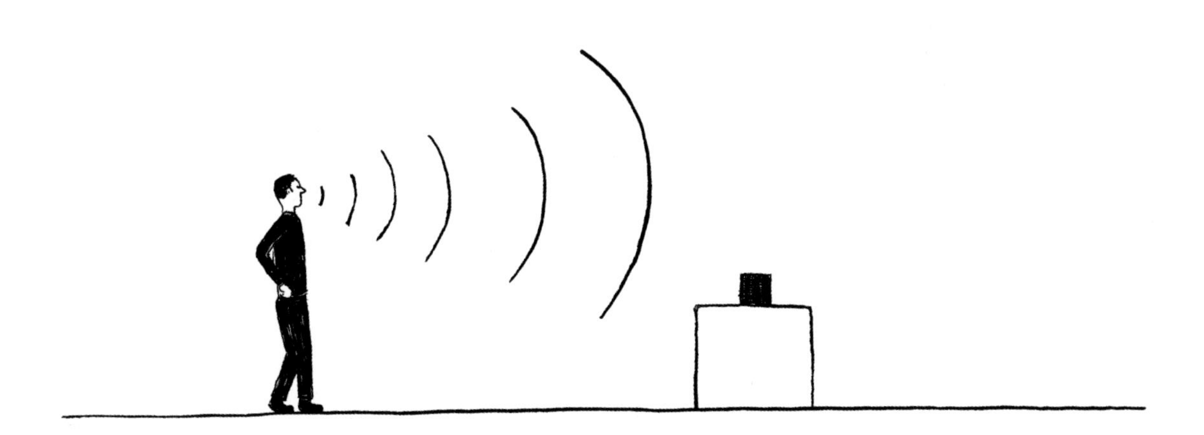

89

提供預設值

2000 年代時，我還在 Fantasy Interactive 上班，當時公司的創辦人常常把一段話掛在嘴邊：使用者在做決定的時候，只有三格電池。他們願意先做一個決定，然後再做另一個，但等到第三次請他們做選擇時，他們可能會乾脆放棄。

我們從可用性研究得知，**決策疲勞 (Decision fatigue)** 是真實存在的（請參閱**法則 24**）。我們提供給使用者的選項愈多，他們愈有可能放棄他們正在做的事情。在這種情況下，**預設值 (defaults)** 就可以派上用場。我們可以幫使用者預先選定某些東西，這樣能減少他們必須做的決策數量，幫助他們省下閱讀或打字的時間，同時也降低他們犯錯的機率。

預設值可分為兩種類型。第一種是「有根據的推斷」，將預設值設定為大多數（例如 95%）使用者可能會選擇的選項。例如在訂機票時，在「出發地」欄位中根據地理位置自動填入你所在的城市，而「出發日期」欄位自動填入明天的日期。

第二種預設類型，是基於使用者先前提供的資訊。若先前已知付款詳情、住址或電話，就能自動預填。例如我的銀行知道我每週一都會匯 50 美元給清潔工，就能自動幫我填好資料。幫了我一個大忙。

這邊要注意，如果會涉及讓人不舒服的資訊（例如性別或是國籍），最好不要給預設值。此外，由於人們普遍傾向於接受預設值，必須避免使用欺騙性的 UX 模式（請參閱**法則 5**），這種模式會讓使用者不小心同意某些預設值，這只對企業有利，卻會違反使用者的意願。

使用者通常會把預設值當作建議的選項。所以預設值最有用的地方，是允許個人化，讓使用者輕鬆修改預設值。為了決定預設值的內容，你可以在想過所有可能的選項後，回頭將最能加速流程的答案記錄下來，當作預設值。如果使用得當，預設值不僅能減少摩擦、幫助使用者加速操作，也可能讓使用者對產品更有好感並願意再次回訪。

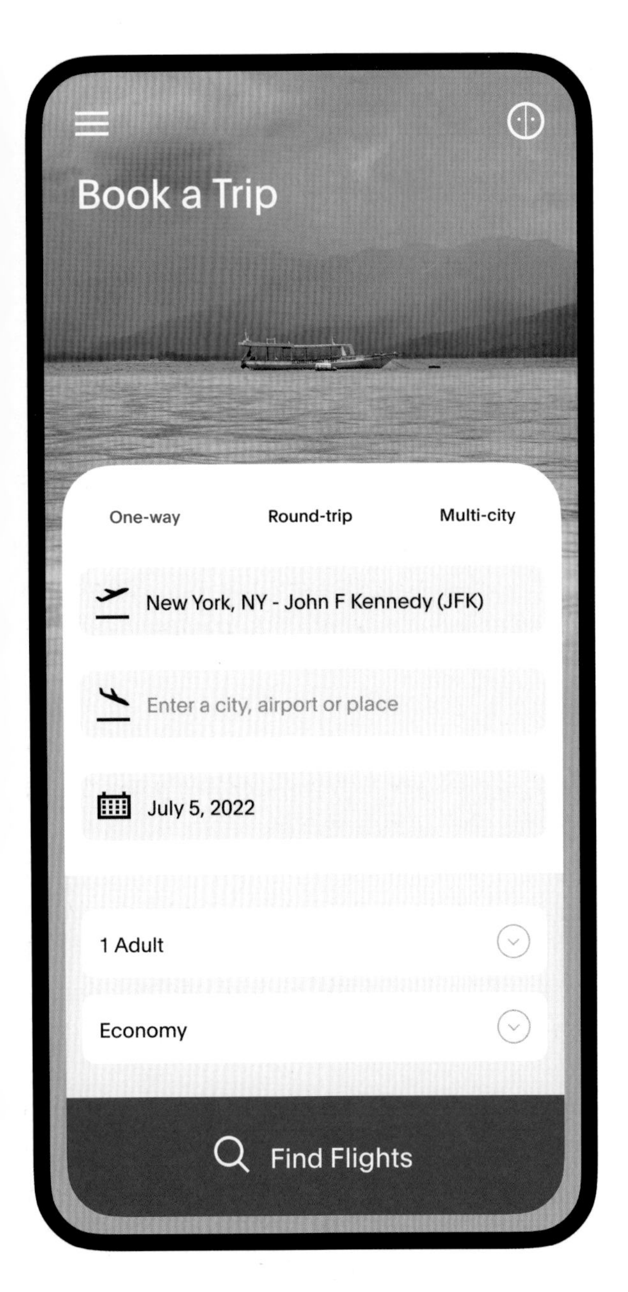

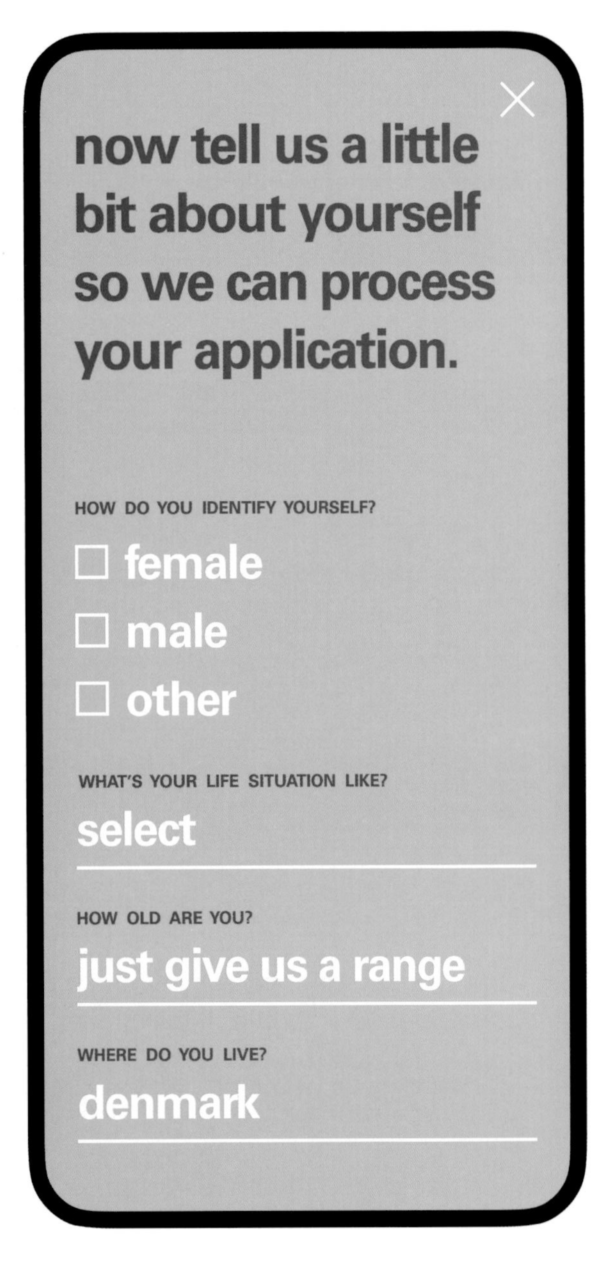

↑
我們按照有根據的猜測，幫使用者填寫大部分的表單欄位時，這對使用者來說會方便不少（左圖）！然而，一旦涉及敏感資訊——好比性別——這時候千萬不要做任何假設（右圖）。

90

有效處理錯誤狀況

最近，我為了取得一份稅務文件，嘗試登入我在紐約州政府網站的帳戶。前幾天網站完全無法使用，卻沒有說明何時會恢復。後來它終於能用了，結果還是無法登入，它跑出一個錯誤訊息，說我很久沒變更使用者名稱。「請先登入並在帳戶中變更您的使用者名稱。」這是怎樣？我就是沒辦法登入啊，是要我怎麼變更？

我想，地獄裡面可能有一層保留給美國政府各級網站的 UX 設計師。不過這不是我要講的重點，重點在於，所有 UX 設計師都該盡到這個責任：提前預見可能發生的錯誤，才能有效降低使用者犯錯的機率。使用者發生錯誤（或任何形式的誤解），原因通常都是系統說明不夠清楚，這絕對不是使用者的錯！

最好的錯誤就是根本不會發生的錯誤。例如日期選擇器讓你無法選到過去的日期、自動完成提示會避免拼字錯誤；在設計國家／地區下拉式選單時，預先寫好國家的官方名稱，以防我輸入「Holland」而不是「Netherlands」。這些都是 UX 設計師經常使用的互動模式，可以確保人們不會從一開始就出錯。

但我們無法完全排除出錯的可能性，只要要求使用者自行輸入文字，他們就有可能出錯。萬一發生這種事，我們必須讓他們有自信而且能自行排除故障，這代表系統與使用者溝通的方式是非常重要的。

在錯誤發生的當下，我們必須以吸引使用者注意的方式，解釋發生什麼問題、為什麼會這樣、以及使用者可以採取什麼措施來修正。如果發生的錯誤並不是使用者可以自行解決的（例如網站當機），也應該告知原因，以及何時會恢復運作。

雖然表面上看起來很簡單，但錯誤的處理其實並不容易，必須深刻理解使用者需求且具備系統技術能力。發生錯誤時，如果錯誤訊息能清楚明確，讓使用者與機器能順利溝通，他們就不會因此驚慌，而且也會更有信心地試著自行解決問題。相信我，他們寧願這樣做，也不願意花好幾個小時等客服接聽求助電話。

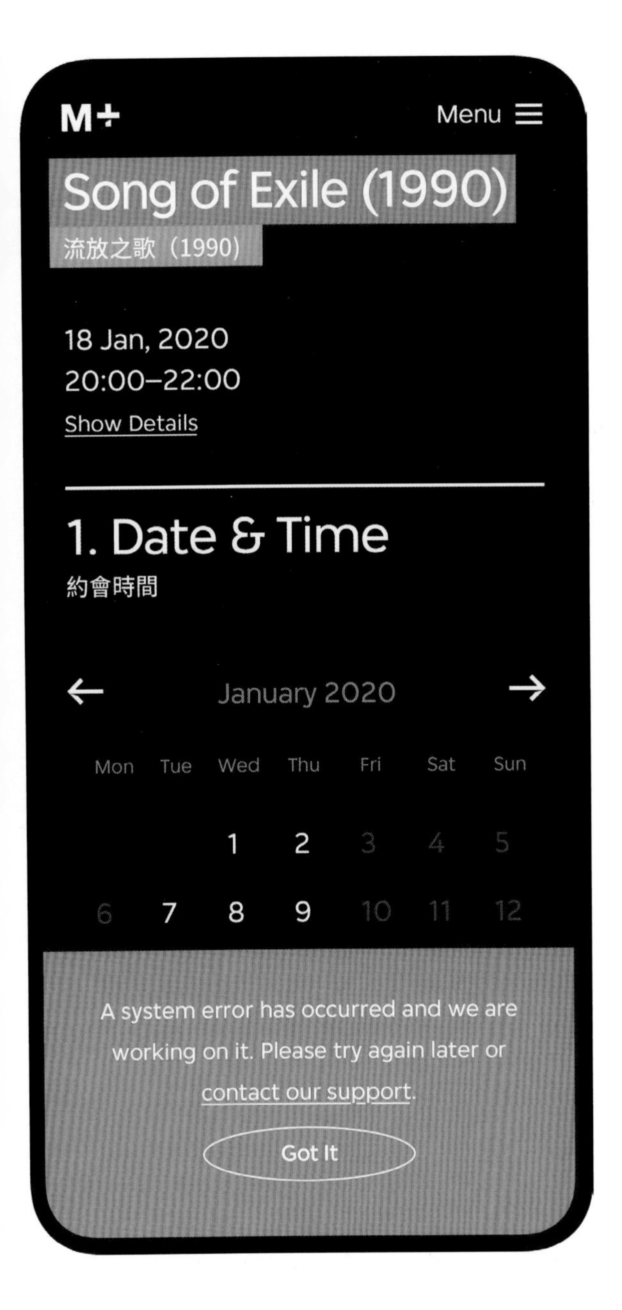

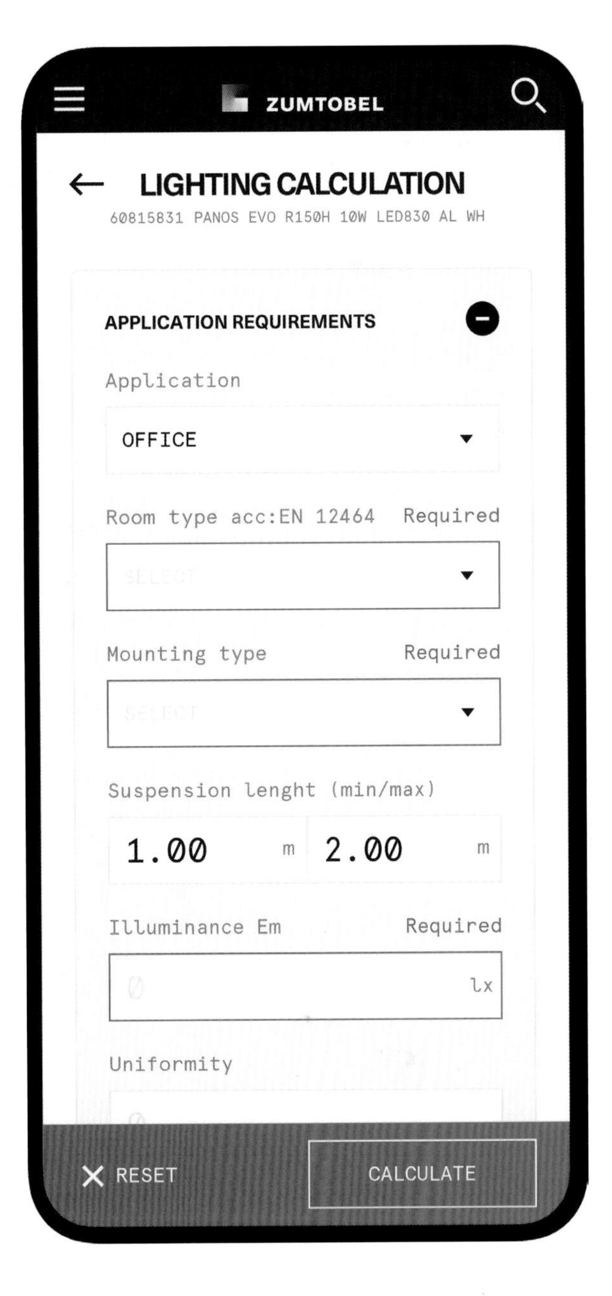

↑
無論發生什麼錯誤，重點是系統必須在適當的位置提供適當的說明訊息，讓使用者了解狀況，理解問題是超出他們的控制範圍（左圖），或是能自行解決（右圖）。

91

接受多種輸入方式

為了確保使用者在與介面互動時，盡可能少出狀況，另一個方法是允許使用者以各種不同的方式輸入。例如表單接受大寫小寫字母，需要上傳附件或圖片時，允許多種檔案格式，這些都是很好的例子，在錯誤發生之前，就由設計來預防意外狀況（請參閱**法則 90**）。

這種對輸入方式寬鬆處理的做法，源於 90 年代初期，最初的目的是允許不同電腦能透過不同的通訊協定互相溝通。網際網路是個鬆散分散的系統，有各種不同的執行方式需要彼此溝通，如果過於嚴格要求遵守標準，將會產生許多協定錯誤，導致更少的網站能上線。

這種互通性起源於網際網路早期先驅、美國電腦科學家 喬恩．波斯特爾（Jon Postel）的理念。他在描述 TCP（網際網路主要協定之一）的早期規範時，曾說出一句名言：「發送時要保守，接收時要開放。」（Be conservative in what you do, be liberal in what you accept from others.）換言之，能讓網路運作，比完美運作更重要。

雖然這個理念最初是針對 TCP/IP，但它也適用於解析 HTML（用來建立網頁的標準標記語言）。因為網際網路並不是在集中控制的情況下發展的，每個人所撰寫的網頁語法不見得都符合規範。這時如果瀏覽器能顯示不完美或語法錯誤的 HTML，也好過完全無法顯示。

這個理念也能套用在我們接受使用者輸入和處理表單資料的方式。透過寬鬆處理使用者輸入的內容，同時明確界定輸入內容的界限，這樣一來，各式各樣的人都能輕鬆與系統互動，包括數位素養不同、使用不同裝置和瀏覽器的人，也能互動自如。

若能提前考慮所有可能的特殊情況，讓系統在輸入接受度上更寬鬆，就能讓眾多分散的系統互相兼容。這件事情表面上看似微不足道，但若沒有這種寬鬆的程式設計與輸入處理態度，網際網路就不可能發展得如此成功。

→
右頁是我們為 True 網站設計的內容管理系統。我們允許在建立新頁面時，上傳各種圖片格式，因此降低了出錯的機率。

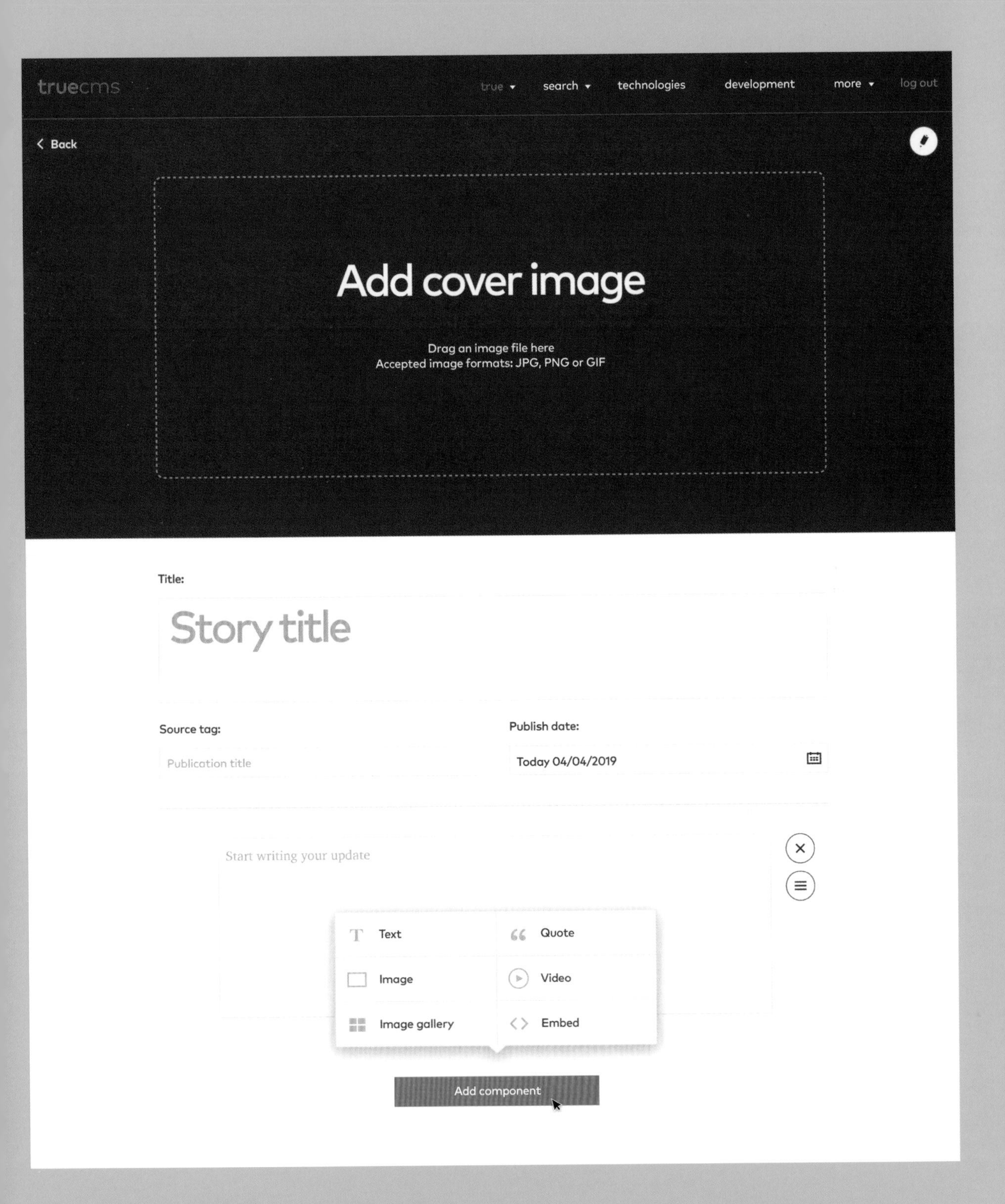
truecms
true
search
technologies
development
more
log out
Back
Add cover image
Drag an image file here
Accepted image formats: JPG, PNG or GIF
Title:
Story title
Source tag:
Publication title
Publish date:
Today 04/04/2019
Start writing your update
Text
Quote
Image
Video
Image gallery
Embed
Add component

92

確認使用者的操作

當我在預約健身房課程時，我按下了「參加」鈕，但這個系統並沒有給我確認訊息，告訴我已成功加入該課程，它只是帶我回首頁。咦？這樣到底預約成功了沒啊？我唯一能知道的方法就是進入我的帳戶再檢查一次，額外增加了一個完全沒有必要的步驟。如果在我按下「參加」之後能出現「您已成功註冊課程！」的確認訊息，我就不用重新登入去檢查了。

除了告知使用者系統有記錄他們的操作外，在某些情況下，也**必須再次確認使用者是否真的想如此操作**。這種刻意的摩擦雖然會讓人有點煩，但是當使用者嘗試執行不可逆的操作，或是可能因操作太快而犯錯時，我們必須提供後悔或取消的機會（請參閱**法則 14**）。

不過，必須記住這個重點，**只有重要且不可逆的操作，才有必要請使用者確認**。如果這個動作很容易回復，例如從垃圾資料夾中取出已刪除的電子郵件，只需做一個短暫出現幾秒鐘的「復原（undo）」橫幅即可。如果使用者老是被沒必要的確認訊息轟炸，他們可能會習慣忽略這些訊息。

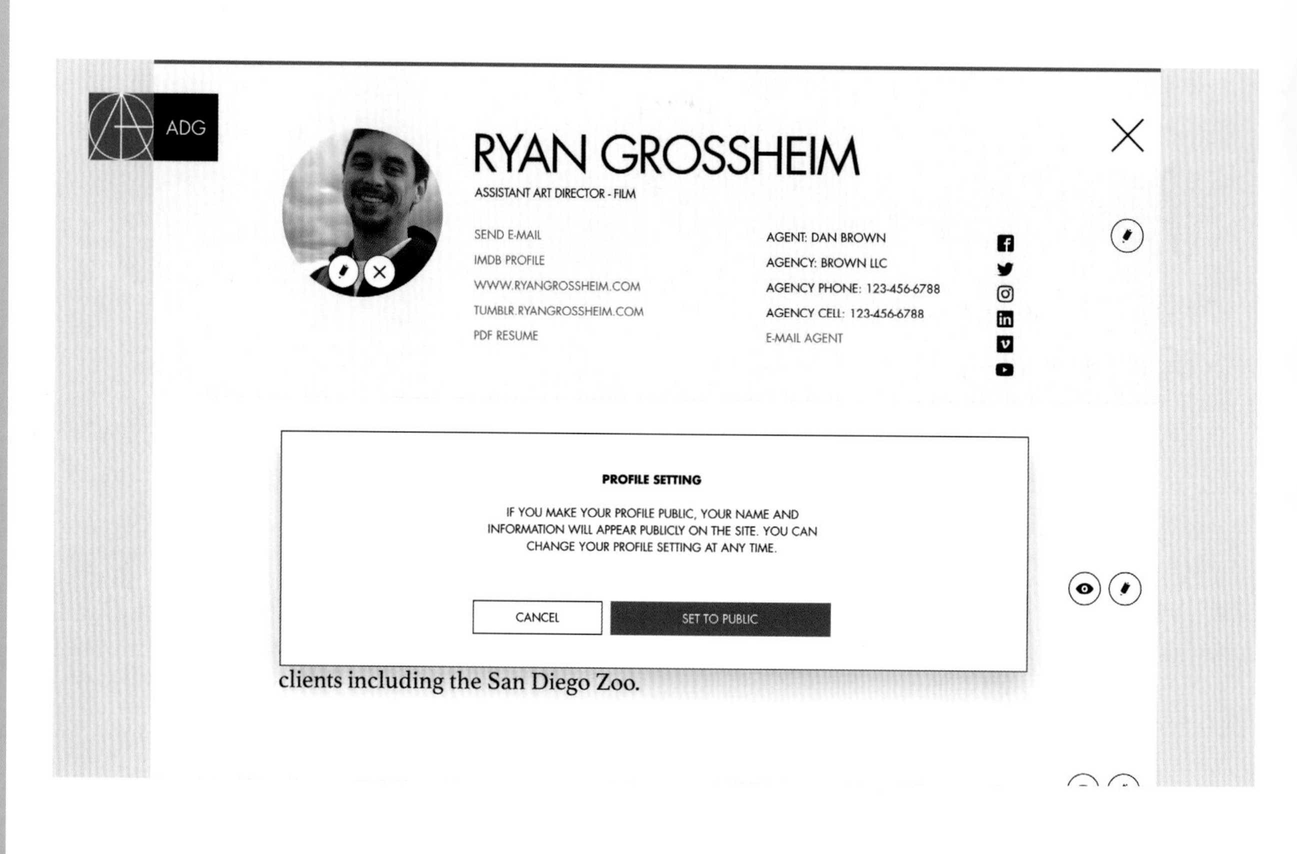

設計與撰寫確認訊息時，重點是盡量清晰和簡潔、避免含糊用詞。在此我們用詞必須極度清楚與嚴謹（但不必冗長囉嗦），如果設計得不清不楚，這個確認訊息本身就可能會導致更多錯誤！

在設計確認對話框時，建議以問題形式來描述使用者的操作（例如：「要刪除這篇文章嗎？」），並且要說明操作的結果（「刪除後將無法復原。」），然後在確認按鈕上，也要再次重申這個動作（「是，刪除這篇文章。」或「否，取消刪除。」）。

當我注意到我的健身房預約系統缺少確認訊息時，我就寫信給他們，建議他們增加一個確認訊息。我告訴他們我是 UX 設計師，他們犯了一個基本的 UX 錯誤，這種設計會讓顧客感到困惑……。

結果我直到今天都還沒有收到回覆……。

↓
彈出確認視窗的範例，讓使用者知道自己操作的後果是嚴重的（左頁）或不可逆轉的（右頁）。

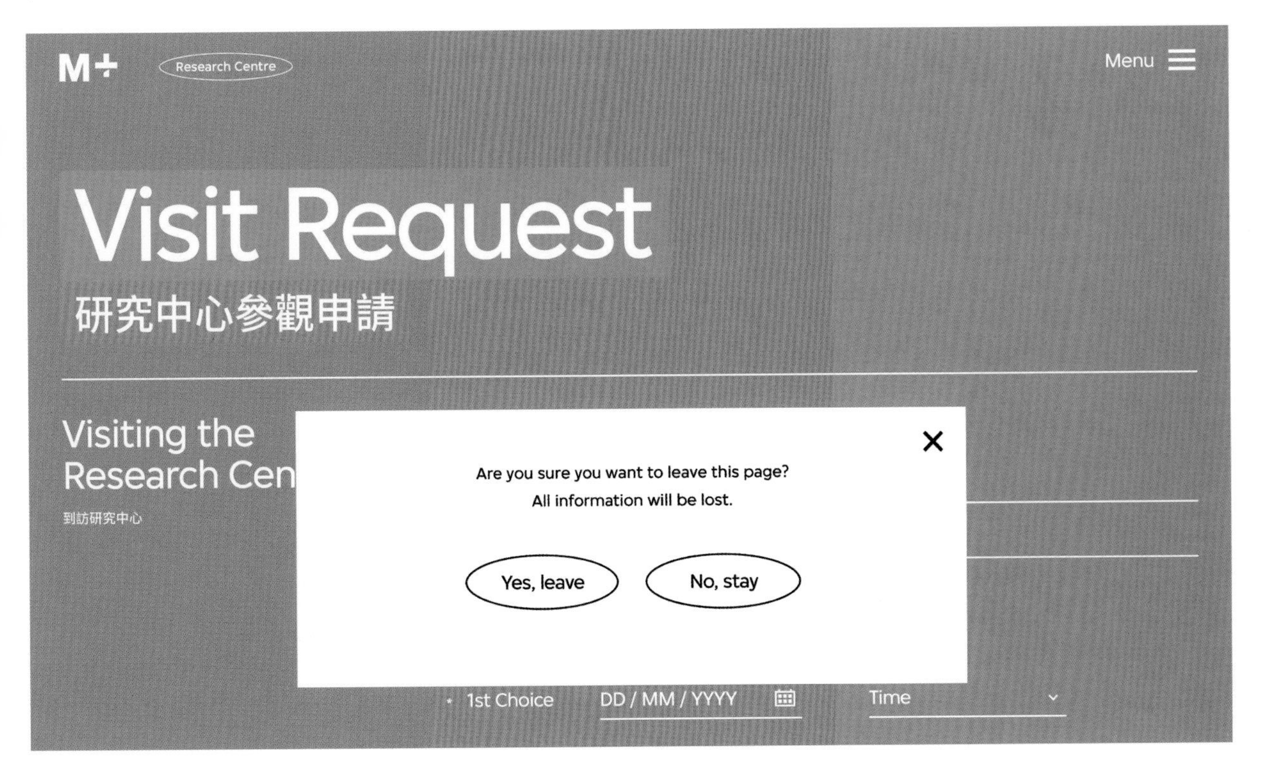

93

壞掉的網頁不該給人壞掉的感覺

當使用者打錯網址，或是造訪一個必須登入才能瀏覽的頁面，他們就會看到 404 頁面（錯誤訊息頁面）。如果行銷人員寄出的電子郵件有個無效的連結，使用者點選後，也會看到 404 頁面。如果網頁被刪除或移動了，但搜尋引擎仍然把它編入索引，或使用者已經將它加為書籤，這樣也會看到 404 頁面。這是網路上最常見的錯誤頁面。

分享我最喜歡的一則網路謠言。有人說，404 錯誤代碼的由來，是全球資訊網（WWW）發明者提姆 · 伯納斯 - 李（Tim Berners-Lee）當年在 CERN※ 的辦公室號碼。據說人們去他的辦公室常找不到他，因此就把他的辦公室號碼當作失效連結的錯誤代碼。

可惜，他當時的同事羅伯特 · 卡里奧（Robert Cailliau）在 2017 年接受《連線》（Wired）訪問時粉碎了這個傳說。他說客戶端的錯誤代碼就是在 400 的範圍內隨機選一個，CERN 根本就沒有 404 號的辦公室。唉，真是掃興。但這並不代表 404 頁面也要做得令人掃興。

我其實滿喜歡 404 頁面的，因為這是少數允許各企業在網頁上發揮搞笑幽默感的地方。即使是最嚴肅的公司，在他們的 404 頁面上也會放下矜持，就像在對螢幕另一端的使用者眨眼致意，承認自己的失誤。這就是為什麼 404 頁面是我最喜歡設計的頁面，網路上也有很多人專門收集精彩的 404 頁面案例。

當使用者遇到中斷、損壞的連結時，身為設計師，或許你會想要把他們導回首頁，但是那樣可能更令人困惑，特別是當使用者從自己的書籤或電子郵件連結過來時，跑去首頁並不合理。因此，即使你不想讓 404 頁面變得超有哏，至少也要將它變得很有用，成為導覽輔助，幫助人們找到正在尋找的內容；如果該內容已經不存在了，也要給予接近的替代方案。不管怎麼做，都好過碰壁的感覺。

※
編註：全球資訊網發明者提姆 · 柏內茲 - 李曾在日內瓦的 CERN 工作，CERN 是歐洲核子研究理事會（Conseil Européen pour la Recherche Nucléaire）的簡稱。

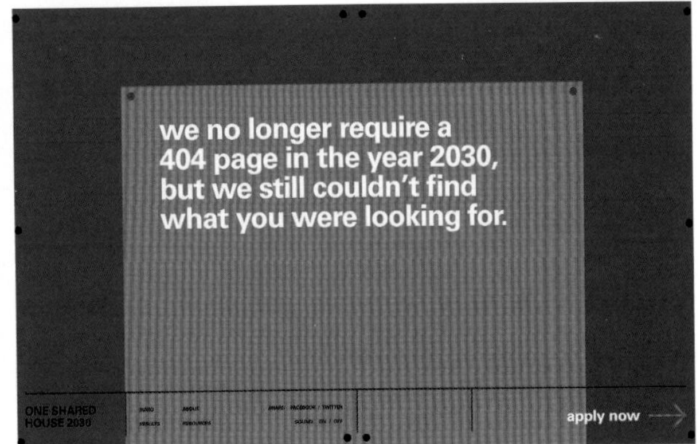

↑
上圖為我們多年來設計的各式各樣的 404 頁面。在我們工作室，404 頁面從來都不是最後才去考慮的，而是會先做設計。在所有的範例中，即使是錯誤頁面，使用者也能使用主導覽列與搜尋功能，不會有碰壁的感覺。

94

想像有極限，用原型彌補

在我們工作室，我們很少做可互動的原型（Interactive Prototype）。我們會做很多草圖，也會打造很多線框圖，但我們通常不會讓這些東西可以點擊，也許是因為我們從未真正將原型納入我們的流程。我們剛進入這個行業時，還沒有任何軟體可以神奇地將靜態設計變成互動原型，所以假如想要弄個原型，就必須自己寫程式。在當時，互動原型似乎是很奢侈的東西。

因此，我們學會了在沒有互動原型的情況下也能工作。最重要的是，我們能在沒有原型的情況下向客戶展示，並且對使用者進行測試。有些人可能會認為草圖或線框圖就是原型，但我並不贊同。**線框圖是用來展示「它如何運作（how it works）」，互動原型則用來說明「它感覺如何（how it feels）」**。你可以透過線框圖與草圖來測試和解釋這個產品的運作方式，但如果要讓客戶理解「它感覺如何」，則需要一個更接近最終 UI 的互動介面，讓人們可以在手機或是電腦上實際操作看看。

想像「按下按鈕進入下一頁」或是「圖片輪播轉場」並不困難，但是如果要想像出更複雜、前所未有的新穎互動模式，那就困難多了。當「它感覺如何」不太明確時，製作互動原型就會很有幫助，因為它能彌補我們想像不出來的地方，這甚至是唯一的解法。

當我們與奧地利照明公司奧德堡（Zumtobel）合作時，我們先完成所有 UI 體驗的核心頁面，然後就開始著手設計首頁。奧德堡是一個非常高價位的品牌，並且以非常注重設計感而自豪。他們甚至邀請到許多著名的藝術家和設計師幫他們設計年度報告的封面（包括詹姆斯．特瑞爾〔James Turrell〕、安尼什．卡普爾〔Anish Kapoor〕、施德明〔Stefan Sagmeister〕和佩爾．阿諾迪〔Per Arnoldi〕等人）。

由於我們知道大多數訪客不會停留在首頁（請參閱**法則 70**），因此首頁有一些空間可以讓我們「玩」。我們決定將一些年度報告的封面變成全螢幕的互動體驗。為了解釋我們所想像的內容，並了解這項設計能給人什麼樣的感覺，我們製作了五花八門、應有盡有的互動原型，來測試介面的反應速度應該有多快？當滑鼠移過去時會發生什麼事？我們希望使用者下一步做什麼？

我們也為其他頁面做互動原型嗎？沒有，我們不需要這樣做，因為其餘頁面如何運作可以用線框圖解釋。只有首頁例外，如果沒有為首頁創造互動原型，無法讓那些不尋常的互動恰如其分。如果沒有自己實際體驗看看，我們其實無法想像出那種感覺。對於無法光靠想像達成的東西，才需要用原型來彌補。

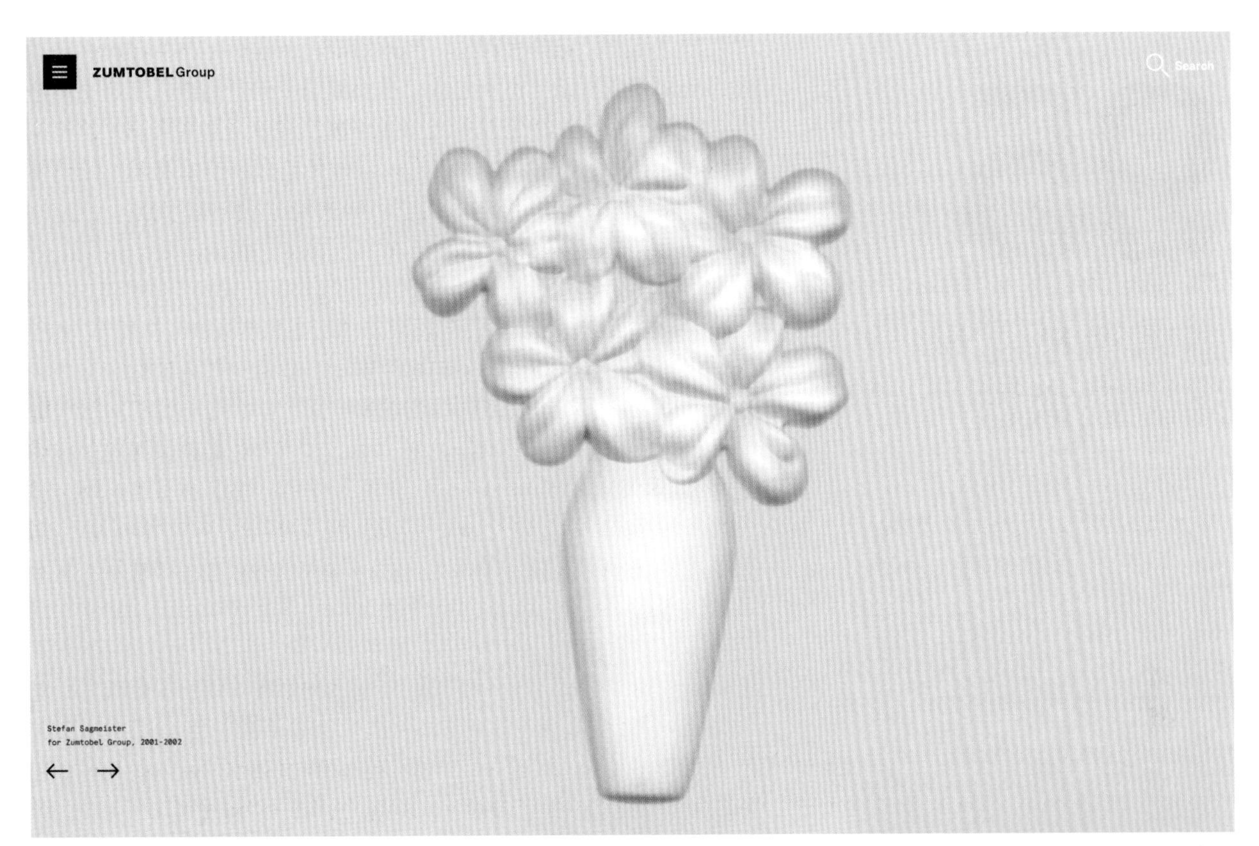

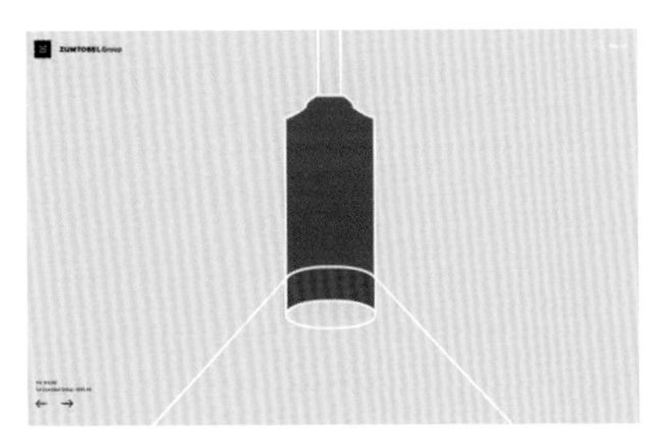

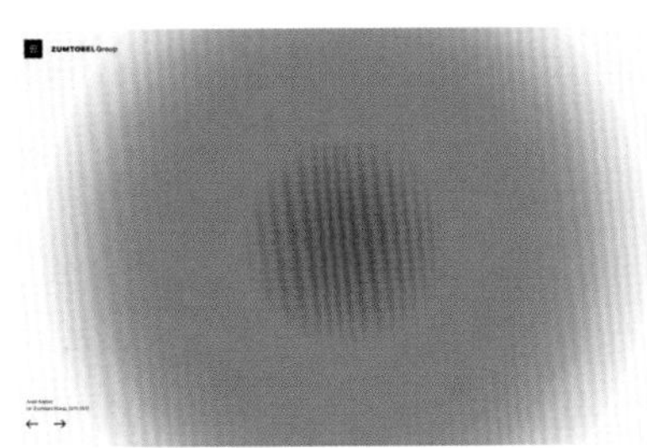

↑
我們為奧德堡（Zumtobel）打造了種類繁多的原型，用來了解如何使首頁的各種樣式封面具有互動性。用原型來測試後，可幫助我們確定互動的效果以及動畫是否適當，而且不會令使用者產生厭倦感。

95

追求精準測量的設計很蠢

※
編註：Statista 是一個橫跨產業、市場、國家、議題的整合型線上資料庫，創立於 2008 年，總部位於德國漢堡。Statista 資料庫結合全球 22,000 家以上的第三方公開資訊，經 Statista 專業團隊整理分析，發表各種主題的量化資料，提供給全球各大企業或機構訂閱參考。

「是的，Google 團隊無法在兩種藍色間做出決定，所以他們測試了 41 種介於兩種藍色之間的色調，看看哪一種更好。我最近還跟他們爭執邊框寬度應該是 3、4 或 5 像素，他們還要我拿出證據。我真的沒辦法在這種環境中工作。我已經厭倦為這種微不足道的設計細節爭論。這個世界上還有更令人興奮的設計問題等著我們去解決。」

就這樣，Google 在 2009 年失去了他們最傑出的設計師道格．鮑曼（Doug Bowman），他轉換跑道去 Twitter 了。這一年也是 Google 用工程師觀點壓倒設計師直覺的時刻。對設計社群而言，這表示 Google 認為設計應該精準客觀，而不該聽信設計師的直覺或經驗（請參閱**法則 52**）。他們在那一年增加了 2 億美元的利潤，這個做法乍看之下似乎沒錯。

但如果你仔細研究這些數據，就會發現另一個不同的故事。根據 Statista※ 的資料，Google 2009 年的廣告營收為 228.9 億美元，2 億美元對他們來說只是不到 1% 的增長。而且也無法確定藍色連結是營收稍微增加的原因。也許是因為上網人數增加，也許是廣告文案奏效了，或是能精準地鎖定使用者。誰知道呢？

事實上，Google 從 2000 年開始投放廣告以來，每年的廣告營收都穩定增長，2010 年（實驗結束後一年）也沒有爆發性的增長。因此，他們說不定是為了本來就會有的 1% 成長，失去一位頂尖設計師。

更荒謬的是，同一個顏色在不同螢幕上會顯示不同結果，而工程師應該知道這點。我螢幕的藍色和你的不一樣，即使是用同款螢幕，我們校色和亮度也可能不同。我的藍色連結永遠不是你的藍色連結。

更何況顏色本身就不客觀。我們對顏色的感知取決於性別、種族、地理位置，甚至語言。因此，測試哪種藍色表現更好，根本是愚蠢又白費力氣的事情，甚至是在侮辱設計這個行業！我完全理解鮑曼為何要離開 Google。任何經驗豐富、才華洋溢的設計師，都會死在一個讓設計決策淪為偽科學的地方（請參閱**法則 53**）！

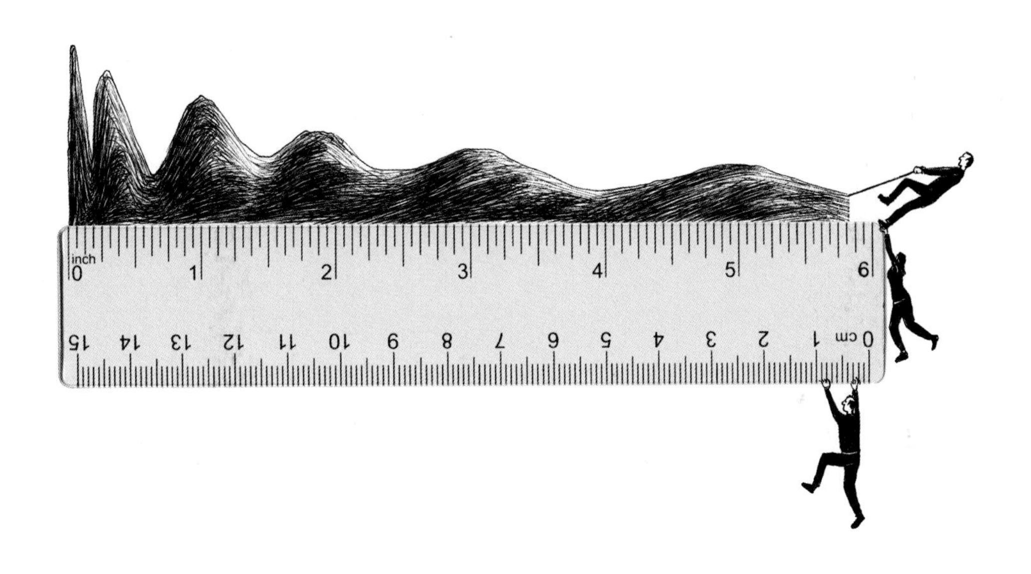
inch
0 1 2 3 4 5 6
0 cm 1 2 3 4 5 6 7 8 9 10 11 12 13 14 15

96

大多數問題早就看得出來

可用性測試的目標是收集定性和定量數據，以便在產品發表前找出潛在的可用性問題。參與者會被要求完成某個特定任務（例如尋找某個支援內容），而觀察者則觀看、聆聽並做筆記，以便了解使用者對設計的感受，並利用這些觀點，在設計上線之前據此做調整。

聽起來很有道理，對吧？讓我告訴你一個秘密：在我 17 年職涯中，只有一次可用性研究的結果讓我意外。只有一次喔！我做過的專案超過 125 個，這機率非常低。在我們這行，大聲說出這個事實幾乎是離經叛道的行為，每次我在會議或訪談中講出來，一定會挨罵，但我還是堅持要講。

唯一一次讓我感到意外的可用性研究，就是我們 2012 年幫尼克兒童頻道（Nickelodeon）開發出的第一款 iPad app。原因有二：第一，我們面對的是全新的裝置（iPad 那年才剛上市）；第二，我們面對的使用者是過去沒有服務過的 6 到 11 歲兒童，他們與成人在使用電腦和介面時的行為有明顯的差異。

我並不是說可用性測試完全沒有用。在 90 年代或 2000 年代初期，當時設計師們剛做出第一批介面，正需要測試使用者的反應。但是等網路發展到某種程度以後，可用性測試就顯得有點多餘了。試想一下，難道我們現在還需要測試車輪、刀子或榔頭該怎麼使用嗎？

因此，假如是幫新媒體、新裝置或新的目標族群，盡情做大規模的可用性測試當然沒問題。但是，如果只是幫常用裝置和一般的族群做設計，有實力的 UX 設計師應該有能力預先看到問題，而不是要等做完可用性測試才能知道。如果 UX 設計師沒這個能力，那你就不該和他合作（請參閱**法則 95**）。

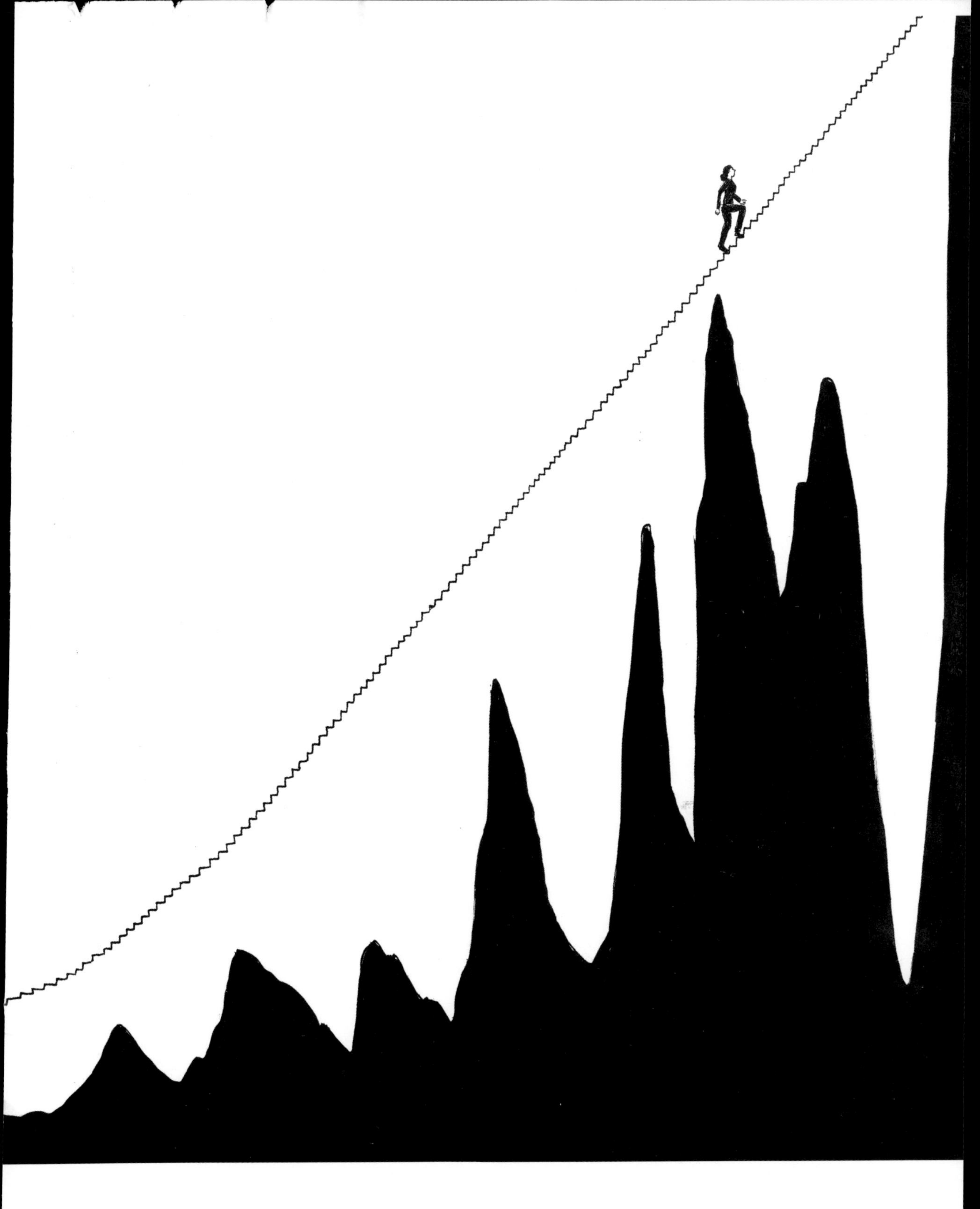

97

不要幫自己的作業評分

我常對學生做一個小實驗來說明一個觀點。我會請他們先測試自己設計的可用性，然後我會隨機調換他們的作品，請他們測試別人的設計。結果通常是一樣的：學生總覺得自己的設計表現比實際好。為什麼呢？因為評估自己的作品時，實在很難做到完全客觀。

你可能會以為這是來自年輕設計師的防禦心理（我們稱為：防禦型設計師〔defensive designer〕），只要他成為更有經驗的設計師就會改善，不過據我觀察，即使是資深 UX 設計師也很難擺脫**確認偏差 (confirmation bias)**。這就是為什麼有許多公司將設計與測試分開進行，因為不該讓設計師自己幫自己做可用性測試，不良的可用性測試結果可能會比不測試還糟糕。

為什麼我們無法客觀評估自己的作品，即使我們滿懷熱誠？正因為我們無法避免對自己的作品投入感情。想像你花了好幾週甚至數月在弄一個設計，你做了一堆研究、構思、對每個小細節斤斤計較，打完好幾場戰役才獲得批准。現在終於要測試你的「小寶貝」了！

你招募合適的對象、設定合適的環境、制訂縝密的測試計畫，期待聽到大家對你苦心打造數週或數月的作品的寶貴意見。你以為你能問對問題、屏除偏見、保持開放心態，也已經準備好接受批評。

但事實上，我們並沒有準備好接受負面批評。不論別人喜不喜歡，我們的背後帶著目的，那就是想證明這個設計行得通。所以我們會在潛意識中建立一個有利於證實我們的假設而非受到挑戰的環境。因為如果設計受到質疑，我們就得向客戶或是老闆解釋設計決策。誰想這樣呢？

根據我的經驗，讓設計者測試自己設計的可用性絕對是個餿主意，所以我們從不這麼做。如果客戶想測試我們的設計，我會率先承認我可能不是最適合的人選。就像律師不該自我辯護、醫生不該自我診斷，UX 設計師也不該測試自己的設計。

98

用最少的資源獲取最大效益

要了解應該優先改進體驗的哪些部分，我們可以先查看分析數據，看看哪些頁面流量最高。這有點像重新裝潢房子。你會先花時間、金錢和精力把你最常使用的客廳弄得更舒適美觀，還是會先整理你幾乎沒在用的客房？

幾乎每個數位產品都是這樣，只有少部分頁面和功能會佔據大部分的訪問流量和使用者時間。我們或許可以憑直覺猜測哪些最重要，但應該要用實際的頁面停留時間來確認，才能避免以假設做決策。然而，光靠分析並不足以說明全部問題，我們仍然必須決定是否要把心力集中在前 5%、前 10%，甚至前 50% 的使用者流量上。

1941 年，管理顧問約瑟夫．朱蘭（Joseph M. Juran）引用了帕累托原則（Pareto Principle），基於義大利經濟學家維弗雷多．柏拉圖（Vilfredo Pareto）的觀察，義大利 80% 的土地由 20% 的人擁有。朱蘭解釋，在品管的領域中，80% 的問題也由 20% 的原因造成。這個 **80/20 法則**適用於各種情況。

例如，花園裡 80% 的蔬菜來自 20% 的植物，80% 的銷售來自 20% 的顧客，80% 的稅收來自 20% 的人，80% 的軟體錯誤來自 20% 的功能。對 UX 設計師來說，最重要的是，**80% 的用戶只使用網站或 App 中 20% 的功能和頁面**。

我舉這個例子，它是否正好是 20% ？不一定，但把它看成 20% 會是個好的開始。若我們專注在使用者流量前 20% 最常訪問的項目，確保它們優先得到改善，就能以相對小的調整來取得巨大的成效。換言之，專注在這 20% 能為最多數的使用者帶來最大的影響。

這並不表示我們可以忽視其餘 80% 的體驗，這只是代表著沒有那麼十萬火急要更新這些地方。回到裝潢房子的比喻，整理完最重要的客廳之後，我們說不定也想整理客房、重新粉刷牆面、移除雜物。即使一年只接待幾次客人，確保他們來訪時能感到舒適也是件好事。

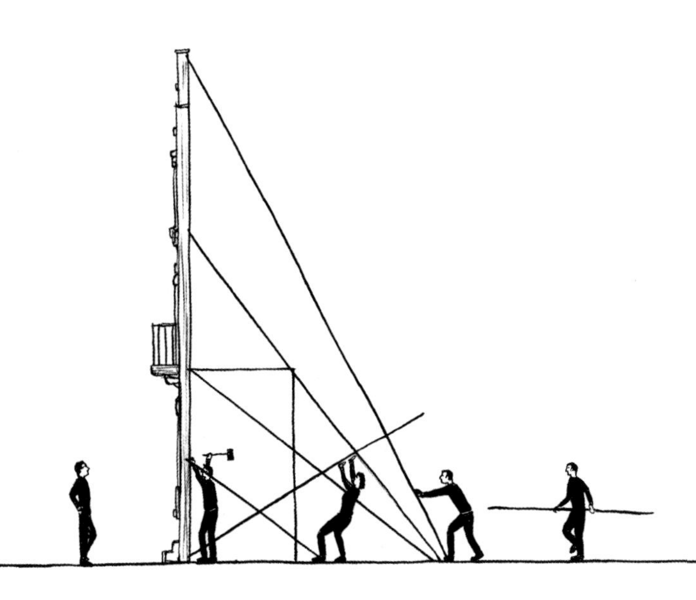

99

設計上線後也要持續參與

我這一整本書，都是以「為客戶工作」的角度寫成的。我本來有很多機會可以去 SpaceX、Kickstarter、Google、Apple 等公司工作，但日復一日、年復一年去做同一件事的工作並不吸引我。我幾乎從不羨慕產品設計師的工作，除了一件事：它們可以在功能或產品推出之後，一直陪伴著它。

在客戶專案中，我們的目標總是「把一切做好並準備上線」。最重要的就是把產品推向市場，然後我就會轉去做下一個專案。大多合約都是這麼訂的，他們會從專案討論開始，以專案上線結束，這一直都讓我不太滿意。因為我看過產品在上線之後，因為沒有人關心，或是被客戶隨意改動，然後就逐漸走樣，他們改動時甚至沒有考慮到使用者！當產品開始每況愈下時，這種感受更強烈。

自從開設自己的工作室之後，我們常常討論以前這種「愛它卻放手」的作法，並決定做出改變。現在，在和潛在客戶洽談的初期，我們就會強調等產品上線後，我們想要保持參與，雖不是每日投入，但至少每月花幾小時。我們會告訴客戶，我們想共同養育這個「孩子」。

保持一定程度的參與，我們或許能看到哪些地方沒有像我們預期的那樣運作，並提出更新與改動，使某些部分或功能變得更好。我們也能及時得知該公司內部的營運狀況變化，因為變化會影響產品。事實證明這很重要，因為我們 UX 設計師往往是唯一真正理解並為使用者發聲的人。由於使用者的需求不一定與公司利益一致，如果沒有我們，使用者的聲音可能會被忽略（請參閱**法則 17**）。

沒有任何法律規定客戶專案一定會在上線時結案。如果設計產品的原班人馬在產品上線後的數月甚至數年都還持續關注其表現，就能在潛在問題發生之前，就先把問題抓出來！這能確保產品運行順暢，同時也確保我們始終都有把使用者放在心上。

↑
上圖是我們幫香港新 M+ 博物館製作的網站，在 2021 年就已經完成上線了。不過直到我寫這本書的現在，我們仍然積極參與這個專案，而且每個月都會跟他們的團隊開會。我們想確保這個網站能持續符合使用者需求，以適當的方式納入新措施，並且盡可能讓程式碼順暢運作。

100

做最壞的打算、做最好的準備

在專案的生命週期中，會有來自不同領域的人，同時處理不同部分的專案，感覺就像一場複雜的雜技表演，每個動作其實都很重要。一旦有人出錯，就會波及其他人。為了減少彼此不一致的可能性，我們必須在關鍵時刻停下來反思。

讓我們從第一刻開始，就像預防醫學一樣，提前想像一下這個專案可能會出什麼問題。專案會遇到哪些風險？我們能否對專案做壓力測試以便應對可能發生的嚴重延誤？我們是否有能應對所有狀況的 B 計畫？如果出了問題，我們多快可以恢復或是回到正軌？

第二個「回到現實」的時刻，就是在專案稍微走偏的時候。即使專案管理再嚴謹，也無法避免整個團隊偶爾無法同步。出現這種情況時，就會造成混亂，導致工作人員操勞過度、工作效率差，每個人怨聲載道、心存芥蒂；這時必須立即停下來修正。如果不這樣做，這個專案將會失控，狀況會一發不可收拾，還拖累其他人。

第三個檢討時刻是在專案結束後。每個專案結束時，和內部團隊及客戶團隊開個檢討會議，討論表現良好的部分、可改善之處，以及現在知道這些事之後，能採取哪些不同的做法。雖然事後諸葛不會改變已經發生的事實，但有助於未來避免發生類似錯誤。

考慮最壞的情況，防患未然，可以讓團隊針對潛在風險訂定計畫，也確保當專案順利時我們不會視為理所當然。網路環境日新月異，一個專案能按照計劃準時上線，與其說是常態，倒不如說是奇蹟！因此，不妨降低我們的預期，不要假設專案一定順利，先幫自己打預防針，就能做好應對任何狀況的準備。

作者介紹

艾琳．佩雷拉 (Irene Pereyra) 是位於紐約布魯克林的互動設計工作室「安東與艾琳 (Anton & Irene)」(antonandirene.com) 的共同創辦人，自 2007 年以來，她為各類型的客戶與專案主導設計策略和 UX，包括大都會藝術博物館 (Met Museum)、香港 M+ 博物館 (M+ Museum)、《今日美國報》(USA Today)、Kickstarter、巴黎世家 (Balenciaga)、Wacom、美商藝電 (EA)、Adobe、Spotify、Google、Kickstarter、Balenciaga、Wacom、EA、Adobe、Spotify、Google、尼克兒童頻道 (Nickelodeon)、卡里姆．拉希德 (Karim Rashid)、BBC、紅牛 (Red Bull)、香朵．馬丁 (Shantell Martin)、奧地利照明公司奧德堡集團 (Zumtobel)，還有與 SPACE10 以及 IKEA 合作關於未來共居生活的計畫。該工作室每年會花三個月的時間從事自發性設計專案，成果包括互動式紀錄片「共享房屋計畫」《One Shared House》和 NU:RO 手錶。

她的作品曾榮獲坎城影展、威比獎、艾美獎、紅點設計獎、Adobe Max 獎、國際互動設計協會 (The Interaction Design Association)、新聞設計協會 (The Society for News Design)、The One Show 廣告創意獎和歐洲設計獎 (The European Design Awards) 的肯定。她的個人專案曾在阿姆斯特丹、安特衛普、巴黎、紐約、哥本哈根、倫敦、辛辛那提、新加坡、巴塞隆納和德古西加巴展出。

艾琳曾在全球逾百場國際設計會議擔任演講嘉賓，並曾經在多所教育機構教授講課，當中包含紐約視覺藝術學院 (SVA)、斯德哥爾摩 Hyper Island、巴塞隆納艾利薩瓦設計學院 (Elisava)、莫斯科 Strelka Institute 學院以及埃因霍芬設計學院 (Design Academy in Eindhoven) 等，她也是巴塞隆納和曼谷 Harbor.Space 大學互動設計課程的主席。

艾琳擁有紐約普瑞特藝術學院 (Pratt Institute) 傳播設計理學碩士學位，她出身荷蘭阿姆斯特丹，現在與她的伴侶阿根廷人口學家胡安．加萊亞諾 (Juan Galeano) 住在巴塞隆納。

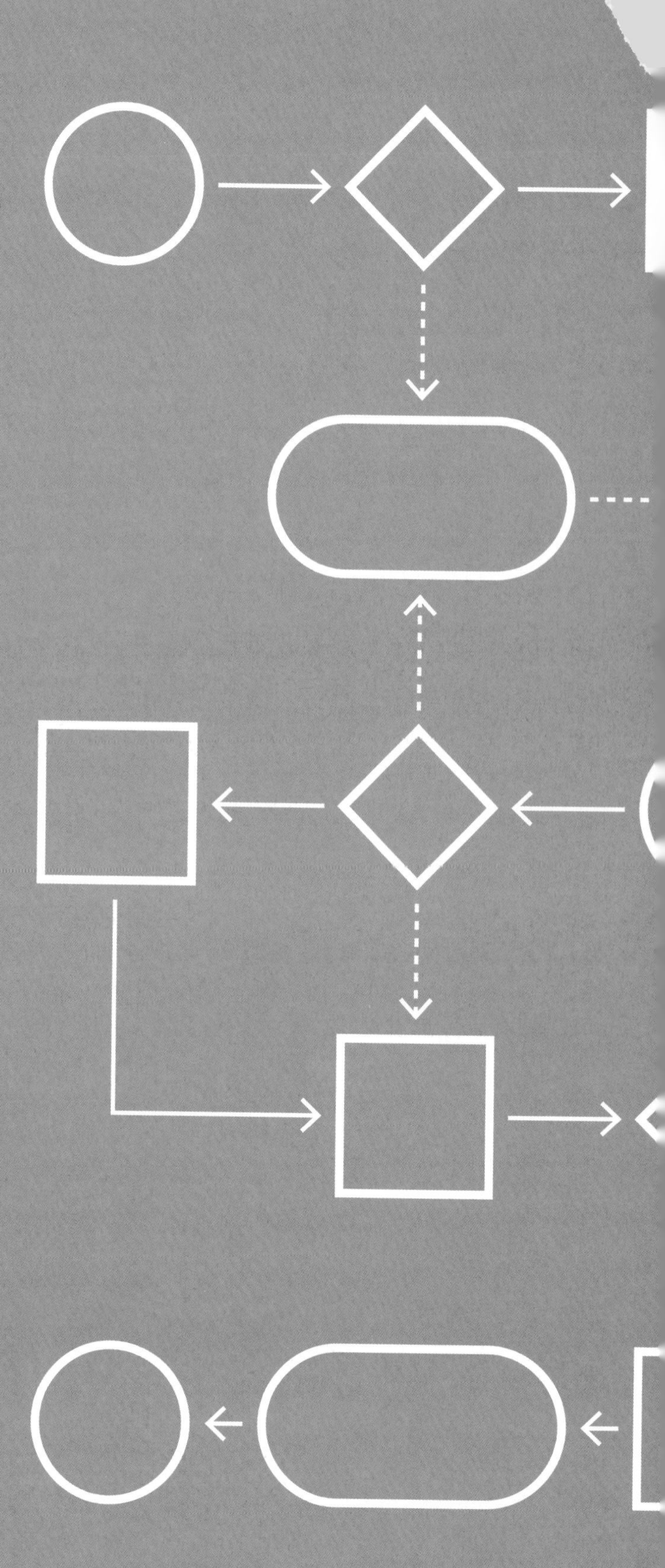

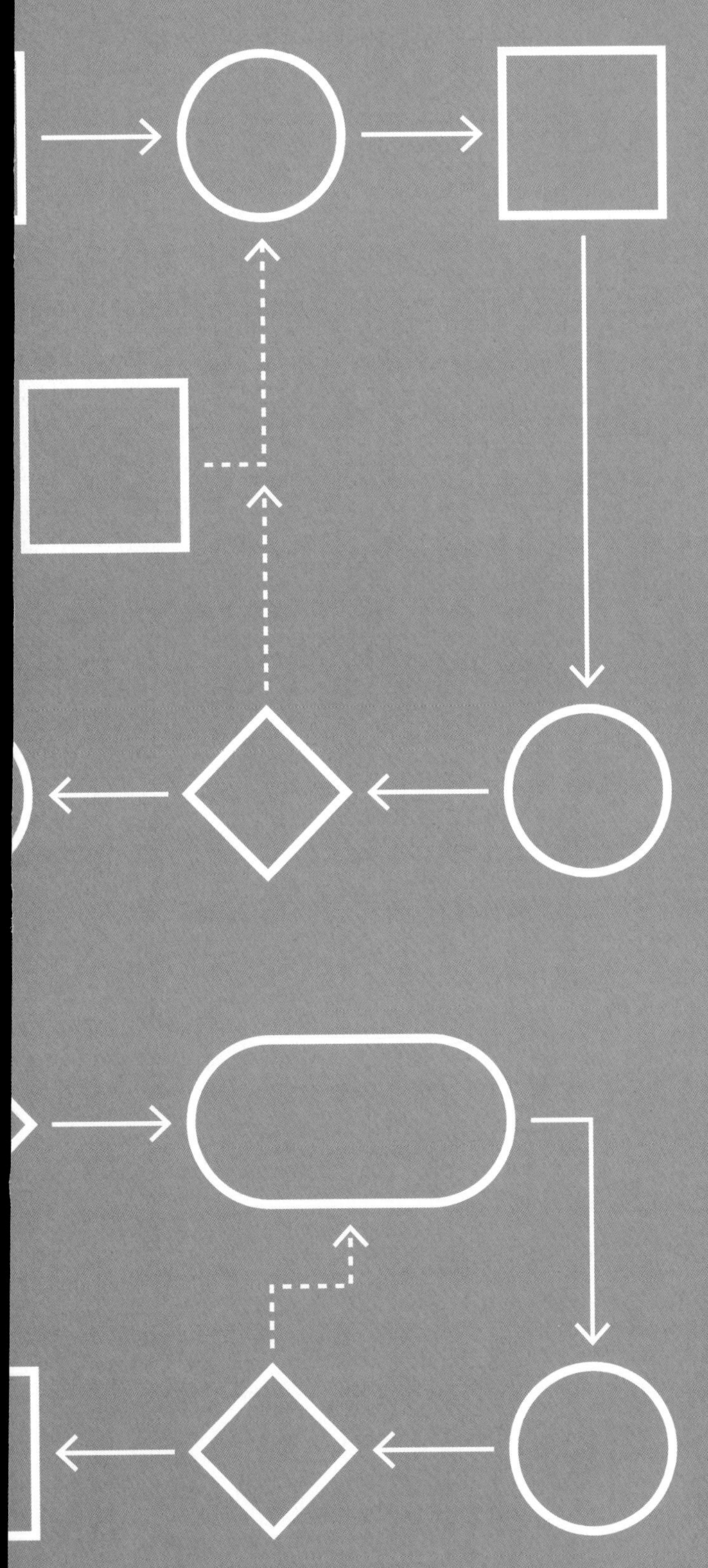

致謝

我要感謝我的設計夥伴兼工作室的共同創辦人安東．雷波寧（Anton Repponen），要是他沒有持續鼓勵我，這本書以及書中的所有的故事都要難產了！在我寫這本書的 6 個月中，他不僅努力確保設計和版面的美觀，還一肩扛起超出他自己責任範疇的工作，為此，我將永懷感激。

還要感謝兩個人，他們讓這本書變得更好閱讀也更好懂，那就是我的編輯喬納森．西姆科斯基（Jonathan Simcosky）與插畫家文森．布羅奎爾（Vincent Broquaire）。喬納森幫助我聚焦內容，指出需要講得更清楚的主題，還刪掉我一大堆的冷笑話以及過度使用的隱喻，他讓我可以自由地從更個人的觀點解說這些法則。文森則是本書的另一位重要貢獻者，他為本書創作了巧思獨具又幽默的插圖，並協助我把一些法則改用視覺化的方式呈現出來，他簡潔優美的線條替這本書增色不少，這是光靠文字無法做到的。

我也要感謝我的父母馬里安（Marjan）和魯道夫（Rodolfo），以及我的伴侶胡安（Juan）。假如沒有他們義無反顧、堅定不移地信任我，我一定無法鼓起勇氣、放手一搏來寫這本書。

最後，謹將這本書獻給我的學生們。多年來，有他們在旁邊搖旗吶喊，幫助我釐清並磨練我對 UX 這個領域的理解。我們選擇投身這個複雜、廣泛且不斷演進的領域，若他們的好奇心、熱情以及同理心能代表未來的使用者體驗設計，我想這個領域的未來一定是光明燦爛的。

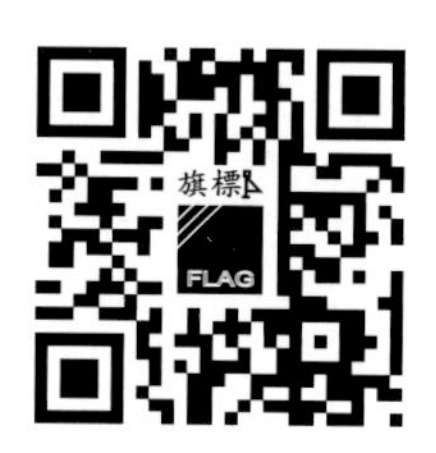

國家圖書館出版品預行編目資料

UX 互動設計聖經：提升互動性的 100 個 UX 設計法則/
Irene Pereyra 著、吳郁芸 譯.
臺北市：旗標科技股份有限公司, 2024. 12　面；　公分

譯自：Universal principles of UX：100 timeless strategies to create positive interactions between people and technology

ISBN 978-986-312-814-4 (平裝)

1. CST: 網站 2. CST: 網頁設計 3. CST: 人機介面
4. CST: 軟體研發

312.2　　113016320

英文版設計人員
Design: Anton Repponen and Irene Pereyra
Cover Image: Vincent Broquaire
Page Layout: Sporto
Illustration: Vincent Broquaire

作　　者／Irene Pereyra
翻譯著作人／旗標科技股份有限公司
發 行 所／旗標科技股份有限公司
　　　　　台北市杭州南路一段15-1號19樓
電　　話／(02)2396-3257(代表號)
傳　　真／(02)2321-2545
劃撥帳號／1332727-9
帳　　戶／旗標科技股份有限公司
監　　督／陳彥發
執行企劃／蘇曉琪
執行編輯／蘇曉琪
美術編輯／陳慧如
中文版封面設計／陳慧如
校　　對／蘇曉琪

新台幣售價：630 元
西元 2024 年 12 月 初版
行政院新聞局核准登記-局版台業字第 4512 號
ISBN 978-986-312-814-4

Universal Principles of UX: 100 Timeless Strategies to Create Positive Interactions between People and Technology

First published in 2023 by Rockport Publishers, an imprint of The Quarto Group,
100 Cummings Center, Suite 265-D, Beverly, MA 01915, USA.